美国著名奥数教练蒂图·安德雷斯库系列丛书(第三辑)

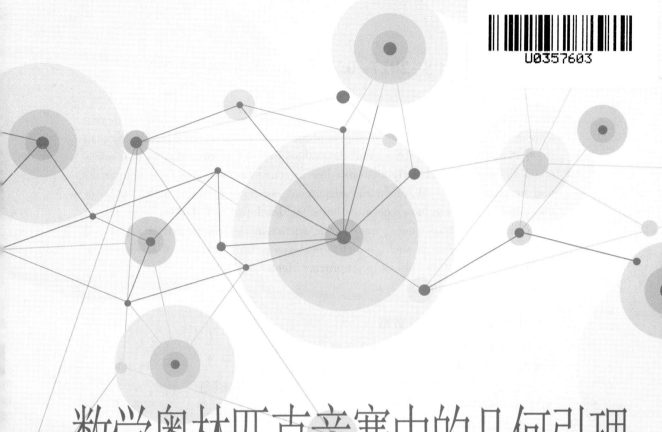

数学奥林匹克竞赛中的几何引理
Lemmas in Olympiad Geometry

[美] 蒂图·安德雷斯库(Titu Andreescu)
[美] 山姆·科斯基(Sam Korsky) 著
[罗] 科斯敏·波浩塔(Cosmin Pohoata)

程晓亮 丁思敏 张战举 译

哈尔滨工业大学出版社

黑版贸审字 08-2017-024 号

© 2016 XYZ Press, LLC

All rights reserved. This work may not be translated or copied in whole or in part without the written permission of the publisher (XYZ Press, LLC, 3425 Neiman Rd., Plano, TX 75025, USA) and the authors except for brief excerpts in connection with reviews or scholarly analysis. Use in connection with any form of information storage and retrieval, electronic adaptation, computer software, or by similar or dissimilar methodology now known or hereafter developed is forbidden. The use in this publication of tradenames, trademarks, service marks and similar terms, even if they are not identified as such, is not to be taken as an expression of opinion as to whether or not they are subject to proprietary rights.

www.awesomemath.org

图书在版编目(CIP)数据

数学奥林匹克竞赛中的几何引理/(美)蒂图·安德雷斯库,(美)山姆·科斯基,(罗)科斯敏·波浩塔著;程晓亮,丁思敏,张战举译. —哈尔滨:哈尔滨工业大学出版社,2025.4—ISBN 978-7-5767-1628-3

Ⅰ.O13-44

中国国家版本馆 CIP 数据核字第 2024DJ6235 号

SHUXUE AOLINPIKE JINGSAI ZHONG DE JIHE YINLI

策划编辑	刘培杰　张永芹
责任编辑	李　欣
版权编辑	李　丹
封面设计	孙茵艾
出版发行	哈尔滨工业大学出版社
社　　址	哈尔滨市南岗区复华四道街 10 号　邮编 150006
传　　真	0451-86414749
网　　址	http://hitpress.hit.edu.cn
印　　刷	哈尔滨午阳印刷有限公司
开　　本	787 mm×1 092 mm　1/16　印张 21.75　字数 404 千字
版　　次	2025 年 4 月第 1 版　2025 年 4 月第 1 次印刷
书　　号	ISBN 978-7-5767-1628-3
定　　价	48.00 元

(如因印装质量问题影响阅读,我社负责调换)

序言

本书展示出了在现代数学奥林匹克中经常出现的几何问题的解法,我们认为应该把这些方法教给对这门学科不太熟悉的人. 从某种意义上说,本书也可以说是 XYZ 出版社最近出版的一本问题集的非正式续集,该问题集是由本书的第一作者和第三作者撰写的《110 个几何问题选自各国数学奥林匹克竞赛》[1],但这两本书可以完全独立地来研究.《数学奥林匹克竞赛中的几何引理》是一个始于 2011 年夏季的项目,当时第三作者第一次在"神奇数学夏令营"教授几何证明课程,随后写了一些简短的讲稿 (意在扩展),直到去年夏天才有实质性的进展,那时第二作者作为同一门课程的助教来到"康奈尔夏令营",之后在我们的共同努力下从手稿中整理出当前的版本,并兴奋地宣布它已经完成了.

本书的设计思路是以相对直观的方式将经典几何中的重要定理联系起来: 从圆幂定理和常见的结果开始,逐渐到更复杂的主题,了解许多技巧对证明是非常有益的. 我们将每一章都视为一个独立的章节,并包含了大量习题及详细的解析和相关见解,希望能使您"旅途"愉快. 每一章还附有我们精心挑选出的一些问题,这些问题是我们以前用自己的想法解决过的,所以我们相信您会欣赏它们. 最后一章是立体几何,也是唯一没有设置问题的一章,因为我们把它看作一个附加的部分,但其也有与几何的其他子领域相关的漂亮问题.

我们祝您阅读得愉快,希望您能和我们一样享受阅读本书的快乐.

作者
2016 年

---

[1] 中译本已由哈尔滨工业大学出版社出版.

目录

第一章　圆幂定理　　　　　　　　　　　　　　　　　　　　1

第二章　卡诺定理与根轴定理　　　　　　　　　　　　　　　13

第三章　边的塞瓦定理，三角形的塞瓦定理，四边形的塞瓦定理　33

第四章　梅涅劳斯定理　　　　　　　　　　　　　　　　　　50

第五章　笛沙格定理和帕斯卡定理　　　　　　　　　　　　　62

第六章　雅可比定理　　　　　　　　　　　　　　　　　　　74

第七章　等角共轭和垂足三角形　　　　　　　　　　　　　　83

第八章　西姆松定理和斯坦纳定理　　　　　　　　　　　　　98

第九章　类似中线　　　　　　　　　　　　　　　　　　　　113

第十章　调和分割定理　　　　　　　　　　　　　　　　　　130

第十一章　附录 A：布兰切特定理的一些推广　　　　　　　　143

第十二章　极点和极线　　　　　　　　　　　　　　　　　　150

第十三章　附录 B：与内切圆相关的垂直问题　　　　　　　　163

第十四章　位似　　　　　　　　　　　　　　　　　　　　　172

第十五章　反演　　　　　　　　　　　　　　　　　　　　　182

第十六章 蒙日-达朗贝尔圆定理	192
第十七章 伪内切圆与曲线内圆	200
第十八章 托勒密定理和凯西定理	211
第十九章 完全四边形	223
第二十章 阿波罗尼奥斯圆和等力点	234
第二十一章 爱尔迪希-莫德尔不等式	246
第二十二章 桑达定理和纽伯格三次曲线	258
第二十三章 复数导论	277
第二十四章 奥林匹克几何中的复数	293
第二十五章 立体几何	311
参考文献	318

第一章 圆幂定理

圆幂定理是解决数学奥林匹克几何问题的最重要的工具之一, 也是我们要介绍的第一个定理.

定理 1.1. 设有一个圆 Γ 和一点 P (图 1.1). 如果过点 P 的两条直线分别与圆 Γ 相交于 A,B 和 C,D, 那么

$$PA \cdot PB = PC \cdot PD.$$

注意, 这里我们将其记为定理, 不是因为任何规定, 而是为了强调它的重要性, 因为它在本书中占据着重要地位.

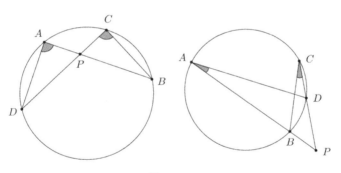

图 1.1

证明 显然, 这里要分两种情况讨论, 即 P 在圆内或者在圆外. 当 P 位于圆内时, 我们有 $\angle PAD = \angle PCB$, $\angle APD = \angle CPB$, 所以 $\triangle PAD$ 和 $\triangle PCB$ 相似, 因此

$$\frac{PA}{PD} = \frac{PC}{PB}.$$

整理得 $PA \cdot PB = PC \cdot PD$.

当点 P 在圆外时, 我们也有 $\angle PAD = \angle PCB$, $\angle APD = \angle CPB$, 所以又有 $\triangle PAD$ 和 $\triangle PCB$ 相似. 因此, 同理可得结论成立. □

作为一种特殊的情况, 当 P 在圆外, 且 PC 与圆相切时, 可得到

$$PA \cdot PB = PC^2.$$

反过来, 上述过程也是一种证明四点共圆的很有用的方法.

定理 1.2. 设 A, B, C, D 是四个不同的点, 点 P 是线段 AB 和 CD 的交点, 或者不在这两条线段上. 那么 A, B, C, D 四点共圆当且仅当 $PA \cdot PB = PC \cdot PD$.

证明 必要性是显然的, 因为 A, B, C, D 四点共圆, 此时的点 P 就是线段 AB 和 CD 在圆内的交点. 反之, $PA \cdot PB = PC \cdot PD$ 等价于

$$\frac{PA}{PD} = \frac{PC}{PB},$$

再由 $\angle APD = \angle CPB$(在上述的两种情况中都成立), 得 $\triangle APD$ 和 $\triangle CPB$ 是相似的. 因此, 我们得到了 $\angle PAD = \angle PCB$, 两种情况都表明 A, B, C, D 四点共圆. □

这告诉我们, 对所有过点 P 的弦 XY(X, Y 在圆上), 都有 $PX \cdot PY$ 为定值, 这个定值称为**点 P 对该圆的幂**. 特别地, 如果圆 $\Gamma(O, R)$ 以点 O 为圆心, R 为半径, 我们考虑通过圆心 O 的弦 XY(即选择过点 P 的圆的直径), 我们得到

$$PX \cdot PY = \|OP^2 - R^2\|.$$

由此, 我们有圆 $\Gamma(O, R)$ 上的点对该圆的幂为零.

我们通过以下的练习来体会圆的幂和平方差之间的关系.

变形 1.1.(2011 年国际数学奥林匹克竞赛预选题) 设 $A_1A_2A_3A_4$ 是四点不共圆的四边形 (图 1.2). 设 O_1 和 r_1 分别为 $\triangle A_2A_3A_4$ 的外接圆的圆心和半径. 以类似的方式定义 O_2, O_3, O_4 和 r_2, r_3, r_4. 证明:

$$\frac{1}{O_1A_1^2 - r_1^2} + \frac{1}{O_2A_2^2 - r_2^2} + \frac{1}{O_3A_3^2 - r_3^2} + \frac{1}{O_4A_4^2 - r_4^2} = 0.$$

证明 设点 M 是对角线 A_1A_3 和 A_2A_4 的交点 (图 1.2). 设 x, y, z 和 w 分别是点 M 到点 A_1, A_2, A_3, A_4 的距离. 设 ω_1 是 $\triangle A_2A_3A_4$ 的外接圆, 且 B_1 是 A_1A_3 和圆 ω_1 的另一个交点 (因此, 当 A_1A_3 和圆 ω_1 相切时, $B_1 = A_3$). 因为表达式 $O_1A_1^2 - r_1^2$ 是点 A_1 对圆 ω_1 的幂, 我们可以得到

$$O_1A_1^2 - r_1^2 = A_1B_1 \cdot A_1A_3.$$

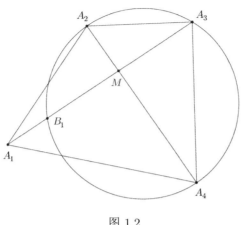

图 1.2

另外, 由等式 $MB_1 \cdot MA_3 = MA_2 \cdot MA_4$, 可得

$$MB_1 = \frac{yw}{z}.$$

因此, 可得

$$O_1A_1^2 - r_1^2 = \left(\frac{yw}{z} - x\right)(z - x) = \frac{z-x}{z}(yw - xz).$$

对另外三个表达式作同样的变换, 我们就可以得到

$$\sum_{i=1}^{4} \frac{1}{O_iA_i^2 - r_i^2} = \frac{1}{yw - xz}\left(\frac{z}{z-x} - \frac{w}{w-y} + \frac{x}{x-z} - \frac{y}{y-w}\right) = 0,$$

至此, 结论得证. □

随便说一句, 这不是我们唯一一次在解答中使用带符号的距离. 通常, 我们可以在不失一般性的情况下设出图中点的具体位置——但是, 在涉及很多圆的问题中, 关于圆幂定理的计算并不适用于所有情况. 因此, 在处理符号时, 我们要格外细心.

下面, 我们从与圆幂定理有简单联系的两个公式开始, 做一些热身训练.

变形 1.2.(欧拉定理) 如图 1.3, $\triangle ABC$ 的外接圆圆心为 O (图 1.3 未标出), 内切圆圆心为 I, 外接圆半径为 R, 内切圆半径为 r, 证明:

$$OI^2 = R(R - 2r).$$

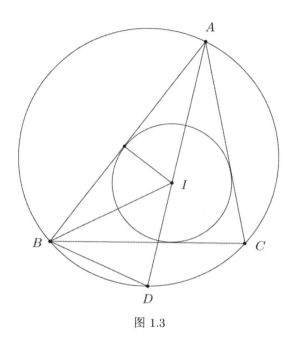

图 1.3

证明 设直线 AI 与 $\triangle ABC$ 的外接圆的另一个交点为 D. 在这种情况下, 对点 I 应用圆幂定理, 有

$$IA \cdot ID = R^2 - OI^2.$$

因此, 我们只需证明 $IA \cdot ID = 2Rr$. 首先, 注意到 $IA = \dfrac{r}{\sin\dfrac{A}{2}}$ (过点 I 向 AB 作垂线, 在作出的直角三角形内应用正弦定理). 其次,

$$\angle BID = \angle BAD + \angle ABI = \angle DAC + \angle IBC = \angle DBC + \angle IBC = \angle IBD;$$

因此, $ID = BD = 2R\sin\dfrac{A}{2}$, 这个等式可以在 $\triangle ABD$ 中用正弦定理得出 (一般三角形的正弦定理). 因此, 我们得到

$$IA \cdot ID = \dfrac{r}{\sin\dfrac{A}{2}} \cdot 2R\sin\dfrac{A}{2} = 2Rr,$$

这就完成了证明. □

值得注意的是, 对于平面内任意给定的点 P, 以上方法也可以推广出关于 OP^2 的等式.

变形 1.3. 如图 1.4, 设 $\triangle ABC$ 是一个锐角三角形, 由点 A 作 BC 边上的垂线, 垂足为 D. 设 H 是线段 AD 上的一个点, 证明: H 是 $\triangle ABC$ 的垂心当且仅当 $DB \cdot DC = AD \cdot HD$.

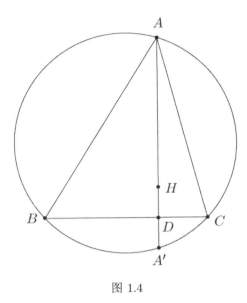

图 1.4

证明 设 A' 是直线 AD 和 $\triangle ABC$ 的外接圆的第二个交点. 我们知道 A' 是垂心关于 BC 的对称点 (尝试自己证明). 因此, 如果 H 是 $\triangle ABC$ 的垂心, 那么计算点 D 相对于这个外接圆的幂, 得到
$$DB \cdot DC = AD \cdot DA' = AD \cdot HD,$$
我们知道 $DB \cdot DC = AD \cdot HD$, 并且 $DB \cdot DC = AD \cdot DA'$(点 D 对外接圆的幂), 因此 $HD = DA'$, H 就是 $\triangle ABC$ 的垂心, 得证. □

虽然证明过程很简单, 但这个结论对证明位于三角形高上的点是垂心是非常有用的. 接下来是几个能用到这个结论的问题.

变形 1.4.(2012 年美国队选拔赛) 如图 1.5, 在不等边 $\triangle ABC$ 中, 设点 A 到 BC, 点 B 到 CA, 点 C 到 AB 的垂线的垂足分别为 A_1, B_1, C_1. 点 A_2 是直线 BC 和 C_1B_1 的交点, 类似地, 定义 B_2 和 C_2. 设点 D, E, F 分别为边 BC, CA, AB 的中点 (图 1.5 中未标点 E 和点 F). 证明: 点 D 到 AA_2, 点 E 到 BB_2 和点 F 到 CC_2 的垂线相交于一点.

证明 设 H 是 $\triangle ABC$ 的垂心, 我们断定 H 就是所求的交点. 设 A_3 为点 D 到 AA_2 的垂线 DA_3 的垂足. 由于 $AA_1 \perp BC$, 并且 $DA_3 \perp AA_2$, 故点

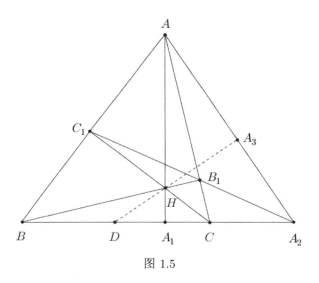

图 1.5

A_3, A_1, D, A 共圆. 根据圆幂定理, 我们得到 $A_2C_1 \cdot A_2B_1 = A_2A_3 \cdot A_2A$, 同样, 通过圆幂定理 (这次是关于 $\triangle ABC$ 的九点圆), 知 $A_2A_1 \cdot A_2D = A_2C_1 \cdot A_2B_1$, 由**定理 1.2** 知 A_3, B_1, C_1, A 四点共圆. 但是点 H 位于这个四边形的外接圆上, 由于 $HC_1 \perp AB$ 且 $HB_1 \perp AC$, 因此 $\angle HA_3A = 180° - \angle HB_1A = 90°$, 所以 D, H, A_3 三点共线. 类似地, 定义 B_3 和 C_3, 可得点 E, H, B_3 和 F, H, C_3 也共线, 因此, 垂线在 H 处相交, 得证. □

变形 1.5.(1998 年国际数学奥林匹克竞赛预选题) 如图 1.6, 设点 I 是 $\triangle ABC$ 的内切圆圆心, 点 K, L 和 M 分别为 $\triangle ABC$ 内切圆与边 AB, BC 和 CA 的切点. 直线 ℓ 过点 B 并与 KL 平行. 直线 MK 和 ML 分别交直线 ℓ 于 R 和 S. 证明: $\angle RIS$ 是锐角.

证明　由于

$$\angle KRB = \angle MKL = \angle MLC = \angle SLB$$

且

$$\angle RKB = \angle AKM = \angle KLM = \angle LSB$$

因此, $\triangle BKS$ 和 $\triangle BRL$ 相似. 由此可得 $BS \cdot BR = BL^2$. 设点 X 是线段 KL 的中点. 已知点 X 在点 I 到 RS 的垂线上, 又因为 $BX = BL \cos \dfrac{\angle ABC}{2}$ 并且 $BI = \dfrac{BL}{\cos \dfrac{\angle ABC}{2}}$, 可得 $BX \cdot BI = BR \cdot BS$. 因此, 由**变形 1.3** 得点 X 是

△RIS 的垂心. 但是因为点 X 是点 I 在直线 KL 上的投影, 点 X 位于 △RIS 的内部, 即证得这个三角形是锐角三角形. □

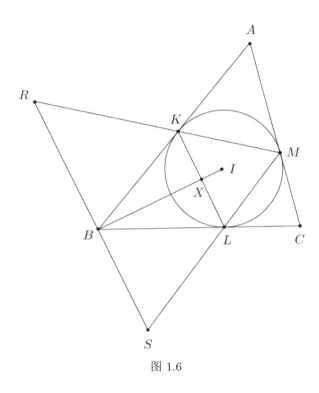

图 1.6

证明点 X 是 △RIS 的垂心的另一种方法是证明 △RXS 相对于 △ABC 的内切圆是自配极的.

我们继续讨论 1998 年美国数学奥林匹克竞赛中的问题.

变形 1.6.(1998 年美国数学奥林匹克竞赛) 如图 1.7, 设 $\mathcal{C}_1$ 和 $\mathcal{C}_2$ 是同心圆, 且 $\mathcal{C}_2$ 在 $\mathcal{C}_1$ 内部. 由 $\mathcal{C}_1$ 上的点 A 作 $\mathcal{C}_2$ 的切线 $AB(B \in \mathcal{C}_2)$. 点 C 是直线 AB 与 $\mathcal{C}_1$ 的交点, 设点 D 为 AB 的中点. 过点 A 的直线分别与 $\mathcal{C}_2$ 相交于 E 和 F, 使得 DE 和 CF 的垂直平分线与直线 AB 相交于点 M. 求 $\dfrac{AM}{MC}$ 的值.

解 设点 O 为圆 $\mathcal{C}_1, \mathcal{C}_2$ 的公共圆心. 切点 B 是弦 AC 的中点, 因为 AC 垂直于圆 $\mathcal{C}_2$ 的半径 OB. 点 O 也是圆 $\mathcal{C}_1$ 的圆心. 点 A 相对于圆 $\mathcal{C}_2$ 的幂为 $AE \cdot AF = AB^2$. 由于点 B 是 AC 的中点且点 D 是 AB 的中点, 故 $AD \cdot AC = \dfrac{AB}{2} \cdot 2AB = AB^2$. 所以, 根据**定理 1.2** 知 C, D, E, F 四点共圆. 其对角线 CE, DF 的垂直平分线的交点 M 是其外接圆圆心. 如果外接圆圆心

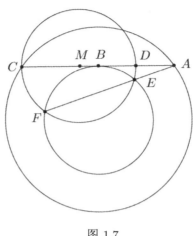

图 1.7

在它的边 CD 上,它一定是这一边的中点,所以 $DM = MC = \dfrac{DC}{2}$. 因为

$$DC = \frac{3}{2}AB, DM = MC = \frac{3}{4}AB$$

且

$$AM = AD + DM = \frac{AB}{2} + \frac{3}{4}AB = \frac{5}{4}AB,$$

所以 $\dfrac{AM}{MC} = \dfrac{5}{3}$. □

我们继续来看国际数学奥林匹克竞赛中一道很巧妙的问题,会发现圆幂定理可以以一种令人出乎意料的方式被使用.

变形 1.7. (2009 年国际数学奥林匹克竞赛) 如图 1.8,设 $\triangle ABC$ 外接圆圆心为 O. P 和 Q 分别是 CA 和 AB 上的点. 设 K, L 和 M 分别是线段 BP, CQ 和 PQ 的中点,并且设 Γ 是过 K, L 和 M 的圆. 假设 PQ 与圆 Γ 相切. 证明: $OP = OQ$.

证明 因为 PQ 和圆 Γ 相切,所以 $\angle QMK = \angle MLK$. 因为 MK 为 $\triangle PQB$ 的中位线,可得 $MK \parallel AB$,所以 $\angle QMK = \angle AQM$. 因此,$\angle AQP = \angle MLK, \angle MKL = \angle APQ$,所以 $\triangle MKL$ 和 $\triangle APQ$ 相似. 因此

$$\frac{AQ}{ML} = \frac{AP}{MK} \Longrightarrow \frac{AP}{BQ} = \frac{AQ}{PC} \Longrightarrow AP \cdot PC = AQ \cdot BQ.$$

所以,P 和 Q 对 $\triangle ABC$ 的外接圆有相同的幂,所以 $OP = OQ$. □

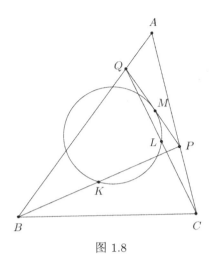

图 1.8

感谢 Hiroshi Haruki, 我们才能有这样漂亮的证明结果来结束这一部分 (参见文献 [18]).

变形 1.8.(Haruki 引理) 如图 1.9, 给定一个圆中两条不相交的弦 AB 和 CD, $\overparen{AB}$ 上的动点 P 远离 C 和 D, 令 E 和 F 分别是弦 PC 与 AB 及 PD 与 AB 的交点. 证明:

$$\frac{AE \cdot BF}{EF}$$

的值与点 P 的位置无关.

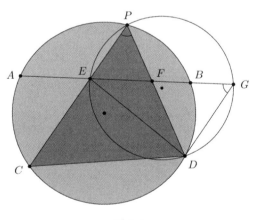

图 1.9

证明 要想证明 $\angle CPD$ 是确定的, 则需从构造 $\triangle PED$ 的外接圆开始. 设 G 为该圆与直线 AB 的交点. 注意到 $\angle EGD = \angle EPD$, 因为它们对着 $\triangle PED$ 外接圆的同一条弦 ED; 当 P 在 $\overparen{AB}$ 上移动时, 角度保持不变. 因此, 对于 P

的所有位置, $\angle EGD$ 保持不变, 即点 G 在直线 AB 上保持不变. 所以 BG 是恒定的. 通过点 F 对圆的幂, 得到

$$AF \cdot FB = PF \cdot FD$$

和

$$EF \cdot FG = PF \cdot FD.$$

因此

$$(AE + EF) \cdot FB = EF \cdot (FB + BG),$$

并且 $AE \cdot FB = EF \cdot BG$. 因此, 我们得出

$$\frac{AE \cdot BF}{EF} = BG$$

是定值. □

Haruki 引理可以用来给出蝴蝶定理的一个非常简捷的证明, 这是射影几何中非常通俗的结论.

变形 1.9.(蝴蝶定理) 如图 1.10, 设 M 是给定圆的弦 PQ 的中点, 过该中点作出另外两条弦 AB 和 CD; AD 与 PQ 交于 X, BC 与 PQ 交于 Y. 则 M 也是 XY 的中点.

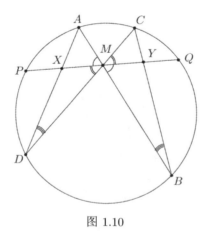

图 1.10

证明 我们认为 A 和 C 是穿过圆的可变点的两个位置. 由 Haruki 引理可知

$$\frac{XP \cdot MQ}{XM} = \frac{MP \cdot YQ}{YM},$$

又因为 $MP = MQ$, 所以有
$$\frac{XP}{XM} = \frac{YQ}{YM}.$$

等式左右两边分别加 1 得
$$\frac{XP + XM}{XM} = \frac{YQ + YM}{YM}.$$

因为 $MP = MQ$, 所以 $XM = YM$, 证明完毕. □

习题

1.1. 设 $\triangle ABC$ 是一个锐角三角形. 设过 B 且垂直于 AC 的直线与以 AC 为直径的圆交于 P 和 Q, 并且设过 C 且垂直于 AB 的直线与以 AB 为直径的圆交于 R 和 S. 证明: P, Q, R, S 四点共圆.

1.2. 设锐角 $\triangle ABC$ 的外接圆圆心为 O, 垂心为 H. 证明:
$$OH^2 = R^2(1 - 8\cos A \cos B \cos C).$$

1.3. 设点 D, E, F 是 $\triangle ABC$ 的垂线的垂足, D 在 BC 上, E 在 CA 上, F 在 AB 上. 过 D 作平行于 EF 的直线与 AB 交于 X, 与 AC 交于 Y. 设 T 是 EF 和 BC 的交点并且设 M 是 BC 的中点. 证明: T, M, X, Y 四点共圆.

1.4.(2008 年哈萨克斯坦数学奥林匹克竞赛) 设点 B_1 是 $\triangle ABC$ 的外接圆上 $\overarc{AC}$ 的中点, 包含 B, 并且设点 I_B 是点 B 的旁切圆圆心. 假定 $\angle ABC$ 的外角平分线在 B_2 处与 AC 相交. 证明: $B_2 I \perp B_1 I_B$, 其中 I 是 $\triangle ABC$ 的内切圆圆心.

1.5.(2000 年国际数学奥林匹克竞赛) 设两圆 Γ_1 和 Γ_2 相交于 M 和 N 处. 设 ℓ 为 Γ_1 和 Γ_2 的公切线, 使 M 比 N 更接近 ℓ. 设 ℓ 与 Γ_1 切于 A, 与 Γ_2 切于 B. 设过 M 且平行于 ℓ 的直线与圆 Γ_1 在点 C 处再次相交, 在 D 处与圆 Γ_2 相交. 直线 CA 和 DB 在 E 处相交; 直线 AN 和 CD 相交于 P; 直线 BN 和 CD 在 Q 处相交. 证明: $EP = EQ$.

1.6. 设 C 是直径为 AB 的半圆 Γ 上的点, 设 D 为 $\overarc{AC}$ 的中点, 点 E 为点 D 在直线 BC 上的投影, F 是直线 AE 与半圆的交点. 证明: 直线 BF 平分线段 DE.

1.7. 设 A, B, C 为圆 Γ 上的三个点, 并且 $AB = BC$, 作过点 A 和点 B 的切线, 相交于点 D. 作 DC 与圆 Γ 交于点 E. 证明: 直线 AE 平分线段 BD.

1.8. (2012 年欧洲女子数学奥林匹克竞赛) 设 $\triangle ABC$ 的外接圆圆心为 O, 点 D, E, F 分别在 BC, CA, AB 上, 使得 $DE \perp CO, DF \perp BO$. 设点 K 是 $\triangle AFE$ 的外接圆圆心. 证明: 直线 DK 与 BC 垂直.

1.9. (2013 年国际数学奥林匹克竞赛预选题) 设在 $\triangle ABC$ 中 $\angle B > \angle C$, 点 P 和点 Q 是直线 AC 上不同的点, 使得 $\angle PBA = \angle QBA = \angle ACB$ 且 A 在 P 和 C 之间. 假设线段 BQ 上存在一点 D, 满足 $PD = PB$. 设射线 AD 交 $\triangle ABC$ 的外接圆于 $R \neq A$. 证明: $QB = QR$.

第二章 卡诺定理与根轴定理

在这一章中, 我们将证明一个巧妙的垂直性准则. 它会帮助我们证明根轴的存在性而不使用任何解析几何方法. 证明如下:

定理 2.1. 设 AB 和 CD 为两条线段 (不一定相交), 则 $AB \perp CD$ 当且仅当

$$AC^2 - AD^2 = BC^2 - BD^2.$$

我们用毕达哥拉斯定理来解决这个问题, 用两种证明方法来解决这个问题. 第一种证明方法主要依赖于计算, 但是比较直观, 所以我们不会省略它.

证法一 设线段 AB 和 CD 相交, P 是两线段的交点, 两线段之间的夹角满足 $0° \leqslant \alpha \leqslant 90°$. 不失一般性, $\angle APC = \angle BPD = \alpha$. 由于 $AC^2 - AD^2 = BC^2 - BD^2$, 且根据余弦定理, 有

$$\begin{aligned} AC^2 &= PA^2 + PC^2 - 2PA \cdot PC \cos\alpha, \\ AD^2 &= PA^2 + PD^2 + 2PA \cdot PD \cos\alpha, \\ BC^2 &= PB^2 + PC^2 + 2PB \cdot PC \cos\alpha, \\ BD^2 &= PB^2 + PD^2 - 2PB \cdot PD \cos\alpha. \end{aligned}$$

因此,
$$-2PA \cos\alpha \cdot (PC + PD) = 2PB \cos\alpha \cdot (PC + PD),$$

这意味着
$$2(PA + PB)(PC + PD) \cos\alpha = 0,$$

$\alpha = 90°$, 定理得证. □

证法二 第二种证法更有意义, 因为可以从点的轨迹中证明结论.

引理 2.1. 设 CD 是平面上的线段. 平面上的点 P 的轨迹使得 $PC^2 - PD^2$ 是常数且表示一条垂直于 CD 的直线.

这证明了**定理 2.1**, 因为 $AC^2 - AD^2 = BC^2 - BD^2$ 意味着 A 和 B 都属于上述轨迹, $AC^2 - AD^2$ 为一个定值. 现在, 我们来看看如何证明这个引理.

证明 设 P 是轨迹上的一点, 点 X 是点 P 在直线 CD 上的投影. 在不失一般性的情况下, X 位于 CD 中. 显然, 如果我们证明这个点 X 独立于 P, 那么证毕, 因为这意味着所有点 P 都在垂直于 CD 且垂足为点 X 的直线上.

现在, 为了证明 X 是固定的, 我们应用余弦定理得

$$\begin{aligned} PC^2 &= PD^2 + CD^2 - 2PD \cdot CD \cdot \cos\angle PDC \\ &= PD^2 + CD^2 - 2XD \cdot CD. \end{aligned}$$

因此, 可得

$$\text{定值} = PC^2 - PD^2 = CD^2 - 2XD \cdot CD.$$

很明显, 线段 CD 的长度和 2 是定值, 所以线段 XD 的长度也是定值; 因此, 既然 D 是确定的, 那么 X 也是确定的 (因为 X 位于 CD 中). 证明完毕. □

关于垂直性的定理, 除了有助于确定根轴, 还有很多有趣的含义 (和应用). 我们先来简单讨论以下这些.

变形 2.1. 如图 2.1 所示, 证明 $\triangle ABC$ 的中线 AA_1 和 BB_1 相互垂直当且仅当 $a^2 + b^2 = 5c^2$, 其中 a, b, c 是 $\triangle ABC$ 的三边长.

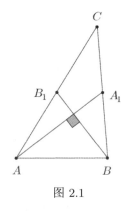

图 2.1

证明 根据**定理 2.1**, 中线 AA_1 和 BB_1 相互垂直当且仅当

$$AB^2 - AB_1^2 = A_1B^2 - A_1B_1^2.$$

代入得
$$c^2 - \frac{b^2}{4} = \frac{a^2}{4} - \frac{c^2}{4},$$
因此等式 $a^2 + b^2 = 5c^2$ 得证. □

变形 2.2. 如图 2.2 所示, 在 $\triangle ABC$ 中, X, Y, Z 分别是 $\triangle ABC$ 外接圆上的 $\overset{\frown}{BC}, \overset{\frown}{CA}, \overset{\frown}{AB}$ 的中点, 不包括三角形的顶点. 证明: $\triangle ABC$ 的内切圆圆心 I 为 $\triangle XYZ$ 的垂心.

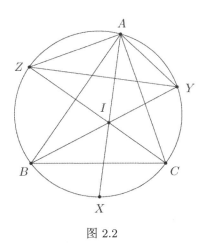

图 2.2

证明 我们只需要证明 $AI \perp YZ$, 之后类似地讨论 B 和 C. 根据**定理 2.1**, 这等价于证明等式

$$AY^2 - AZ^2 = IY^2 - IZ^2.$$

但是, 正如我们在**变形 1.2** 中见到的, 我们知道 $IY = AY$ 和 $IZ = AZ$, 因此上述的等式显然成立. 因此, $AI \perp YZ$ 得证. □

下面做一个更复杂的练习.

变形 2.3. 如图 2.3 所示, 在 $\triangle ABC$ 中, 设 E 和 F 分别是 $\angle ABC$ 和 $\angle ACB$ 的内角平分线与 AC, AB 的交点. 用 O 表示 $\triangle ABC$ 的外接圆圆心并且点 I_a 是 $\triangle ABC$ 中 A 所对的旁切圆圆心. 证明: $OI_a \perp EF$.

证明 根据**定理 2.1**, 可以证明 $OF^2 - FI_a^2 = OE^2 - EI_a^2$. 所以我们将证明表达式 $OF^2 - FI_a^2$ 是关于 b 和 c 对称的. 设 R 是 $\triangle ABC$ 的外接圆半径并且 r_a 为 $\triangle ABC$ 中 A 所对的旁切圆的半径. 根据余弦定理, 对于 $\triangle AOF$, 我们有

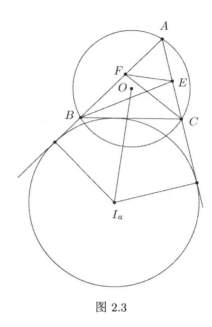

图 2.3

$$
\begin{aligned}
OF^2 &= AO^2 + AF^2 - 2AO \cdot AF \cos(90° - C) \\
&= R^2 + AF^2 - 2R \cdot AF \sin C \\
&= R^2 + AF^2 - AF \cdot c.
\end{aligned}
$$

另外, $FI_a^2 = r_a^2 + (s - AF)^2 = r_a^2 + s^2 - (a+b+c)AF + AF^2$. 这意味着

$$
\begin{aligned}
OF^2 - FI_a^2 &= R^2 - AF \cdot c - r_a^2 - s^2 + (a+b+c)AF \\
&= R^2 - r_a^2 - s^2 + AF(a+b) \\
&= R^2 - r_a^2 - s^2 + bc,
\end{aligned}
$$

证明完毕. □

现在, 我们来看一个非常重要且巧妙的相交性准则.

定理 2.2.(卡诺定理) 设 $\triangle ABC$ 中 M, N, P 分别是三边 BC, CA 和 AB 上的任意一点. 过点 M, N, P 分别作 BC, CA 和 AB 的垂线, 三条垂线共点, 当且仅当

$$(MB^2 - MC^2) + (NC^2 - NA^2) + (PA^2 - PB^2) = 0.$$

证明 假设分别过点 M, N, P 的 BC, CA, AB 的垂线相交于点 X. 根

据**定理 2.1**, 由 $XM \perp BC$, 可得

$$MB^2 - MC^2 = XB^2 - XC^2.$$

类似地

$$NC^2 - NA^2 = XC^2 - XA^2$$

且

$$PA^2 - PB^2 = XA^2 - XB^2$$

可以得到

$$(MB^2 - MC^2) + (NC^2 - NA^2) + (PA^2 - PB^2) = 0.$$

相反地, 假设

$$(MB^2 - MC^2) + (NC^2 - NA^2) + (PA^2 - PB^2) = 0,$$

我们从矛盾的角度出发, 假设分别过点 M, N, P 的 BC, CA, AB 的垂线不相交. 设点 X 是分别过点 N 和 P 所作 CA 和 AB 的垂线的交点. 设点 M' 是 X 在 BC 上的投影, M' 不同于 M, 则

$$(M'B^2 - M'C^2) + (NC^2 - NA^2) + (PA^2 - PB^2) = 0,$$

根据上面的式子得到

$$MB^2 - MC^2 = M'B^2 - M'C^2.$$

由**定理 2.1**, 得 $MM' \perp BC$. 这显然是矛盾的, 因为点 M 和 M' 在 BC 上. 因此, 假设是错误的, 分别过点 M, N, P 的 BC, CA 和 AB 的垂线是相交的, 证毕. □

点 M, N, P 必须位于 $\triangle ABC$ 的三边所在的直线上吗? (思考**定理 2.1**.)

推论 2.1. 如图 2.4 所示, 设点 A_1, B_1, C_1 是以点 I_a, I_b, I_c 为圆心的 $\triangle ABC$ 的旁切圆分别与其边 BC, CA 和 AB 的切点. 则直线 I_aA_1, I_bB_1, I_cC_1 共点. 这个交点通常称为 $\triangle ABC$ 的**贝文点**.

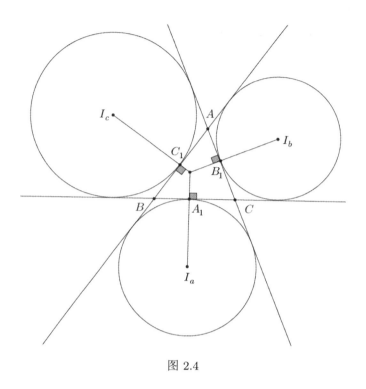

图 2.4

证明 显然, 直线 I_aA_1, I_bB_1, I_cC_1 分别垂直于 $\triangle ABC$ 的边 BC, CA, AB; 因此, 如果我们可以证明

$$(A_1B^2 - A_1C^2) + (B_1C^2 - B_1A^2) + (C_1A^2 - C_1B^2) = 0,$$

则结论获证. 易证 $C_1B = B_1C = s-a$, $A_1C = C_1A = s-b$, $A_1B = B_1A = s-c$, 所以根据卡诺定理, 相交得证. $\square$

推论 2.2.(**正交三角形定理**) 如图 2.5 所示, 设 $\triangle ABC$ 和 $\triangle XYZ$ 是平面上的两个三角形. 过点 X, Y, Z 分别作 BC, CA, AB 的垂线, 交于点 P. 过点 A, B, C 分别作边 YZ, ZX, XY 的垂线, 也交于一点. 此交点和点 P 被称为两个三角形的**正交中心**, 此三角形被称为**正交三角形**.

证明 利用**定理 2.1** 和**定理 2.2** 得

$$\begin{aligned}
& (AY^2 - AZ^2) + (BZ^2 - BX^2) + (CX^2 - CY^2) \\
=\ & (XC^2 - XB^2) + (YA^2 - YC^2) + (ZB^2 - ZA)^2 \\
=\ & (PC^2 - PB^2) + (PA^2 - PC^2) + (PB^2 - PA)^2 \\
=\ & 0
\end{aligned}$$

证毕.

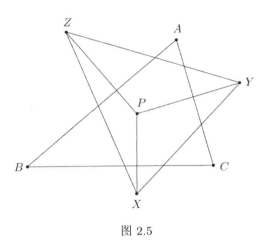

图 2.5

变形 2.4.(1987 年国际数学奥林匹克竞赛预选题) 通过证明, 在一个锐角 $\triangle ABC$ 内部找到一点 P, 使得 $BL^2 + CM^2 + AN^2$ 的值最小, 点 L, M, N 分别是点 P 向 BC, CA, AB 所作垂线的垂足.

证明 根据卡诺定理, 可以得到

$$\begin{aligned} BL^2 + CM^2 + AN^2 &= BN^2 + CL^2 + AM^2 \\ &= \frac{1}{2}(BL^2 + CL^2 + CM^2 + AM^2 + AN^2 + BN^2). \end{aligned}$$

根据均值不等式得

$$BL^2 + CL^2 \geqslant \frac{1}{2}(BL + CL)^2 = \frac{1}{2}BC^2,$$

类似地,

$$CM^2 + AM^2 \geqslant \frac{1}{2}CA^2 \text{ 且 } AN^2 + BN^2 \geqslant \frac{1}{2}AB^2.$$

接下来可以得到

$$BL^2 + CM^2 + AN^2 \geqslant \frac{1}{2}(AB^2 + BC^2 + CA^2),$$

因此, 我们求出了 $BL^2 + CM^2 + AN^2$ 的最小值. 显然, 当 P 是 $\triangle ABC$ 的外接圆圆心时等式成立. 证毕.

变形 2.5. 设 $\triangle ABC$ 中 D, E, F 分别是垂线 AD, BE, CF 的垂足. 设 X, Y, Z 分别是线段 EF, FD, DE 的中点, x, y, z 分别为过 X, Y, Z 向 BC, CA 和 AB 所作的垂线. 证明: 直线 x, y, z 共点.

证法一 设 M, N, P 分别是直线 x, y, z 与直线 BC, CA, AB 的交点. 为了有效利用卡诺定理, 需要证明

$$(MB^2 - MC^2) + (NC^2 - NA^2) + (PA^2 - PB^2) = 0.$$

然而, $MX \perp BC$, 根据定理 2.1, 得

$$MB^2 - MC^2 = XB^2 - XC^2,$$

类似地,

$$NC^2 - NA^2 = YC^2 - YA^2 \text{ 且 } PA^2 - PB^2 = ZA^2 - ZB^2.$$

因此, 我们需要证明

$$(XB^2 - XC^2) + (YC^2 - YA^2) + (ZA^2 - ZB^2) = 0.$$

但 XB 和 XC 分别是 $\triangle EFB$ 和 $\triangle EFC$ 的中线, 因此得到

$$XB^2 = \frac{2h_b^2 + 2FB^2 - EF^2}{4}$$

并且

$$XC^2 = \frac{2h_c^2 + 2EC^2 - EF^2}{4}.$$

因此有

$$XB^2 - XC^2 = \frac{(h_b^2 - h_c^2) + (FB^2 - EC^2)}{2}.$$

类似地, 可以得到

$$YC^2 - YA^2 = \frac{(h_c^2 - h_a^2) + (DC^2 - FA^2)}{2}$$

并且

$$ZA^2 - ZB^2 = \frac{(h_a^2 - h_b^2) + (EA^2 - DB^2)}{2}.$$

因此, 我们得到

$$\begin{aligned}
&(XB^2 - XC^2) + (YC^2 - YA^2) + (ZA^2 - ZB^2) \\
=\ &-\frac{1}{2}\left[(DB^2 - DC^2) + (EC^2 - EA^2) + (FA^2 - FB^2)\right] \\
=\ &0,
\end{aligned}$$

通过卡诺定理知直线 AD, BE, CF ($\triangle ABC$ 的高) 相交, 因此最后一个等式成立. 证毕. □

根据得到的结果 ($\triangle ABC$ 的垂心是 $\triangle DEF$ 的内切圆圆心) 可以证明更多的结论. 设 V 是 $\triangle ABC$ 的外接圆圆心, 且 I, O, H 分别是 $\triangle DEF$ 的内切圆圆心、外接圆圆心和垂心. 设 P 为 VH 的中点, 现在证明这些垂线在点 P 处是相交的.

证法二 由于 $DI \perp BC$, 只需证明 $XP \parallel DI$. 如图 2.6 所示, 由于点 I 是 $\triangle ABC$ 的垂心且 O 是 $\triangle ABC$ 的九点中心, 故点 V 是 I 关于 O 的对称点, 因此线段 OP 是 $\triangle VIH$ 的中位线, 所以 $OP \parallel IH, IH = 2OP$. 通过构造直角三角形容易得出 $DH = 2R\cos\angle EDF$ 和 $OX = R\cos\angle EDF$, 其中 R 是 $\triangle DEF$ 的外接圆半径. 因此 $DH = 2OX$, 并且显然 $DH \parallel OX$, 从而这些直线都垂直于直线 EF. 通过观察 $\triangle OPX$ 和 $\triangle HID$, 我们有 $XP \parallel DI$, 得证. □

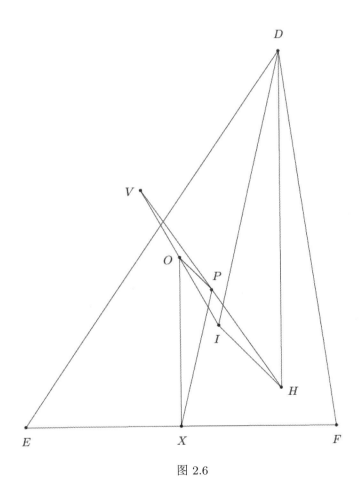

图 2.6

变形 2.6. 如图 2.7 所示, 设四边形 $ABCD$ 内接于以 AB 为直径的圆. 过 A 和 B 作圆的切线. 设 E 是线段 CD 的中点. 从线段 AD 的中点作到 AE 的垂线并且延长该垂线交过点 A 的切线于 M. 类似地, 从线段 BC 的中点作到 BE 的垂线并且延长该垂线交过点 B 的切线于 N. 证明: $MN \parallel CD$.

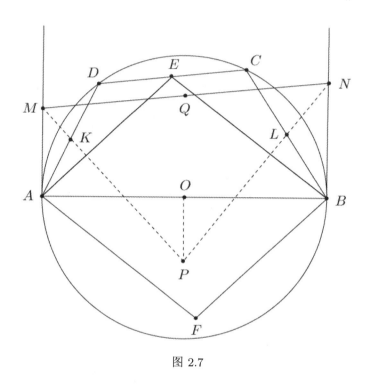

图 2.7

证明 首先, 记 O 为四边形 $ABCD$ 的外接圆圆心且是 AB 的中点. 设点 K, L 分别为 DA 和 BC 的中点. 我们有

$$AO^2 - BO^2 + BL^2 - EL^2 + EK^2 - AK^2 = \frac{1}{4}(BC^2 - BD^2 + CA^2 - DA^2) = 0.$$

因此, 根据卡诺定理, 在 $\triangle ABE$ 中, 过 O, L, K 分别作 AB, BE, EA 的垂线, 使它们交于一点 P. 设 Q 为 MN 的中点且 F 为 E 关于 O 的对称点. 则 $AEBF$ 是平行四边形且 $\triangle PMN$ 和 $\triangle AEF$ 相似, 它们的对应边 $PM \perp AE, PN \perp AF$ 以及对应中线 $PQ \perp AO$. 故 $MN \perp EF$. 但是 EF 是线段 CD 的垂直平分线, 综合得出 $MN \parallel CD$. 证毕. □

最后把目光移向根轴. 根轴是什么呢?

定义 2.1. 设两个不同心圆 C_1 和 C_2 分别以 O_1 和 O_2 为圆心, 以 r_1 和 r_2 为

半径, C_1 和 C_2 的 **根轴** 是点 P 在平面上的轨迹, 使得点 P 对于两个圆有相同的幂.

可以得到点 P 的轨迹是一条与 O_1O_2 垂直的直线. 原因是什么呢? 可以根据**定理 2.1** 的证法二轻松地证明这一结论. 另外, 点 P 的轨迹为什么对于 C_1 和 C_2 有相同的幂, 也就是说, 点 P 的轨迹使得 $PO_1^2 - r_1^2 = PO_2^2 - r_2^2$, 或等价地 $PO_1^2 - PO_2^2 = r_1^2 - r_2^2$, 结果是一个常数? 因此, 点 P 一定在垂直于 O_1O_2 的一条确定的直线上, 得证.

当两个圆交于两点 X 和 Y 时, 显然根轴为直线 XY (因为 X 和 Y 两个点都对于两个圆的幂为 0). 类似地, 当两圆的切点同为 T 时, 它们的根轴就是过点 T 的两圆的内切线. 然而, 当两圆内含时会发生什么呢? 如何画它们的根轴呢?

定义 2.2. 对三个两两不同心圆 $\Gamma_1, \Gamma_2, \Gamma_3$, 任意两个圆形成一条根轴, 因此 (Γ_1, Γ_2), (Γ_2, Γ_3) 和 (Γ_3, Γ_1) 形成三条根轴, 这三条根轴相交于一点, 该点被称为三个圆的 **根心**.

为什么这些直线相交? 原因由根轴的定义给出. 设 P 为前两条根轴的交点. 根据定义, P 对于 Γ_1, Γ_2 和 Γ_3 有相同的幂, 所以 P 也在第三条根轴上, 因此三条根轴相交. 下面对于两个不相交的圆的根轴给出了结论.

结论. 设 Γ_1, Γ_2 是两个不相交的圆. 画第三个圆 Γ_3, 与 Γ_1 和 Γ_2 都相交于两点, X, Y 在 Γ_1 上, P, Q 在 Γ_2 上. 直线 XY 和 PQ 交于点 R, 被称为 $\Gamma_1, \Gamma_2, \Gamma_3$ 的根心. 因此, Γ_1 和 Γ_2 的根轴是从 R 到连接两个圆的圆心的直线的垂线.

让我们看看这些概念在下面的应用中会有怎样的效果, 其中的一些可以作为引理来记忆.

变形 2.7. 如图 2.8 所示, 设 M 和 N 分别为 AB 和 AC 上的点. 证明: 以 CM 和 BN 为直径的圆的公共弦 (根轴) 通过 $\triangle ABC$ 的垂心 H.

证明 设点 P, Q 分别是垂线 BP 和 CQ 的垂足. 显然以 BN 为直径且经过 P 的圆为 Γ_1; 类似地, 以 CM 为直径且经过 Q 的圆为 Γ_2. 因此, 垂心 H 对于 Γ_1 的幂是 $HB \cdot HP$, 垂心 H 对于 Γ_2 的幂是 $HC \cdot HQ$. 因此, 点 H 在根轴上, 因为 B, C, P, Q 四点共圆, $HB \cdot HP = HC \cdot HQ$. 证明完毕. □

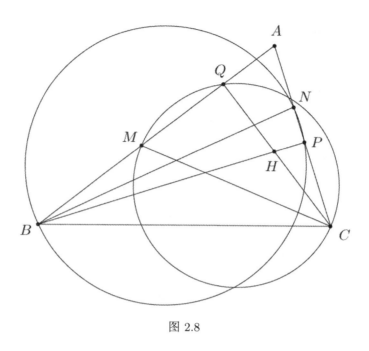

图 2.8

变形 2.8.(2009 年国际数学奥林匹克竞赛) 如图 2.9 所示, 设点 H 为锐角 $\triangle ABC$ 的垂心. 以 BC 的中点为圆心并且经过 H 的圆 Γ_A 交边 BC 于 A_1 和 A_2. 类似地, 确定 B_1, B_2, C_1, C_2. 证明: $A_1, A_2, B_1, B_2, C_1, C_2$ 六点共圆.

证明 点 H 既在圆 Γ_B 上又在圆 Γ_C 上, 那么也在两圆的根轴上. 此外, 通过两圆心的直线是 $\triangle ABC$ 的中位线, 进而它平行于 BC. 因此, Γ_B 与 Γ_C 的根轴是 $\triangle ABC$ 过顶点 A 的垂线. 特别地, 点 A 在根轴上, 所以它是圆 Γ_B 和圆 Γ_C 的等幂点. 这就意味着

$$AB_1 \cdot AB_2 = AC_1 \cdot AC_2,$$

所以根据圆幂定理, B_1, B_2, C_1, C_2 在圆 Ω_A 上.

类似地, 我们可以得到点 C_1, C_2, A_1, A_2 在圆 Ω_B 上, 点 A_1, A_2, B_1, B_2 在圆 Ω_C 上. 这些圆中至少有两个重合, 因为这意味着 $A_1, A_2, B_1, B_2, C_1, C_2$ 六点共圆. 用反证法证明相反的情况, 也就是它们不都在一个圆上, 则 BC 是圆 Ω_B 和圆 Ω_C 的根轴, CA 是圆 Ω_C 和圆 Ω_A 的根轴, 并且 AB 是圆 Ω_A 和圆 Ω_B 的根轴. 这明显是矛盾的, 此时不能构成三角形! 证明完毕. □

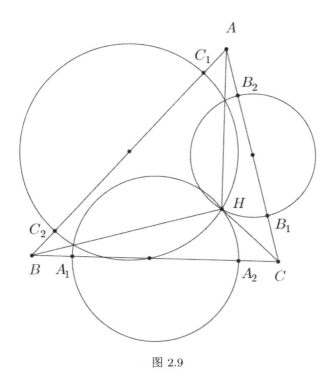

图 2.9

变形 2.9. 如图 2.10 所示, 设 D 和 E 分别是 $\triangle ABC$ 的边 AB 和 AC 上的点, 使得 $DE \parallel BC$. 设 P 是 $\triangle ADE$ 内部的任意一点, 并且 F 和 G 是 DE 分别与直线 BP 和 CP 的交点. Q 是 $\triangle PDG$ 的外接圆和 $\triangle PFE$ 的外接圆的另一个交点. 证明: 点 A, P 和 Q 是共线的.

证明 设 $\triangle DPG$ 的外接圆交直线 AB 的另一点为 M, 设 $\triangle EPF$ 的外接圆交直线 AC 的另一点为 N. 设想 M 和 N 分别在边 AB 和 AC 上的构型 (其他情况是相同的). 故

$$\angle ABC = \angle ADG = 180° - \angle BDG = 180° - \angle MPC,$$

所以 B, M, P, C 四点共圆.

类似地, B, P, N, C 也在一个圆上. 所以 B, C, N, P, M 共圆. 因此, $\angle ANM = \angle ABC = \angle ADE$, 所以点 M, N, D, E 共圆. 由圆幂定理, 可以得到 $AD \cdot AM = AE \cdot AD$, 因此 A 对于 $\triangle DPG$ 的外接圆和 $\triangle EPF$ 的外接圆有相同的幂, 因此 A 在两个圆的根轴 PQ 上, 点 A, P, Q 共线, 得证. □

下一个问题出现在 2012 年国际数学奥林匹克竞赛中, 作为第五个问题, 并且对于大多数竞赛者是有相当大的挑战的. 以下将给出两个证明.

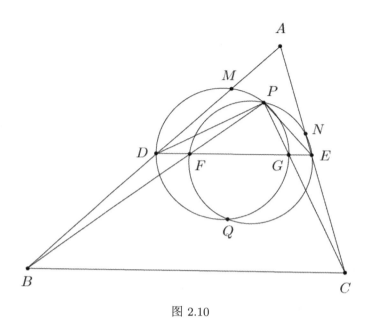

图 2.10

变形 2.10.(2012 年国际数学奥林匹克竞赛) 如图 2.11 所示, 设 $\triangle ABC$ 中 $\angle BCA = 90°$, D 为垂线 CD 的垂足. 设点 X 是线段 CD 上的一点, K 是线段 AX 上的一点, 使得 $BK = BC$. 类似地, L 是线段 BX 上一点, 使得 $AL = AC$. 设 M 是 AL 和 BK 的交点. 证明: $MK = ML$.

有两种证明方式! 第一种证法与非常简单的官方解答相一致, 但是在证明的时候不太容易想到这种方法.

证法一 设圆 k_1 以 A 为圆心、AC 为半径, 圆 k_2 以 B 为圆心、BC 为半径. 显然 $L \in k_1$ 且 $K \in k_2$. 此外, E 和 F 分别是 BX 和 k_1 以及 AX 和 k_2 的交点. C' 是 k_1 和 k_2 的第二个交点, 显然 C' 在直线 CD 上. 由圆幂定理, 在圆 k_1 和 k_2 中, 知

$$EX \cdot XL = CX \cdot XC' = KX \cdot XF,$$

所以 E, K, L, F 四点共圆.

BC 是圆 k_1 的切线, $EB \cdot LB = CB^2 = KB^2$, 所以 BK 是 $\triangle KLE$ 外接圆的切线. 类似地, AL 是 $\triangle KLF$ 外接圆的切线, 并且因为 E, K, L, F 共圆, AL 和 BK 与同一个圆相切, 因此, 可以得到 $MK = ML$. 这就完成了证法一. □

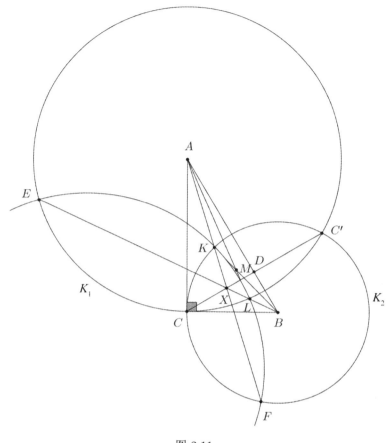

图 2.11

第二种证法不太常规. 然而, 它应用到了卡诺定理, 这就是我们要介绍它的原因!

证明二 如图 2.12 所示, 令 $\triangle ADL$ 的外接圆交 DC 的另一点为 U, 则有 $\angle AUD = \angle ALD$, $AL^2 = AC^2 = AD \cdot AB$, 以及 $\angle AUD = \angle LBD = \angle XBD$. 这就意味着 $\triangle UAD$ 和 $\triangle BXD$ 相似, 因此

$$\frac{UD}{BD} = \frac{AD}{XD}.$$

因此, $\triangle UDB$ 和 $\triangle AXD$ 也相似, 所以 $\angle BUD = \angle DAX$. 类似地, 可以推出 $\angle DAX = \angle DKB$, 因此 B, D, K, U 共圆. A, D, L, U 所在圆和 B, D, K, U 所在圆的直径分别是 AU 和 BU, 因此 $\angle ALU = \angle BKU = 90°$. 此外, 点 U 也在 CD 上. 因此, 过 K, L, D 分别作 BM, AM, AB 的垂线, 交于一点 U. 因

此, 由卡诺定理可知

$$BK^2 - KM^2 + ML^2 - LA^2 + AD^2 - DB^2 = 0,$$

根据等式 $AL = AC$, $BK = BC$, 以及

$$AD^2 - DB^2 = (AD^2 + DC^2) - (DC^2 + DB^2) = AC^2 - CB^2,$$

$MK = ML$ 得证. 证法二完毕. □

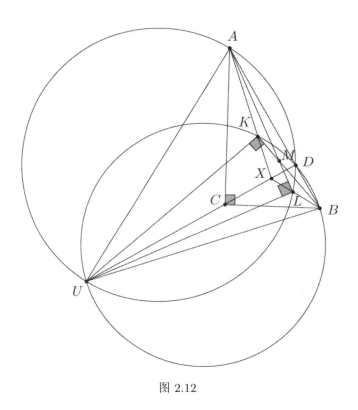

图 2.12

以下介绍三个有关根心的问题来结束本章的学习. 第一个是来自 1995 年国际数学奥林匹克竞赛的问题.

变形 2.11. (1995 年国际数学奥林匹克竞赛) 如图 2.13 所示, 设 A, B, C 和 D 是直线上不同的四个点, 并且按照顺序排列. 以 AC 和 BD 为直径的两个圆相交于 X 和 Y. 直线 XY 交 BC 于 Z. P 是直线 XY 上的不同于 Z 的一点. 直线 CP 交以 AC 为直径的圆于 C 和 M, 直线 BP 交以 BD 为直径的圆于 B 和 N. 证明: AM, DN 和 XY 共点.

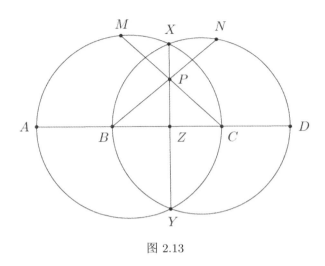

图 2.13

证明 由圆幂定理得到

$$PM \cdot PC = PX \cdot PY = PN \cdot PB,$$

所以 B, C, N, M 共圆. 注意 $\angle AMC = \angle BND = 90°$, 因此

$$\angle MND = 90° + \angle MNB = 90° + \angle MCA = 180° - \angle MAD.$$

因此, A, D, N, M 共圆. 因为 AM, DN, XY 是四边形 $AMXC$、四边形 $BXND$ 和四边形 $AMND$ 外接圆的三条根轴, 相交于这三个圆的根心. 证明完毕. □

变形 2.12.(维吉尔·尼古拉, 科斯明·波霍塔) 如图 2.14 所示, 设直线 d 是给定的以 O 为圆心的圆 ω 外的任意一条直线. $OA \perp d$, 垂足为 A, 并考虑 ω 上的一动点 M, X, Y 为以 AM 为直径的圆分别与圆 ω 和直线 d 的交点. 证明: 直线 XY 经过一个定点.

证明 考虑在点 A 处与直径为 AM 的圆相切的直线 γ 并且点 $F = \gamma \cap MX$ 以及 $L = OA \cap XY$. 因为 $\angle FMA = \angle LYA$ 并且 $\angle YAL = \angle FAM = 90°$, 可以推断出 $\triangle LAY$ 和 $\triangle FAM$ 相似. 因为 $\angle ALY = \angle AFM$, 得出 A, F, X, L 四点共圆. 但是因为 $\angle AXF = 180° - \angle AXM = 90°$, 我们推得 $\angle ALF = 90°$, 也说明 $FL \parallel d$. 因为 γ 是以 AM 为直径的圆和退化圆 A 的根轴, 并且 XM 是以 AM 为直径的圆和圆 ω 的根轴, 可以推得 $F = \gamma \cap MX$ 是上述三个圆的根心. 所以, F 在退化圆 A 和圆 ω 确定的根轴上, 位置是确定的. 因此点 L 的位置也可确定. 因为 L 在 XY 上, 所以 L 是我们想要的定点. 这就完成了证明. □

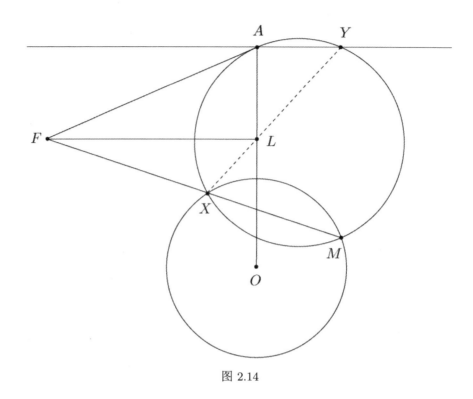

图 2.14

变形 2.13.(Warut Suksompong 和 Potcharapol Suteparuk, 2013 年国际数学奥林匹克竞赛) 如图 2.15 所示, 设 $\triangle ABC$ 是一个锐角三角形, 垂心为 H, 并且设 W 为边 BC 上的一点. 分别过 B 和 C 作 $BM \perp AC, CN \perp AB$, 垂足为 M 和 N, 将 $\triangle BWN$ 的外接圆记为 ω_1, 设 X 为圆 ω_1 上正对 W 的点. 类似地, 将 $\triangle CWM$ 的外接圆记为 ω_2, 并且设 Y 是圆 ω_2 上正对 W 的点. 证明: 点 X, Y, H 共线.

证明 设 L 是 $AL \perp CB$ 的垂足, 并且设 Z 是圆 ω_1 和 ω_2 的第二个交点. 我们想要得出 X, Y, Z 和 H 在一条线上. 很明显 B, C, M, N 在以 BC 为直径的圆上, 将这个圆记为 ω_3. 又得出 WZ 是 ω_1 和 ω_2 的根轴. 类似地, BN 是 ω_1 和 ω_3 的根轴, 并且 CM 是 ω_2 和 ω_3 的根轴. 因此 $A = BN \cap CM$ 是三个圆的根心, 并且 WZ 经过 A. 因为 WN 和 WY 分别是 ω_1 和 ω_2 的直径, 我们可以得到 $\angle WZX = \angle WZY = 90°$, 所以 X 和 Y 在过 Z 并且垂直于 AZ 的直线上. 注意到

$$\angle NZM = 360° - \angle NZW - \angle MZW = \angle ABC + \angle ACB = 180° - \angle BAC$$

所以点 Z 在 $\triangle AMN$ 的以 AH 为直径的外接圆上, 所以我们有 $\angle AZH = 90°$.

因此 H 也在过 Z 且垂直于 AZ 的直线上, X, Y, H 共线, 得证. □

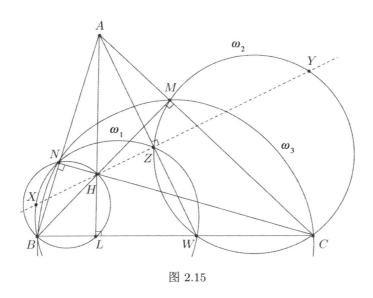

图 2.15

习题

2.1. (2005 年罗马尼亚数学奥林匹克竞赛) 设 I, G 为非等腰 $\triangle ABC$ 的内切圆圆心和质心. 证明: 当且仅当 $AB + AC = 3BC$ 时, $IG \perp BC$.

2.2. 设 $\triangle ABC$ 中 $AB < AC$. 设 X 和 Y 分别是射线 CA 和 BA 上的点, $CX = AB$ 且 $BY = AC$. 证明: $OI \perp XY$.

2.3. 设有 $\triangle ABC$ 且 D, E 分别是边 AB 和 AC 上的点, 使得 $DE \| BC$. 设 P 为 $\triangle ABC$ 内任一点并且 PB, PC 分别与 DE 相交于点 F 和 G. 设 O_1, O_2 分别是 $\triangle PDG$ 和 $\triangle PEF$ 的外接圆圆心. 证明: $AP \perp O_1O_2$.

2.4. (2010 年罗马尼亚巴尔干地区初中数学奥林匹克竞赛) 设点 I 为非等边 $\triangle ABC$ 的内切圆圆心, 并且将以 IB 和 IC 为直径的圆分别记为 γ, δ. 如果 γ', δ' 分别是 γ, δ 关于 IC 和 IB 上的镜像. 证明: $\triangle ABC$ 的外接圆圆心 O 在 γ' 和 δ' 的根轴上.

2.5. 在 $\triangle ABC$ 中, 点 E 和 F 分别位于边 AC 和 BC 上, 并且 $AE = BF$, 由 A, C, F 和 B, C, E 分别构成的圆相交于 C 和 D. 证明: 直线 CD 平分 $\angle ACB$.

2.6. (2005 年阿里巴巴数学奥林匹克竞赛) 圆 w_B 和 w_C 是 $\triangle ABC$ 的旁切圆. 圆 w'_B 和 w_B 关于 AC 的中点对称, 圆 w'_C 和 w_C 关于 AB 的中点对称. 证明: w'_B 和 w'_C 的根轴将 $\triangle ABC$ 的周长平分.

2.7. (1998 年国际数学奥林匹克竞赛预选题) 设 $\triangle ABC$ 的内心为 I, 外接圆为 ω. 设点 D 和 E 分别是 ω 与 AI 和 BI 的第二个交点. 弦 DE 交 AC 于点 F, 并且交 BC 于点 G. 设点 P 是过点 F 的 AD 的平行线和过点 G 的 BE 的平行线的交点. 假设 ω 上点 A 和点 B 处的切线相交于点 K. 证明: 直线 AE, BD 和 KP 互相平行或相交于一点.

2.8. (2009 年美国数学奥林匹克竞赛) 圆 ω_1 和 ω_2 相交于点 X 和点 Y, 设 ℓ_1 是过 ω_1 的圆心的直线, 与 ω_2 在点 P 和 Q 处相交, 并且设 ℓ_2 是过 ω_2 的圆心的直线, 与 ω_1 相交于点 R 和点 S. 证明: 如果 P, Q, R 和 S 共圆, 那么圆心在 XY 上 (提示: 一定要处理边缘情况).

2.9. (2013 年美国数学奥林匹克竞赛) 设 $\triangle ABC$ 为不等边三角形, 其外接圆为 Γ, 并且设 D, E, F 分别是其内切圆与 BC, AC, AB 的切点. 设 $\triangle AEF$, $\triangle BFD$ 和 $\triangle CDE$ 的外接圆和 Γ 分别在 X, Y, Z 处第二次相交. 证明: 分别过点 A, B, C 的 AX, BY, CZ 的垂线是共点的.

2.10. (2011 年美国数学奥林匹克竞赛预选题) 设有一凸四边形 $ABCD$, 其边 AD 和 BC 不平行. 设直径分别为 AB 和 CD 的圆在四边形内相交于点 E 和 F. 设 ω_E 是过从点 E 到 AB, BC 和 CD 所作垂线的三个垂足的圆. 设 ω_F 为过从点 F 到 CD, DA 和 AB 所作垂线的三个垂足的圆. 证明: 线段 EF 的中点在过 ω_E 和 ω_F 的交点的直线上.

2.11. 在 $\triangle ABC$ 中 $\angle A$ 的内角平分线交 BC 于点 D. 设 Γ_1 和 Γ_2 分别是 $\triangle ABD$ 和 $\triangle ACD$ 的外接圆并且设 P, Q 是 AD 和 Γ_1 与 Γ_2 外公切线的交点. 证明: $PQ^2 = AB \cdot AC$. 此外, 请找出一个反例!

第三章 边的塞瓦定理，三角形的塞瓦定理，四边形的塞瓦定理

塞瓦定理可以将共点的问题转换为可推导的等式，它不仅告诉我们在什么条件下三线共点——很多竞赛都有类似的问题！——而且也允许我们在某些更复杂的环境中，即结论不一定是三条线共点，在图中正弦定理的应用之间建立联系. 当然，我们将通过一些例子证明！首先，让我们证明塞瓦定理.

定理 3.1. (边的塞瓦定理) 设在 $\triangle ABC$ 中，A_1, B_1, C_1 分别在边 BC, CA, AB 上，AA_1, BB_1, CC_1 三线共点当且仅当

$$\frac{A_1B}{A_1C} \cdot \frac{B_1C}{B_1A} \cdot \frac{C_1A}{C_1B} = 1.$$

首先假设已经证明了前提条件，也就是说，如果 AA_1, BB_1, CC_1 三线共点，那么

$$\frac{A_1B}{A_1C} \cdot \frac{B_1C}{B_1A} \cdot \frac{C_1A}{C_1B} = 1.$$

让我们看看如何用这个来证明相反的命题！这其实很简单. 假设有三个点 A_1, B_1, C_1 分别在边 BC, CA, AB 上，使得

$$\frac{A_1B}{A_1C} \cdot \frac{B_1C}{B_1A} \cdot \frac{C_1A}{C_1B} = 1.$$

我们要证明 AA_1, BB_1, CC_1 三线共点，用反证法来证明，假设三线不共点，取直线 BB_1 和 CC_1 的交点为 P. 设 $A_2 = AP \cap BC$. 根据直接条件，由于 AA_2, BB_1, CC_1 三线共点，所以有

$$\frac{A_2B}{A_2C} \cdot \frac{B_1C}{B_1A} \cdot \frac{C_1A}{C_1B} = 1.$$

与之前的假设联系起来，得到 $\dfrac{A_1B}{A_1C} = \dfrac{A_2B}{A_2C}$. 因此，考虑到点 A_1, A_2 都在 BC 上，得出 $A_1 = A_2$，矛盾！因此，直线 AA_1, BB_1, CC_1 共点，证毕.

回到上面的定理, 下面给出两种证法. 第一种证法相当经典, 在大部分几何教科书中都能看到.

证法一 如图 3.1 所示, 过顶点 A 作 BC 的平行线, 记为 ℓ, 并且设点 Y, Z 分别为 ℓ 与 BB_1 和 CC_1 的交点. 同样, 设点 P 是直线 AA_1, BB_1, CC_1 的交点. 故 $\dfrac{B_1C}{B_1A} = \dfrac{BC}{AY}$ (由 $\triangle AYB_1$ 和 $\triangle CBB_1$ 相似), 并且 $\dfrac{C_1A}{C_1B} = \dfrac{AZ}{BC}$ (由 $\triangle AZC_1$ 和 $\triangle BCC_1$ 相似). 因此, 可以得出

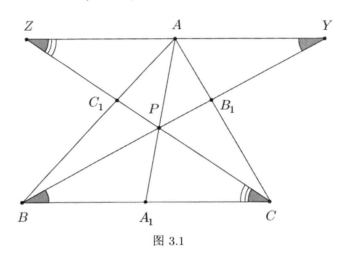

图 3.1

$$\frac{A_1B}{A_1C} \cdot \frac{B_1C}{B_1A} \cdot \frac{C_1A}{C_1B} = \frac{A_1B}{A_1C} \cdot \frac{BC}{AY} \cdot \frac{AZ}{BC}$$
$$= \frac{A_1B}{A_1C} \cdot \frac{AZ}{AY}.$$

但是 $\dfrac{A_1B}{AY} = \dfrac{A_1C}{AZ} = \dfrac{A_1P}{PA}$ (由 $\triangle A_1PB$ 和 $\triangle APY$ 相似, $\triangle A_1PC$ 和 $\triangle APZ$ 相似). 因此, 可以得出

$$\frac{A_1B}{A_1C} \cdot \frac{B_1C}{B_1A} \cdot \frac{C_1A}{C_1B} = \frac{A_1B}{A_1C} \cdot \frac{AZ}{AY}$$
$$= \frac{A_1B}{AY} \cdot \frac{AZ}{A_1C}$$
$$= 1.$$

这就完成了第一个证明.

证法二 如图 3.2 所示, 直线 ℓ_a, ℓ_b, ℓ_c 分别平行于 BC, CA, AB, 并经过直线 AA_1, BB_1, CC_1 的交点 P. 设 B_a, C_a 是 ℓ_a 和 CA, AB 的交点, A_b,

C_b 是 ℓ_b 与 BC, AB 的交点, A_c, B_c 是 ℓ_c 和 BC, CA 的交点. 首先, 注意 $\dfrac{A_1B}{A_1C} = \dfrac{PC_a}{PB_a}$ (如果没明白, 请自己理解!). 其次, 由于 $\dfrac{PC_a}{BC} = \dfrac{PC_1}{CC_1}$ (由 $\triangle C_1 C_a P$ 和 $\triangle C_1 BC$ 相似) 并且 $\dfrac{PB_a}{BC} = \dfrac{PB_1}{BB_1}$ (由 $\triangle B_1 P B_a$ 和 $\triangle B_1 BC$ 相似). 因此, 可以得出

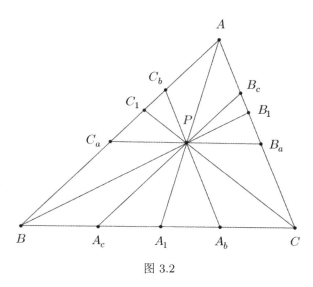

图 3.2

$$\begin{aligned}\frac{A_1B}{A_1C} &= \frac{PC_a}{PB_a} \\ &= \frac{PC_1}{CC_1} : \frac{PB_1}{BB_1}.\end{aligned}$$

类似地, 可以推得 $\dfrac{B_1C}{B_1A} = \dfrac{PA_1}{AA_1} : \dfrac{PC_1}{CC_1}$ 和 $\dfrac{C_1A}{C_1B} = \dfrac{PB_1}{BB_1} : \dfrac{PA_1}{AA_1}$. 由此可以得出

$$\begin{aligned}\frac{A_1B}{A_1C} \cdot \frac{B_1C}{B_1A} \cdot \frac{C_1A}{C_1B} &= \left(\frac{PC_1}{CC_1} : \frac{PB_1}{BB_1}\right) \cdot \left(\frac{PA_1}{AA_1} : \frac{PC_1}{CC_1}\right) \cdot \left(\frac{PB_1}{BB_1} : \frac{PA_1}{AA_1}\right) \\ &= 1.\end{aligned}$$

这就完成了第二个证明, 也就完成了塞瓦定理的证明. □

上述证明根本没有使用三角学知识, 但能看到的是, 这种计算的结果通常会导致带有正弦的等式 (式子就会变得烦琐).

现在, 塞瓦定理可以推得三角学中许多重要点的存在性.

推论 3.1.(质心) 在 $\triangle ABC$ 中，设 M, N, P 分别是边 BC, CA, AB 的中点。那么 AM, BN, CP 相交于点 G，且这点为 $\triangle ABC$ 的质心。

证明 这很简单!

推论 3.2.(垂心) 设 D, E, F 分别是过顶点 A, B, C 的垂线的垂足。则 AD, BE, CF 相交于点 H，且 H 为 $\triangle ABC$ 的垂心。

证明 这有点棘手，…… $\dfrac{DB}{DC} = \dfrac{c\cos B}{b\cos C}$ 等等。

推论 3.3.(戈尔贡点) 设 A_1, B_1, C_1 是三角形的内切圆与各边的切点。那么 AA_1, BB_1, CC_1 相交于 $\varGamma$，称为戈尔贡点。

证明 提示：$AB_1 = AC_1 = s-a$, $BC_1 = BA_1 = s-b$, $CA_1 = CB_1 = s-c$，其中 s 是 $\triangle ABC$ 的半周长。

推论 3.4.(纳格尔点) 设 A_2, B_2, C_2 是三角形的旁切圆与各边的切点。那么 AA_2, BB_2, CC_2 相交于 N_a，称为纳格尔点。

证明 同样仅提示：$A_2B = s-c$, $A_2C = s-b$, $B_2C = s-a$, $B_2A = s-c$, $C_2A = s-b$, $C_2B = s-a$。

根据上面的过程，还得到了 $MA_1 = MA_2$, $NB_1 = NB_2$ 和 $PC_1 = PC_2$。

事实上，通过以上叙述，让我们在一个类似竞赛的问题中看一下塞瓦定理的第一个实例。

变形 3.1. 如图 3.3 所示，$\triangle ABC$ 内部有一点 P。设 X_1, Y_1, Z_1 分别是 AP, BP, CP 和 BC, CA, AB 的交点。此外，设 X_1, Y_1, Z_1 关于 BC, CA, AB 中点的对称点分别为 X_2, Y_2, Z_2。证明：直线 AX_2, BY_2, CZ_2 共点。这个交点称为**点 P 关于 $\triangle ABC$ 的等截共轭点**。

证明 已知 $X_1B = X_2C$ 和 $X_1C = X_2B$ (线段 X_1X_2 和 BC 有相同的中点)。因此，

$$\frac{X_2B}{X_2C} = \frac{X_1C}{X_1B},$$

并且类似地，

$$\frac{Y_2C}{Y_2A} = \frac{Y_1A}{Y_1C} \text{ 和 } \frac{Z_2A}{Z_2B} = \frac{Z_1B}{Z_1A}.$$

因此,
$$\frac{X_2B}{X_2C} \cdot \frac{Y_2C}{Y_2A} \cdot \frac{Z_2A}{Z_2B} = \frac{X_1C}{X_1B} \cdot \frac{Y_1A}{Y_1C} \cdot \frac{Z_1B}{Z_1A}$$
$$= \left(\frac{X_1B}{X_1C} \cdot \frac{Y_1C}{Y_1A} \cdot \frac{Z_1A}{Z_1B}\right)^{-1}$$
$$= 1,$$

由塞瓦定理可得最后的等式成立, 因为直线 AX_1, BY_1, CZ_1 相交于点 P. 因此, 我们用塞瓦定理的**逆命题**推得直线 AX_2, BY_2, CZ_2 共点! □

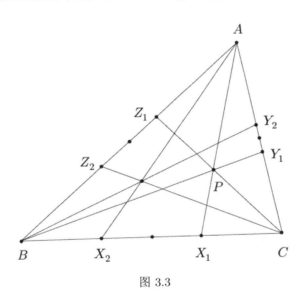

图 3.3

这是第一次也是最后一次分别提到塞瓦定理的内容 (定理和逆定理), 之后我们只会说 "由塞瓦定理", 所以要知道应用的是哪一个!

利用这个新术语, 可以说戈尔贡点和纳格尔点互为三角形的等截共轭点, 在一个三角形中有许多对等截共轭点.

一个非常相似的结果如下 (把它作为练习): 在尝试之前, 请确保已经掌握点相对于圆的幂.

变形 3.2. 如图 3.4 所示, 在 $\triangle ABC$ 内部有一点 P. 设 X_1, Y_1, Z_1 分别是 AP, BP, CP 与 BC, CA, AB 的交点. $\triangle X_1Y_1Z_1$ 的外接圆分别与边 BC, CA, AB 相交于 X_3, Y_3 和 Z_3. 证明: AX_3, BY_3, CZ_3 三线共点.

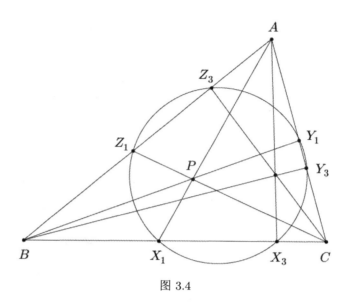

图 3.4

这种情况概括了在日常几何问题中可能看到的一种情况: 九点圆/欧拉圆 (如果没有听说过, 请不要担心, 稍后将在本书中讨论, 届时我们将证明一些关于等角共轭点的定理). 如果 P 是 $\triangle ABC$ 的垂心, 那么点 X_1, Y_1, Z_1 所在的圆正好是 $\triangle ABC$ 的九点圆, 因此它分别在 BC, CA, AB 的中点 X_3, Y_3, Z_3 处再次与边相交. 显然, 在这种情况下, 直线 AX_3, BY_3, CZ_3 是共点的 (在 $\triangle ABC$ 的质心处——如之前所见).

变形 3.3. 如图 3.5 所示, 在梯形 $ABCD$ 中, $AD \parallel BC$. 直线 AB 和直线 DC 相交于点 Q, 线段 AC 和 BD 相交于点 P, 证明: M, N, P, Q 共线, 其中 M 和 N 分别是边 AD 和 BC 的中点. (提示: 为什么 M, Q, P 共线? 为什么 M, Q, N 共线?)

证明 如前所述, 首先要证明点 M, Q, P 共线, 然后再证点 M, Q, N 是共线的. 事实上, 因为 $AD \parallel BC$, 所以有 $\dfrac{BP}{BA} = \dfrac{CP}{CD}$ 因此,

$$1 \cdot \frac{CD}{CP} \cdot \frac{BP}{BA} = \frac{MA}{MB} \cdot \frac{CD}{CP} \cdot \frac{BP}{BA} = 1,$$

根据塞瓦定理, 直线 QM, AC, BD 交于一点, 即点 M, Q, P 共线. 点 M, Q, N 共线是由相似三角形直接得出的. 实际上, 取直线 MQ 与 BC 相交, 令 N' 为交点. $\triangle MQD$ 和 $\triangle N'QB$ 相似, 所以 $\dfrac{MD}{N'B} = \dfrac{MQ}{QN'}$; 然而, $\triangle MQA$ 和 $\triangle N'QA$

也相似，因此 $\frac{MQ}{QN'} = \frac{MA}{N'C}$，所以，有

$$\frac{MD}{N'B} = \frac{MA}{N'C},$$

因为 $MA = MD$，所以得到 N' 是 BC 的中点，$N' = N$，证明完毕. □

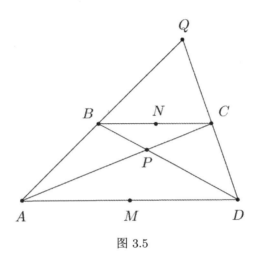

图 3.5

变形 3.4.(2003 年美国数学奥林匹克竞赛) 如图 3.6 所示，在 $\triangle ABC$ 中，一个经过 A 和 B 的圆分别与线段 AC 和 BC 相交于点 D 和点 E. BA 和 ED 的延长线相交于 F，延长 BD 和 CF 相交于 M，证明：当且仅当 $MB \cdot MD = MC^2$ 时，$MF = MC$.

证明 根据塞瓦定理可知，对 $\triangle BCF$ 有

$$\frac{MF}{MC} \cdot \frac{EC}{EB} \cdot \frac{AB}{AF} = 1,$$

所以

$$MF = MC \iff \frac{EC}{EB} = \frac{AF}{AB} \iff EA \parallel CF,$$

但如果 $EA \parallel CF$，$\angle MCD = \angle DAE = \angle DBC$，这意味着直线 MC 与 $\triangle BCD$ 的外接圆相切. 但是根据圆幂定理，相切等价于 $MC^2 = MB \cdot MD$，得证. □

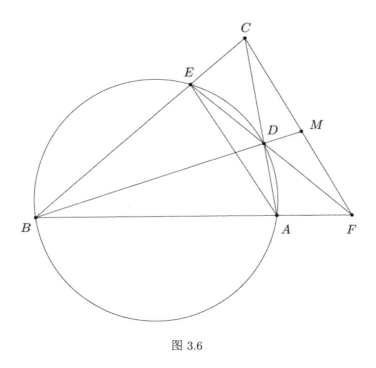

图 3.6

下面是三角形的塞瓦定理!

定理 3.2.(三角形的塞瓦定理) 在 $\triangle ABC$ 中, 设 A_1, B_1, C_1 分别是 $\triangle ABC$ 的边 BC, CA, AB 上的点. 则 AA_1, BB_1, CC_1 交于一点当且仅当

$$\frac{\sin \angle A_1 AB}{\sin \angle A_1 AC} \cdot \frac{\sin \angle C_1 CA}{\sin \angle C_1 CB} \cdot \frac{\sin \angle B_1 BC}{\sin \angle B_1 BA} = 1.$$

证明 证明使用了边的塞瓦定理, 事实上, 两者是等价的. 但是怎么才能得到这些正弦呢? 当然是正弦定理. 首先,

$$\frac{A_1 B}{AB} = \frac{\sin \angle A_1 AB}{\sin \angle AA_1 B} \text{ 和 } \frac{A_1 C}{AC} = \frac{\sin \angle A_1 AC}{\sin \angle AA_1 C}$$

(对于 $\triangle AA_1 B$ 和 $\triangle AA_1 C$ 分别使用两次正弦定理).

观察到 $\sin \angle AA_1 B = \sin \angle AA_1 C$, 因为一个角是另一个角的补角; 因此, 将以上这两个关系式相除, 得到

$$\frac{A_1 B}{AB} : \frac{A_1 C}{AC} = \frac{\sin \angle A_1 AB}{\sin \angle A_1 AC}.$$

于是, 这里得到了表述中要求的 RHS 比! 类似地, 可以得到

$$\frac{\sin \angle C_1 CA}{\sin \angle C_1 CB} = \frac{C_1 A}{CA} : \frac{C_1 B}{CB} \text{ 和 } \frac{\sin \angle B_1 BC}{\sin \angle B_1 BA} = \frac{B_1 C}{BC} : \frac{B_1 A}{BA},$$

归纳一下得出结论

$$\begin{aligned}
&\frac{\sin\angle A_1AB}{\sin\angle A_1AC}\cdot\frac{\sin\angle C_1CA}{\sin\angle C_1CB}\cdot\frac{\sin\angle B_1BC}{\sin\angle B_1BA}\\
=&\left(\frac{A_1B}{AB}:\frac{A_1C}{AC}\right)\cdot\left(\frac{C_1A}{CA}:\frac{C_1B}{CB}\right)\cdot\left(\frac{B_1C}{BC}:\frac{B_1A}{BA}\right)\\
=&\frac{A_1B}{A_1C}\cdot\frac{B_1C}{B_1A}\cdot\frac{C_1A}{C_1B}.
\end{aligned}$$

这对于边 BC, CA, AB 上的任意三点 A_1, B_1, C_1 都成立. 因此, 根据塞瓦定理, 可得线段 AA_1, BB_1, CC_1 是相交于一点的, 当且仅当

$$\frac{\sin\angle A_1AB}{\sin\angle A_1AC}\cdot\frac{\sin\angle C_1CA}{\sin\angle C_1CB}\cdot\frac{\sin\angle B_1BC}{\sin\angle B_1BA}=1,$$

证毕.

记住关系式

$$\frac{A_1B}{AB}:\frac{A_1C}{AC}=\frac{\sin\angle A_1AB}{\sin\angle A_1AC},$$

或等价地

$$\frac{A_1B}{A_1C}=\frac{AB}{AC}\cdot\frac{\sin\angle A_1AB}{\sin\angle A_1AC}.$$

实际上, 这对于直线 BC 上的任意一点 A_1 都成立. 因为它特别重要, 所以将其单独作为练习.

变形 3.5.(比值引理) 在 $\triangle ABC$ 中, 点 A_1 在直线 BC 上. 证明:

$$\frac{A_1B}{A_1C}=\frac{AB}{AC}\cdot\frac{\sin\angle A_1AB}{\sin\angle A_1AC}.$$

推论 3.5.(角平分线定理) 设 D 为 $\triangle ABC$ 的边 BC 上的一点. 则 $\dfrac{DB}{DC}=\dfrac{AB}{AC}$ 当且仅当 AD 是 $\angle A$ 的平分线 (无论内角或外角).

可以拓展一下三角形的塞瓦定理的表述. 在**定理 3.2** 的表述中只有 $\angle A_1AB$ 和 $\angle A_1AC$ 类型的角, 因此, 并不需要 A_1 在 BC 上. 那么能推断出什么呢? A_1, B_1, C_1 可以是平面上的任意点! 更确切地说, 一般的三角形的塞瓦定理表示: 给定平面上的任意点 A_1, B_1, C_1, 则 AA_1, BB_1, CC_1 交于一点, 当且仅当

$$\frac{\sin\angle A_1AB}{\sin\angle A_1AC}\cdot\frac{\sin\angle C_1CA}{\sin\angle C_1CB}\cdot\frac{\sin\angle B_1BC}{\sin\angle B_1BA}=1.$$

下面给出一些推论, 可用来证明三角形中心的存在!

推论 3.6.(内切圆圆心) △ABC 的内角平分线在 I 处相交,I 为三角形的内切圆圆心.

证明 如何证明?如果 AA_1,BB_1,CC_1 是 △ABC 的内角平分线,$\dfrac{\sin \angle A_1 AB}{\sin \angle A_1 AC}$ 的值是多少?

推论 3.7.(类似重心/勒穆瓦纳点) 设三角形的三条中线分别关于相应的内角平分线对称的直线在 K 处相交,点 K 即为 △ABC 的类似重心 (陪位重心).

证明 设 M,N,P 分别为 BC,CA,AB 的中点,设 X,Y,Z 为直线 AM,BN,CP 关于其相应的内角平分线对称的直线与 △ABC 三边的交点——顺便说一下,直线 AX,BY,CZ 称为三角形的类似中线. 我们很快会看到它们有一系列非常有趣的性质. 现在,我们看到 $\dfrac{\sin \angle XAB}{\sin \angle XAC} = \dfrac{\sin \angle MAC}{\sin \angle MAB}$,因此我们得到

$$\frac{\sin \angle XAB}{\sin \angle XAC} \cdot \frac{\sin \angle ZCA}{\sin \angle ZCB} \cdot \frac{\sin \angle YBC}{\sin \angle YBA}$$
$$= \left(\frac{\sin \angle MAB}{\sin \angle MAC} \cdot \frac{\sin \angle PCA}{\sin \angle PCB} \cdot \frac{\sin \angle NBC}{\sin \angle NBA} \right)^{-1}$$
$$= 1,$$

后者是成立的,因为中线 AM,BN,CP 在 △ABC 的重心 G 处相交!

变形 3.6. 如图 3.7 所示,设 P 是 △ABC 内部的一个点. X_1,Y_1,Z_1 分别为直线 AP,BP,CP 与 BC,CA,AB 的交点,设 AX_2,BY_2,CZ_2 分别为直线 AX_1,BY_1,CZ_1 关于 △ABC 对应的内角平分线对称的直线. 这些直线是交于一点的,交点 P 称为**关于 △ABC 的等角共轭点**.

证明 我们有 $\angle X_1 AB = \angle X_2 AC$ 和 $\angle X_2 AB = \angle X_1 AC$,因此 $\dfrac{\sin \angle X_1 AB}{\sin \angle X_1 AC} = \dfrac{\sin \angle X_2 AC}{\sin \angle X_2 AB}$. 将此等式与类似的结果相乘,可以得到

$$\frac{\sin \angle X_2 AC}{\sin \angle X_2 AB} \cdot \frac{\sin \angle Y_2 BA}{\sin \angle Y_2 BC} \cdot \frac{\sin \angle Z_2 CB}{\sin \angle Z_2 CA}$$
$$= \left(\frac{\sin \angle X_1 AC}{\sin \angle X_1 AB} \cdot \frac{\sin \angle Y_1 BA}{\sin \angle Y_1 BC} \cdot \frac{\sin \angle Z_1 CB}{\sin \angle Z_1 CA} \right)^{-1}$$
$$= 1,$$

因为直线 AX_1,BY_1,CZ_1 相交于一点,根据三角形的塞瓦定理,证明完毕. □

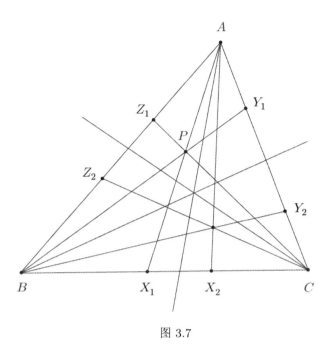

图 3.7

等角共轭点有很多有趣的性质,因此被应用于世界各地的各种竞赛中. 下面将介绍塞瓦定理的更多应用.

变形 3.7. 如图 3.8 所示, A_1, B_1, C_1 分别在 $\triangle ABC$ 的边 BC, CA, AB 上. 用 G_a, G_b, G_c 分别表示 $\triangle AB_1C_1, \triangle BC_1A_1, \triangle CA_1B_1$ 的质心. 证明: 直线 AG_a, BG_b, CG_c 相交于一点当且仅当直线 AA_1, BB_1, CC_1 相交于一点.

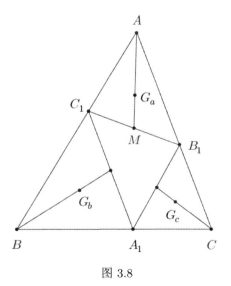

图 3.8

证明 设 M 是 B_1C_1 的中点. 根据比值引理

$$\frac{AB_1}{AC_1} = \frac{\sin \angle C_1 AM}{\sin \angle B_1 AM} = \frac{\sin \angle C_1 AG_a}{\sin \angle B_1 AG_a},$$

对其余部分也做同样的处理, 然后相乘, 得出的结果是

$$\frac{\sin \angle C_1 AG_a}{\sin \angle B_1 AG_a} \cdot \frac{\sin \angle B_1 CG_c}{\sin \angle A_1 CG_c} \cdot \frac{\sin \angle A_1 BG_b}{\sin \angle C_1 BG_b} = \frac{AB_1}{AC_1} \cdot \frac{A_1 C}{BC_1} \cdot \frac{BC_1}{A_1 B}.$$

当且仅当等号左边等于 1 时, 右边也等于 1. 通过边的塞瓦定理和三角形的塞瓦定理的转换, 我们看到当且仅当 AG_a, BG_b 和 CG_c 相交于一点时, AA_1, BB_1 和 CC_1 相交于一点, 得证. □

变形 3.8. 如图 3.9 所示, 设 D 是 $\triangle ABC$ 中垂线 AD 的垂足, 设 M, N 分别为边 CA, AB 上的点, 使直线 BM, CN 与 AD 相交于一点. 证明: AD 是 $\angle MDN$ 的平分线.

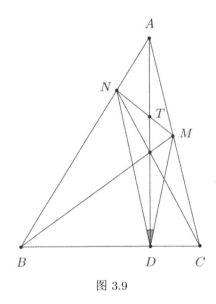

图 3.9

证明 令 T 是 AD 与 MN 的交点, 根据比值引理, 有

$$\frac{TM}{TN} = \frac{AM}{AN} \cdot \frac{\sin \angle DAC}{\sin \angle DAB}.$$

再次用比值引理, 得

$$\frac{DC}{DB} = \frac{AC}{AB} \cdot \frac{\sin \angle DAC}{\sin \angle DAB}.$$

因此, 得到

$$\frac{TM}{TN} = \frac{AM}{AN} \cdot \frac{DC}{DB} \cdot \frac{AB}{AC} = \frac{AM}{AN} \cdot \frac{DC}{DB} \cdot \frac{\sin C}{\sin B},$$

其中最后一个等式是成立的, 因为正弦定理适用于 $\triangle ABC$.

在 $\triangle BDN$ 与 $\triangle CDM$ 中应用两次正弦定理, 我们得

$$DM = CM \cdot \frac{\sin C}{\sin \angle CDM} = CM \cdot \frac{\sin C}{\sin(90° - \angle MDA)} = CM \cdot \frac{\sin C}{\cos \angle MDA}$$

类似地,

$$DN = BN \cdot \frac{\sin B}{\cos \angle NDA}.$$

因此,

$$\frac{DM}{DN} = \frac{CM}{BN} \cdot \frac{\sin C}{\sin B} \cdot \frac{\cos \angle NDA}{\cos \angle MDA}.$$

但是由于 AD, BM, CN 相交于一点, 根据塞瓦定理可知

$$\frac{DB}{DC} \cdot \frac{MC}{MA} \cdot \frac{NA}{NB} = 1, \frac{DC}{DB} \cdot \frac{AM}{AN} = \frac{CM}{BN}.$$

因此, 得到

$$\frac{TM}{TN} = \frac{CM}{BN} \cdot \frac{\sin C}{\sin B} = \frac{DM}{DN} \cdot \frac{\cos \angle MDA}{\cos \angle NDA}.$$

但是根据比值引理得到

$$\frac{TM}{TN} = \frac{DM}{DN} \cdot \frac{\sin \angle MDA}{\sin \angle NDA};$$

因此 $\tan \angle MDA = \tan \angle NDA$, 所以 $\angle MDA$ 与 $\angle NDA$ 是相等的.

变形 3.9. 相反地, 在相同的条件下, 考虑 M, N 分别在线段 CA, AB 上, 使得 $\angle MDA = \angle NDA$, 证明: 直线 AD, BM, CN 相交于一点.

这两句 "当且仅当" 来自已知的布兰切特定理. 接下来, 继续介绍更多塞瓦定理的应用.

变形 3.10. 如图 3.10 所示, 设 $\triangle ABC$ 是任意三角形, D, E, F 分别为 BC, CA, AB 三条直线上的任意三个点, 使得直线 AD, BE, CF 相交于一点. 设平行于 AB 的直线过 E 且与 FD 相交于 Q, 设平行于 AB 并且过点 D 的直线交直线 EF 于 T, 则直线 CF, DE 和 QT 是交于一点的.

证明 为方便起见, 在线段 BC, CA, AB 上画出 D, E, F 三个点, 这个证明可以适用于其他简单的情况. 我们希望塞瓦定理能有所帮助. 更确切地说, 如果设点 M 为 CF 与 EQ 的交点, 要证 CF, DE, QT 相交于一点, 就等价于证明

$$\frac{MQ}{ME} \cdot \frac{TE}{TF} \cdot \frac{DF}{DQ} = 1$$

(对 $\triangle FQE$ 应用塞瓦定理). 因为 $TD \parallel EQ$, 所以只需证明 $MQ = ME$, 因为 $\triangle FDT$ 和 $\triangle FQE$ 相似. 为了求 $\dfrac{MQ}{ME}$, 用比值引理, 可得

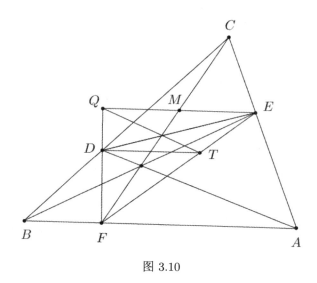

图 3.10

$$\frac{MQ}{ME} = \frac{FQ}{FE} \cdot \frac{\sin \angle CFQ}{\sin \angle CFE} = \frac{\sin \angle FEQ}{\sin \angle FQE} \cdot \frac{\sin \angle CFQ}{\sin \angle CFE},$$

根据正弦定理, 最后一个等式成立. 因为 $EQ \parallel AB$, 所以 $\angle FQE = \angle BFD$, $\angle FEQ = \angle AFE$; 所以

$$\frac{MQ}{ME} = \frac{\sin \angle AFE}{\sin \angle BFD} \cdot \frac{\sin \angle CFQ}{\sin \angle CFE}.$$

然而, 根据比值引理再一次得知

$$\frac{DB}{DC} = \frac{FB}{FC} \cdot \frac{\sin \angle BFD}{\sin \angle CFQ} \text{ 且 } \frac{EC}{EA} = \frac{FC}{FA} \cdot \frac{\sin \angle CFE}{\sin \angle AFE}.$$

因此得出

$$\begin{aligned}
\frac{MQ}{ME} &= \frac{\sin \angle AFE}{\sin \angle BFD} \cdot \frac{\sin \angle CFQ}{\sin \angle CFE} \\
&= \frac{DC}{DB} \cdot \frac{FB}{FC} \cdot \frac{EA}{EC} \cdot \frac{EC}{FA} \\
&= \frac{DC}{DB} \cdot \frac{EA}{EC} \cdot \frac{FB}{FA} \\
&= 1,
\end{aligned}$$

由于塞瓦定理, 故最后一个等式是成立的, 因为直线 AD, BE, CF 相交于一点, 得证!

变形 3.11.(多元塞瓦定理) 如图 3.11 所示, 设点 D, E, F 分别是 $\triangle ABC$ 的三条边 BC, CA, AB 上的点. 设 X, Y, Z 分别是 $\triangle DEF$ 的三条边上的点. 考虑三组直线 $(AX, BY, CZ), (AD, BE, CF), (DX, EY, FZ)$. 如果当中的任意两组各相交于一点, 那么第三组也一定相交于一点.

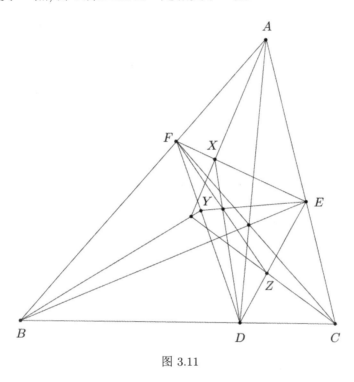

图 3.11

证明 我们来证明: 如果两组线 (AD, BE, CF) 与 (DX, BY, CF) 各相交于一点, 那么 (AX, BY, CZ) 也相交于一点 (任选两组方法一样), 根据比值引理得到 $\dfrac{FX}{EX} = \dfrac{AF}{AE} \cdot \dfrac{\sin \angle XAF}{\sin \angle XAE}$. 将此结果与类似结果相乘可得

$$\frac{\sin \angle XAF}{\sin \angle XAE} \cdot \frac{\sin \angle YBD}{\sin \angle YBF} \cdot \frac{\sin \angle ZCE}{\sin \angle ZCD}$$
$$= \left(\frac{FX}{EX} \cdot \frac{DY}{FY} \cdot \frac{EZ}{DZ}\right) \cdot \left(\frac{AE}{AF} \cdot \frac{BF}{BD} \cdot \frac{CD}{CE}\right)$$
$$= 1$$

在应用两次边的塞瓦定理之后, 后一等式成立. 通过角的塞瓦定理, 得证.

最后, 我们来看四边形的情况, 它类似于角的塞瓦定理的证明!

定理 3.3.(四边形的塞瓦定理) 存在一个凸四边形 $ABCD$, 其对角线相交于点 P, 则
$$\frac{\sin \angle PAD}{\sin \angle PAB} \cdot \frac{\sin \angle PBA}{\sin \angle PBC} \cdot \frac{\sin \angle PCB}{\sin \angle PCD} \cdot \frac{\sin \angle PDC}{\sin \angle PDA} = 1.$$
易证上式成立.

证明 对 $\triangle PAB, \triangle PBC, \triangle PCD, \triangle PDA$ 分别应用正弦定理, 可得
$$\frac{PA}{PB} = \frac{\sin \angle PBA}{\sin \angle PAB},\ \frac{PB}{PC} = \frac{\sin \angle PCB}{\sin \angle PBC},\ \frac{PC}{PD} = \frac{\sin \angle PDC}{\sin \angle PCD},\ \frac{PD}{PA} = \frac{\sin \angle PAD}{\sin \angle PDA},$$
把以上几式相乘即可得证. □

由比值引理也可轻松得到这个结果. 现在, 当处理四边形中给定的边和对角线的夹角时, 四边形的塞瓦定理是非常有效的. 我们来看下面的例子.

变形 3.12.(2009 年国际数学奥林匹克竞赛) 设在 $\triangle ABC$ 中, $AB = AC$. $\angle CAB$ 和 $\angle ABC$ 的平分线分别与 BC 和 CA 交于 D 和 E, K 是 $\triangle ADC$ 内切圆的圆心. 若 $\angle BEK = 45°$, 求 $\angle CAB$ 的值.

证明 设 $I = BE \cap AD$. I 是 $\triangle ABC$ 内切圆的圆心. 设 $x = \angle EBC$, 则通过角度关系可知 $\angle EIC = 2x, \angle CID = 90° - x, \angle CEK = 135° - 3x$. 根据四边形的塞瓦定理, K 为四边形 $IECD$ 内部一点, 可得到
$$\sin 45° \sin(90° - x) = \sin 2x \sin(135° - 3x)$$
$$\implies \sin 45° = 2 \sin x \sin(135° - 3x) = \cos(135° - 4x) - \cos(135° - 2x),$$
化简可得
$$\cos 135° + \cos(135° - 4x) = \cos(135° - 2x)$$
$$\implies 2\cos(135° - 2x)\cos 2x = \cos(135° - 2x).$$
最后得到 $\cos(135° - 2x) = 0$, 或 $\cos 2x = \dfrac{1}{2}$. 这意味着 $2x = 45°$ 或 $60°$, 因此 $\angle CAB = 180° - 4x = 60°$ 或 $90°$. □

习题

3.1.(1997 年韩国) 设在一个锐角 $\triangle ABC$ 中 $AB \neq AC$, V 是 $\angle A$ 的平分线与边 BC 的交点, D 是点 A 向边 BC 所作垂线的垂足. 如果 E 和 F 分别是 $\triangle AVD$ 的外接圆和边 CA, AB 的交点, 证明: 直线 AD, BE, CF 相交于一点.

3.2. 在 $\triangle ABC$ 中, $\angle ABC = 15°$, $\angle ACB = 30°$. 过 A 且垂直于边 AC 的垂线上存在一点 D, 使得 $AC = AD$, 点 A 和点 D 分别位于直线 BC 的两侧. 求 $\angle ADB$ 的大小.

3.3. (1993 年巴西北方数学奥林匹克高中竞赛) 在凸四边形 $ABCD$ 中, $\angle BAC = 30°$, $\angle CAD = 20°$, $\angle ABD = 50°$, $\angle DBC = 30°$. 如果对角线交于点 P, 证明: $PC = PD$.

3.4. 在凸四边形 $ABCD$ 中, $\angle DAC = \angle BDC = 36°$, $\angle CBD = 18°$, $\angle BAC = 72°$, 其对角线相交于点 P, 求 $\angle APD$ 的大小.

3.5. (数学公报) 在一个等腰 $\triangle ABC$ 中 ($AB = AC$), $\angle BAC = 20°$. AC 上存在一点 D, 使得 $\angle DBC = 60°$, AB 上存在一点 E, 使得 $\angle ECB = 50°$. 求 $\angle EDB$ 的大小.

3.6. (2014 年中国国家队选拔赛) $\triangle ABC$ 的外接圆圆心记为 O, H_A 是 A 向边 BC 的投影, 边 AO 的延长线与 $\triangle BOC$ 的外接圆相交于点 A', A' 向边 AB, AC 的投影分别是 D, E, 点 O_A 是 $\triangle DH_AE$ 的外接圆圆心. 同理定义点 H_B, O_B, H_C, O_C. 证明: H_AO_A, H_BO_B, H_CO_C 相交于一点.

3.7. (2007 年罗马尼亚初中数学奥林匹克竞赛国家队选拔赛) 设在 Rt$\triangle ABC$ 中, $\angle A = 90°$, 点 D 是边 AC 上一点, E 是 A 关于边 BD 的对称点, 点 F 是边 CE 与过 D 向 BC 所作垂线的交点. 证明: 边 AF, DE, BC 相交于一点.

3.8. (2002 年罗马尼亚国家队选拔赛) 在锐角 $\triangle ABC$ 中, MN 是该三角形的中位线, P 是 N 在 BC 上的投影, A_1 是线段 MP 的中点. 同理构造 B_1 和 C_1. 证明: 如果 AA_1, BB_1, CC_1 相交于一点, 那么 $\triangle ABC$ 是等腰三角形.

3.9. 用 AA_1, BB_1, CC_1 表示锐角 $\triangle ABC$ 的高, 其中 A_1, B_1, C_1 分别位于 BC, CA 和 AB 上. 一个过 A_1 和 B_1 的圆与 $\triangle ABC$ 的外接圆上的 $\overarc{AB}$ 在点 C_2 外相切, 点 A_2, B_2 的定义类似.

1. (2007 年俄罗斯萨卡国际数学奥林匹克竞赛) 证明: 直线 AA_2, BB_2, CC_2 相交于一点.

2. (2008 年数学大联盟杯赛) 证明: A_1A_2, B_1B_2, C_1C_2 相交于 $\triangle ABC$ 的欧拉线上.

第四章 梅涅劳斯定理

现在我们要讲一个非常类似于塞瓦定理的定理，这是"将奥林匹克问题转化为度量恒等式"工具箱中的另一个工具！！

定理 4.1.(梅涅劳斯定理) 如图 4.1 所示，在 $\triangle ABC$ 中，$A_1 \in BC$，$B_1 \in AC$，$C_1 \in AB$，使得这些点中的一个或全部位于线段 BC, CA, AB 之外. 那么，A_1，B_1，C_1 是共线的，当且仅当

$$\frac{A_1B}{A_1C} \cdot \frac{B_1C}{B_1A} \cdot \frac{C_1A}{C_1B} = 1.$$

所以这个条件和塞瓦定理的条件类似！但是要注意关于 A_1, B_1, C_1 相对于 $\triangle ABC$ 边的位置的附加条件. 与塞瓦定理一样，直接证明是比较困难的，但是逆命题我们却可以通过证明塞瓦定理的逆命题的相同技巧来处理. 所以我们先来解决这个问题.

假设等式成立 (假设我们已经证明了定理)，我们需要共线性. 此外，在不失一般性的前提下，假设 A_1 在线段 BC 的延长线上，另外两点在对应边上. 现在我们用反证法，假设 A_1, B_1, C_1 是不共线的. 设 C_1B_1 的延长线和 BC 的交点为 A_2. 这个点应该在 BC 的延长线上，因为 B_1 和 C_1 分别在 CA 和 AB 上. 在这种情况下，直接得出

$$\frac{A_2B}{A_2C} \cdot \frac{B_1C}{B_1A} \cdot \frac{C_1A}{C_1B} = 1.$$

但是我们也已知

$$\frac{A_1B}{A_1C} \cdot \frac{B_1C}{B_1A} \cdot \frac{C_1A}{C_1B} = 1,$$

因此 $\frac{A_1B}{A_1C} = \frac{A_2B}{A_2C}$，由于我们能知道它们的位置，因此 $A_1 = A_2$，得证.

至于上述我们直接得出的结果，我们再次给出两个独立的证明！

第四章 梅涅劳斯定理

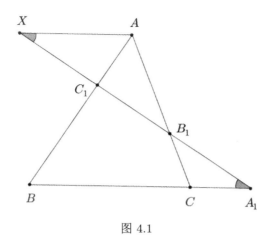

图 4.1

证法一 过 A 作平行于 BC 的直线,并设 X 是直线 B_1C_1 和这条平行线的交点. 我们得到

$$\frac{B_1C}{B_1A} = \frac{A_1C}{AX} \text{ 和 } \frac{C_1A}{C_1B} = \frac{AX}{A_1B}$$

(由相似三角形). 因此

$$\frac{A_1B}{A_1C} \cdot \frac{B_1C}{B_1A} \cdot \frac{C_1A}{C_1B} = \frac{A_1B}{A_1C} \cdot \frac{A_1C}{AX} \cdot \frac{AX}{A_1B} = 1,$$

这正是我们需要证明的.

证法二 此证法甚至更简单,只要画出顶点 A, B, C 在由 A_1, B_1, C_1 确定的直线上的投影,并用 h_1, h_2, h_3 分别表示 A, B, C 到这条直线的距离. 我们有

$$\frac{A_1B}{A_1C} = \frac{h_2}{h_3}, \frac{B_1C}{B_1A} = \frac{h_3}{h_1}, \frac{C_1A}{C_1B} = \frac{h_1}{h_2}$$

(由相似三角形). 由此可知它们的乘积是 1. □

由于共线性的结果,结合塞瓦定理和第一章的其他结论,可以证明非常好以及非常困难的问题! 我们直接从一些应用性的例题开始.

推论 4.1. 如图 4.2 所示,$\triangle ABC$ 的质心 G 将中线分成便于计算的比例:M, N, P 分别是边 BC, CA, AB 的中点,那么

$$\frac{AG}{GM} = \frac{BG}{GN} = \frac{CG}{GP} = 2.$$

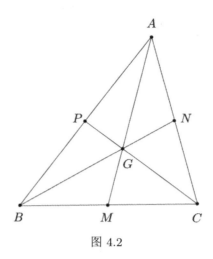

图 4.2

证明 设有 △ABM, 并且共线的点 C, G, P 分别在直线 BM, MA 和 AB 上. 通过梅涅劳斯定理, 可以得到

$$\frac{CB}{CM} \cdot \frac{GM}{GA} \cdot \frac{PA}{PB} = 1.$$

但是 M 是 BC 的中点并且 P 是 AB 的中点, 所以 $\frac{CB}{CM} = 2$ 以及 $\frac{PA}{PB} = 1$. 因此, 得出 $\frac{GM}{GA} = \frac{1}{2}$, $\frac{AG}{GM} = 2$, 得证. 另外两个比值同理可证. □

推论 4.2.(欧拉线) 质心 G 在直线 OH 上, 点 O 和 H 分别是 △ABC 的外接圆圆心和垂心, 此外, 我们得知 HG = 2GO.

证明 如图 4.3 所示, 设 M 是 BC 的中点, D 是垂线 AD 的垂足 (在 BC 上) 并且设 G′ 是直线 AM 和直线 OH 的交点. 我们将得出 G′ 与 G 是同一点并且以一定的比例将 HO 分成几部分.

证明这个问题需要用到**推论 4.1**; 需证明 $\frac{AG'}{G'M} = 2$. 如果我们能做到这一点, 就会得到 G 和 G′ 是同一个点. 回想一下 $AH = 2R|\cos A|$ 和 $OM = R|\cos A|$. 因此, $AH = 2OM$, 因为 △AHG′ 和 △MOG′ 相似, 我们得到

$$\frac{AH}{MO} = \frac{AG'}{MG'} = 2,$$

这正是我们想要得到的, G = G′. 证明完毕. □

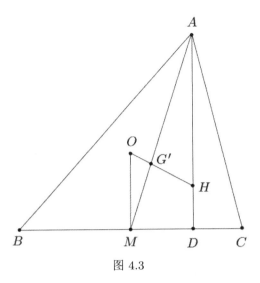

图 4.3

下面给出一些应用!

变形 4.1. 如图 4.4 所示, 设 P 是 $\triangle ABC$ 内部一点 (图中未标出), A_1, B_1, C_1 分别是边 AP, BP, CP 与 BC, CA, AB 的交点. 设 X, Y, Z 分别是直线 BC 与 C_1B_1, CA 与 A_1C_1, BA 与 A_1B_1 的交点. 证明: X, Y, Z 共线.

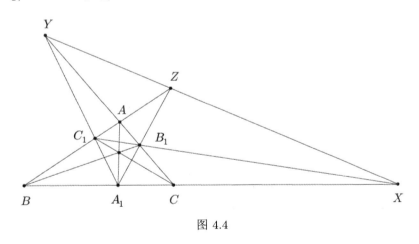

图 4.4

证明 对 $\triangle ABC$ 应用梅涅劳斯定理, 点 B_1, C_1, X 共线, 可得
$$\frac{XB}{XC} \cdot \frac{B_1C}{B_1A} \cdot \frac{C_1A}{C_1B} = 1.$$

同理, 应用两次梅涅劳斯定理可得
$$\frac{YC}{YA} \cdot \frac{C_1A}{C_1B} \cdot \frac{A_1B}{A_1C} = 1; \quad \frac{ZA}{ZB} \cdot \frac{A_1B}{A_1C} \cdot \frac{B_1C}{B_1A} = 1.$$

因此得到

$$\frac{XB}{XC} \cdot \frac{YC}{YA} \cdot \frac{ZA}{ZB} = \left(\frac{A_1B}{A_1C} \cdot \frac{B_1C}{B_1A} \cdot \frac{C_1A}{C_1B}\right)^{-2}$$
$$= 1,$$

因为直线 AA_1, BB_1, CC_1 相交于点 P, 由塞瓦定理可得最后一个等式成立. 因此, 根据梅涅劳斯定理, 若证出这三点在三角形边的延长线上, 我们就证得 X, Y, Z 共线. □

正如我们将在后面章节中看到的, 这个问题也可以通过笛沙格定理来解决!

变形 4.2.(勒穆瓦纳线) 如图 4.5 所示, 存在一个 $\triangle ABC$, A_1 是 $\triangle ABC$ 的外接圆在点 A 处的切线与边 BC 延长线的交点. 同理定义 B_1 和 C_1. 证明: A_1, B_1, C_1 共线.

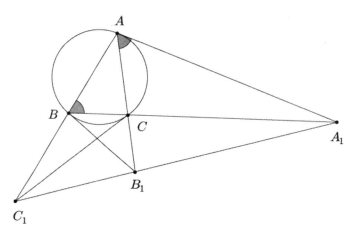

图 4.5

证明 我们想要应用梅涅劳斯定理, 因此需要求出 $\dfrac{A_1B}{A_1C}$ 等的比例关系. 故使用比值引理, 可得

$$\frac{A_1B}{A_1C} = \frac{AB}{AC} \cdot \frac{\sin \angle A_1AB}{\sin \angle A_1AC}.$$

而直线 AA_1 是 $\triangle ABC$ 的外接圆过点 A 的切线, 因此 $\angle A_1AC = \angle ABA_1$ 且 $\angle A_1AB = \angle ABC + \angle BAC = 180° - \angle ACB$. 由此可得

$$\frac{A_1B}{A_1C} = \frac{AB}{AC} \cdot \frac{\sin C}{\sin B} = \frac{AB^2}{AC^2},$$

对 $\triangle ABC$ 应用正弦定理可得最后一个等式成立.

同理可得 $\dfrac{B_1C}{B_1A} = \dfrac{BC^2}{BA^2}$ 和 $\dfrac{C_1A}{C_1B} = \dfrac{CA^2}{CB^2}$, 因此

$$\frac{A_1B}{A_1C} \cdot \frac{B_1C}{B_1A} \cdot \frac{C_1A}{C_1B} = 1,$$

由梅涅劳斯定理, 结论得证. □

变形 4.3.(四边形的梅涅劳斯定理) 已知四边形 $A_1A_2A_3A_4$, 直线 d 分别与边 A_1A_2, A_2A_3, A_3A_4 和 A_4A_1 相交于点 M_1, M_2, M_3 和 M_4. 则

$$\frac{M_1A_1}{M_1A_2} \cdot \frac{M_2A_2}{M_2A_3} \cdot \frac{M_3A_3}{M_3A_4} \cdot \frac{M_4A_4}{M_4A_1} = 1.$$

证明 令直线 d 与 A_1A_3 相交于点 X. 将梅涅劳斯定理应用到 $\triangle A_1A_2A_3$ 和 $\triangle A_1A_3A_4$ 上, 我们得到

$$\frac{M_1A_1}{M_1A_2} \cdot \frac{M_2A_2}{M_2A_3} \cdot \frac{XA_3}{XA_1} = 1$$

和

$$\frac{M_3A_3}{M_3A_4} \cdot \frac{M_4A_4}{M_4A_1} \cdot \frac{XA_1}{XA_3} = 1.$$

因此, 将以上两个式子相乘, 可以得到以下结论:

$$\frac{M_1A_1}{M_1A_2} \cdot \frac{M_2A_2}{M_2A_3} \cdot \frac{M_3A_3}{M_3A_4} \cdot \frac{M_4A_4}{M_4A_1} = 1.$$

证毕. □

变形 4.4.(多边形的梅涅劳斯定理) 设直线 d 与 n 边形 $A_1A_2\cdots A_{n-1}A_n$ 的边 A_iA_{i+1} 的交点为 M_i, $1 \leqslant i \leqslant n$ (其中 $A_{n+1} = A_1$). 证明:

$$\prod_{i=1}^{n} \frac{M_iA_i}{M_iA_{i+1}} = 1.$$

(提示: 用归纳法.)

尽管我们在上面提到了梅涅劳斯定理, 但在四边形或多边形中, 其并不如塞瓦定理那么实用, 所以我们不会过多地讨论它. 相反地, 我们再一次转到三角形的梅涅劳斯定理和一些应用.

变形 4.5.(凡·奥贝尔定理) 设 $\triangle ABC$ 的内部有一点 P. 令直线 AP, BP, CP 与 BC, CA, AB 分别相交于 A', B', C'. 证明: $\dfrac{PA}{PA'} = \dfrac{C'A}{C'B} + \dfrac{B'A}{B'C}$.

证明 利用梅涅劳斯定理在 $\triangle ABA'$ 中对共线点 C, P, C' 的应用, 我们得到
$$\frac{CB}{CA'} \cdot \frac{PA'}{PA} \cdot \frac{C'A}{C'B} = 1,$$
也就是
$$\frac{PA}{PA'} = \frac{CB}{CA'} \cdot \frac{C'A}{C'B}.$$
这意味着
$$\begin{aligned}\frac{PA}{PA'} &= \frac{A'B + CA'}{CA'} \cdot \frac{C'A}{C'B} \\ &= \frac{C'A}{C'B} + \frac{A'B}{CA'} \cdot \frac{C'A}{C'B} \\ &= \frac{C'A}{C'B} + \frac{B'A}{B'C},\end{aligned}$$
最后一个等式来自塞瓦定理, 因为直线 AA', BB', CC' 相交于 P. 证毕. □

变形 4.6.(2012 年中国国家队选拔赛) 如图 4.6 所示, 设 $\triangle ABC$ 的内切圆分别切 BC, CA, AB 于 A_1, B_1, C_1. 设 A_2, A_1 关于 B_1C_1 对称, 并类似地定义 B_2 和 C_2 (分别为 B_1 和 C_1 关于 C_1A_1 和 A_1B_1 的对称点). 设 $A_3 = AA_2 \cap BC$, $B_3 = BB_2 \cap CA$, 和 $C_3 = CC_2 \cap AB$. 证明: A_3, B_3, C_3 是共线的.

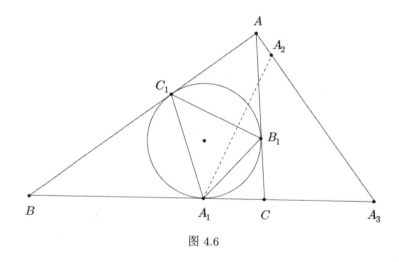

图 4.6

证法一 因为我们想在 $\triangle ABC$ 中应用梅涅劳斯定理, 所以需要计算 $\dfrac{A_3B}{A_3C}$ 的值. 最好的方法是, 通过比值引理做出勒穆瓦纳线存在的证明. 首先, 设

$\angle BAC = a$, $\angle ABC = b$ 和 $\angle ACB = c$, 并注意

$$\begin{aligned}\angle A_2C_1A &= |\angle A_2C_1B_1 - \angle AC_1B_1| \\ &= |\angle A_1C_1B_1 - \angle AC_1B_1| \\ &= |(90° - c/2) - (90° - a/2)| \\ &= |a/2 - c/2|.\end{aligned}$$

类似地, $\angle A_2B_1A = |a/2 - b/2|$. 现在设 $\alpha = |a/2 - b/2|$, $\beta = |a/2 - c/2|$ 和 $\gamma = |b/2 - c/2|$. 因为 $A_2C_1 = A_1C_1$ 和 $A_2B_1 = A_1B_1$, 应用正弦定理可知

$$\frac{\sin \angle C_1AA_2}{\sin \angle B_1AA_2} = \frac{\dfrac{A_2C_1 \cdot \sin \beta}{AA_2}}{\dfrac{A_2B_1 \cdot \sin \alpha}{AA_2}} = \frac{A_1C_1 \cdot \sin \beta}{A_1B_1 \cdot \sin \alpha}.$$

再一次应用比值引理, 有

$$\frac{A_3B}{A_3C} = \frac{AB \cdot \sin \angle C_1AA_2}{AC \cdot \sin \angle B_1AA_2} = \frac{AB \cdot A_1C_1 \cdot \sin \beta}{AC \cdot A_1B_1 \cdot \sin \alpha}.$$

类似地, 用相同的讨论, 我们能发现

$$\frac{B_3C}{B_3A} = \frac{BC \cdot A_1B_1 \cdot \sin \alpha}{AB \cdot B_1C_1 \cdot \sin \gamma}$$

和

$$\frac{C_3A}{C_3B} = \frac{AC \cdot B_1C_1 \cdot \sin \gamma}{BC \cdot A_1C_1 \cdot \sin \beta}.$$

上述三式相乘得

$$\frac{A_3B}{A_3C} \cdot \frac{B_3C}{B_3A} \cdot \frac{C_3A}{C_3B} = 1,$$

所以通过梅涅劳斯定理, 我们能够得到 A_3, B_3 和 C_3 是共线的. □

事实上, 我们可以在这个结论上证明更多. 可以证明直线 $A_3B_3C_3$ 是 $\triangle A_1B_1C_1$ 的欧拉线. 这将是我们的第二个证明方法:

证法二 如图 4.7 所示, 设 O, H 分别为 $\triangle A_1B_1C_1$ 的外接圆圆心和垂心. 设直线 A_1H 与 $\triangle A_1B_1C_1$ 的外接圆相交于 P. 设直线 OH 与直线 BC 交于 X, 并假设在不失一般性的情况下, A_1 位于 B 和 X 之间. 最后, 设 R 为 $\triangle A_1B_1C_1$ 的外接圆半径. 现在, 注意到通过比值引理在 $\triangle OA_1H$ 和塞瓦线 A_1X 上, 我们发现

$$\frac{XH}{XO} = \frac{A_1H}{A_1O} \cdot \frac{\sin \angle XA_1P}{\sin \angle XA_1O} = \frac{A_1H \cdot \sin \angle A_1C_1P}{R} = \frac{A_1H \cdot A_1P}{2R^2},$$

其中，我们应用拓展的正弦定理进行最后的化简. 但是由于 $A_1P = A_2H$ 和 $A_1H = 2R\cos\angle B_1A_1C_1$，所以

$$\frac{XH}{XO} = \frac{A_2H \cdot \cos\angle B_1A_1C_1}{R} = \frac{A_2H}{AO},$$

因为 $A_2H \parallel AO$ (因为两条直线都与 B_1C_1 垂直) 意味着 X 位于直线 AA_2 上. 因此，$X = A_3$. 同样地，我们能够对 B_3 和 C_3 得出相应结论. □

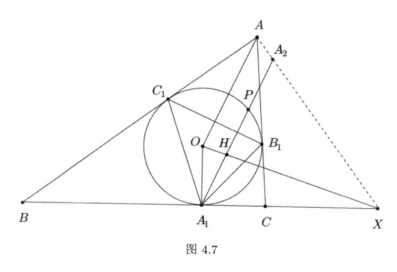

图 4.7

变形 4.7. 如图 4.8 所示，令 $\triangle ABC$ 的内切圆圆心为 I. 设 D, E, F 分别为内切圆与边 BC, CA, AB 的切点. 证明：$\triangle AID, \triangle BIE, \triangle CIF$ 的外接圆有两个公共点 (换言之，它们有一个不同于 I 的公共点).

证明 我们想证明共用一个点的三个圆还有另一个公共点. 所以，只要证明圆的中心是共线的就足够了 (自己思考一下原因——考虑根轴). 设 O_1, O_2, O_3 分别为 $\triangle AID, \triangle BIE, \triangle CIF$ 的外接圆圆心，令 X, Y, Z 分别为 I 关于 O_1, O_2, O_3 的对称点. 因为 $\angle XDI = \angle XAI = 90°$，很明显 X 是 $\triangle ABC$ 的 $\angle A$ 的外角平分线上的点，所以通过外角平分线定理可以得到

$$\frac{XB}{XC} = \frac{AB}{AC}.$$

相似地，我们得到 Y 和 Z 分别位于 CA 和 AB 上，而且 $\frac{YC}{YA} = \frac{BC}{BA}$ 和 $\frac{ZA}{ZB} = \frac{CA}{CB}$，所以由梅涅劳斯定理得到 X, Y, Z 是共线的. 这意味着点 O_1, O_2, O_3 都位于 $\triangle IXY$ 的中位线上，证明结束. □

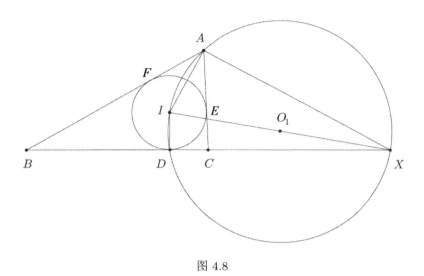

图 4.8

变形 4.8.(2012 年美国数学奥林匹克竞赛) 如图 4.9 所示, 设点 P 位于 $\triangle ABC$ 内, 直线 ℓ 过点 P. 令点 A', B', C' 分别为直线 PA, PB, PC 关于 ℓ 的反射直线与 BC, AC, AB 的交点. 证明: A', B', C' 是共线的.

证明 不失一般性, 如图 4.9, 设 $\alpha = \angle(\ell, PA) = \angle(\ell, PA')$, $\beta = \angle(\ell, PB) = \angle(\ell, PB')$, $\gamma = \angle(\ell, PC) = \angle(\ell, PC')$. 对 $\triangle A'CP$, $\triangle A'BP$, $\triangle B'AP$, $\triangle B'CP$, $\triangle C'BP$ 和 $\triangle C'AP$ 应用正弦定理, 可得

$$\frac{A'C}{\sin|\gamma-\alpha|} = \frac{A'P}{\sin\angle BCP},$$

$$\frac{A'B}{\sin|\alpha+\beta|} = \frac{A'P}{\sin\angle CBP},$$

$$\frac{B'A}{\sin|\alpha+\beta|} = \frac{B'P}{\sin\angle CAP},$$

$$\frac{B'C}{\sin|\beta-\gamma|} = \frac{B'P}{\sin\angle ACP},$$

$$\frac{C'B}{\sin|\beta-\gamma|} = \frac{C'P}{\sin\angle ABP},$$

$$\frac{C'A}{\sin|\gamma-\alpha|} = \frac{C'P}{\sin\angle BAP},$$

将以上式子相乘除, 我们可以得到

$$\frac{A'B}{A'C} \cdot \frac{B'C}{B'A} \cdot \frac{C'A}{C'B} = \frac{\sin\angle CAP}{\sin\angle BAP} \cdot \frac{\sin\angle ABP}{\sin\angle CBP} \cdot \frac{\sin\angle BCP}{\sin\angle ACP} = 1,$$

第二个等式来自塞瓦定理. 因此, 对 $\triangle ABC$ 应用梅涅劳斯定理, 点 A', B', C' 共线, 得证. □

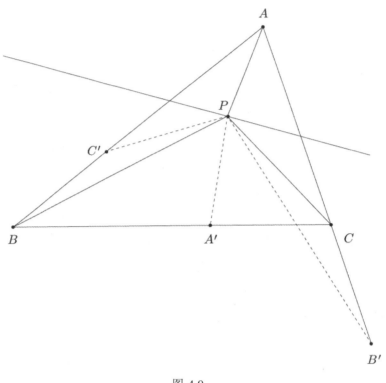

图 4.9

习题

4.1.(1995 年国际数学奥林匹克竞赛预选题) 设 $\triangle ABC$ 的内切圆分别与边 BC, CA, AB 切于 D, E, F. 点 X 是 $\triangle ABC$ 内一点, 使得 $\triangle XBC$ 的内切圆与 BC 切于点 D, 分别与 CX 和 XB 切于 Y 和 Z. 证明:E, F, Z, Y 共圆. (提示: 证明 EF, YZ 和 BC 相交于一点! 为此, 设 $T_1 = BC \cap EF, T_2 = BC \cap YZ$, 证明 $\dfrac{T_1 B}{T_1 C} = \dfrac{T_2 B}{T_2 C}$.)

4.2. 设一圆 Γ, 令 A 为圆上一点, 过点 A 作圆 Γ 的切线, 点 B 为切线上一点. 设线段 AB 绕圆心旋转一定角度到 $A'B'$. 证明:AA' 过 BB' 的中点.

4.3. 设点 P 为 $\triangle ABC$ 内一点, 点 D, E, F 分别为点 P 在线段 BC, CA, AB 上的投影. 设点 X 为线段 EF 上一点, 使得 $PX \perp PA$, 类似定义点 Y 和 Z.

证明: 点 X, Y, Z 是共线的.

4.4. 设 $\triangle ABC$ 是等腰三角形, $AC = BC$. 其内切圆与 AB 切于点 D, 与 BC 切于点 E. 过点 A 作与 AE 互不重合的线与内切圆交于点 F 和点 G. 直线 AB 分别与直线 EF 和 EG 交于点 K 和 L. 证明: $DK = DL$.

4.5.(2014 年塞尔维亚) 令 $\triangle ABC$ 有两点 D, E 分别在边 BC 和 CA 上. 点 F 为 $\triangle CDE$ 的外接圆与过点 C 且与 AB 平行的直线的交点. 设点 G 为线段 AB 和 FD 的交点. 点 H 是直线 AB 上一点, 使得 $\angle BEG = \angle HDA$. 已知 $HE = DG$, 证明: 点 Q 在 $\angle BCA$ 的角分线上, 其中点 Q 为直线 BE 和 AD 的交点.

4.6.(2006 年国际数学奥林匹克竞赛预选题) 设 $\triangle ABC$ 满足 $\angle ACB < \angle BAC < 90°$. 设点 D 为 AC 上一点使得 $BD = BA$. $\triangle ABC$ 的内切圆与 AB 切于点 K, 与 AC 切于点 L. 点 J 是 $\triangle BCD$ 的内切圆圆心. 证明: 直线 KL 平分线段 AJ.

4.7. 设 $\triangle ABC$ 的外接圆圆心为 O. 设 A_1 为过点 A 与点 O 的直径的另一端点 (换言之, A_1 是点 A 关于 $\triangle ABC$ 的外接圆的对径点). 点 A_2 是点 O 关于 BC 的对称点. 类似地, 定义点 B_1, B_2, C_1, C_2. 证明: $\triangle OA_1A_2$, $\triangle OB_1B_2$, $\triangle OC_1C_2$ 的外接圆有两个公共点. (提示: 回顾**变形 4.7**.)

第五章 笛沙格定理和帕斯卡定理

这一部分是对之前梅涅劳斯定理的补充. 此节中的两个结论只是梅涅劳斯定理的结果, 然而, 它们仍值得被单独研究, 许多竞赛问题运用这两个结论解题是十分巧妙的!

首先, 我们考虑利用笛沙格定理解决共点问题和共线问题.

定理 5.1.(笛沙格定理) 如图 5.1 所示, 设有 $\triangle ABC$ 和 $\triangle A'B'C'$. 则直线 AA', BB', CC' 交于一点当且仅当 BC 和 $B'C'$ 的交点, AC 和 $A'C'$ 的交点, BA 和 $B'A'$ 的交点是共线的.

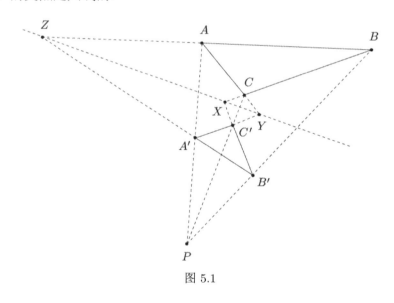

图 5.1

注意, 笛沙格在已知共线的前提下解决了共点问题, 反之亦然. 整体的想法是, 正在解决此类问题时, 更容易证明其他的问题.

你会惊讶地发现这种情况其实经常发生.

定义 5.1. 笛沙格定理中三角形之间的关系称为**透视**. 两个三角形对应顶点的连线 AA', BB', CC' 共点, 该交点称作**透视中心**. 由两个三角形对应边的交点所

确定的直线称为 $\triangle ABC$ 和 $\triangle A'B'C'$ 的**透视轴**.

证明 首先, 我们证明其直接含义, 假设直线 AA', BB', CC' 交于一点 P, 点 X 是 BC 和 $B'C'$ 的交点, 点 Y 是 CA 和 $C'A'$ 的交点, 点 Z 是 AB 和 $A'B'$ 的交点. 为了证明点 X, Y, Z 是共线的, 我们对 $\triangle ABC$ 应用梅涅劳斯定理. 即, 要证明

$$\frac{XB}{XC} \cdot \frac{YC}{YA} \cdot \frac{ZA}{ZB} = 1.$$

因此, 需要求出 $\dfrac{XB}{XC}$ 等比例. 现在, B', C', X 三点共线, 故对 $\triangle PBC$ 应用梅涅劳斯定理, 可得

$$\frac{XB}{XC} \cdot \frac{C'C}{C'P} \cdot \frac{B'P}{B'B} = 1.$$

同理, 对 $\triangle PCA$ 和 $\triangle PAB$ 应用梅涅劳斯定理, 分别由点 C', A', Y 和 A', B', Z, 可得

$$\frac{YC}{YA} \cdot \frac{A'A}{A'P} \cdot \frac{C'P}{C'C} = 1 \text{ 和 } \frac{ZA}{ZB} \cdot \frac{B'B}{B'P} \cdot \frac{A'P}{A'A} = 1.$$

将上述三个式子相乘, 可得

$$\frac{XB}{XC} \cdot \frac{YC}{YA} \cdot \frac{ZA}{ZB} = 1,$$

即证得 X, Y, Z 三点共线.

相反地, 我们按以下步骤进行证明. 假设 X, Y, Z 三点共线, 我们可知直线 BC, ZY 和 $B'C'$ 交于一点, 也就意味着 $\triangle BZB'$ 和 $\triangle CYC'$ 是透视的, 因此, 由定义 5.1, 可得交点 $BZ \cap CY = A$, $ZB' \cap YC' = A'$, $BB' \cap CC' = P$ 共线, 即直线 AA', BB', CC' 交于一点, 结论得证. □

再次注意我们是如何使用定义 5.1 来证明矛盾的! 这在处理共点和共线时, 是一个很常见的技巧, 要记住这一点.

我们来看一些可以使用该技巧的例子.

变形 5.1. 再看一下**变形 4.1**, 问题就解决了.

变形 5.2.(2011 年摩尔多瓦国家队选拔赛) 如图 5.2 所示, 在 $\triangle ABC$ 中, $AB < AC$, 点 H 是垂心, 点 A_1 和 B_1 分别是垂线 AA_1 和 BB_1 的垂足, 点 D 是点 C 关于点 A_1 的对称点, 如果 $E = AC \cap DH$, $F = DH \cap A_1B_1$, $G = AF \cap BH$, 证明: CH, EG 和 AD 是相交于一点的.

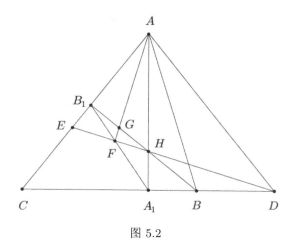

图 5.2

证明 我们知道 $CE \cap HG = B_1$, $DE \cap AG = F$, $CD \cap AH = A_1$, B_1, F, A_1 这三点均在 A_1B_1 上, 即 $\triangle CED$ 和 $\triangle HGA$ 是透视的, 因此, 根据笛沙格定理, 可得出直线 CH, EG, AD 相交于一点, 即得证. □

变形 5.3.(2012 年沙雷金) 如图 5.3 所示, 点 D 位于 $\triangle ABC$ 的边 AB 上, 设 ω_1, Ω_1 为 $\triangle ACD$ 的内切圆和旁切圆, ω_2, Ω_2 为 $\triangle BCD$ 的内切圆和旁切圆 (与线段 AB 相切), 证明: $\omega_1, \Omega_1, \omega_2$ 和 Ω_2 的外公切线与 AB 相交.

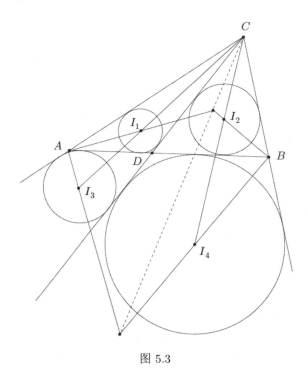

图 5.3

证明 分别用 I_1, I_2, I_3, I_4 表示 $\omega_1, \omega_2, \Omega_1, \Omega_2$ 的圆心, 很明显, 我们的问题可以简化为直线 AB, I_1I_2, I_3I_4 共点的问题, 交点 $AI_1 \cap BI_2$ 是 $\triangle ABC$ 的内切圆圆心, 交点 $AI_3 \cap BI_4$ 是 $\triangle ABC$ 的关于 C 的旁切圆, 并且 $I_3I_1 \cap I_4I_2 = C$.

因此, $AI_1 \cap BI_2$, $AI_3 \cap BI_4$, $I_3I_1 \cap I_4I_2$ 这三个交点在 $\triangle ABC$ 的内角 C 的角平分线上. 根据笛沙格定理可知 $\triangle AI_1I_3$ 和 $\triangle BI_2I_4$ 是透视的, 于是直线 AB, I_1I_2 和 I_3I_4 相交于一点, 即得证. □

当两个三角形的边平行时, 也可以应用笛沙格定理去证明, 以下问题就是这种情况.

变形 5.4. 如图 5.4 所示, 以 $\triangle ABC$ 的一边为长作矩形 $BCXY$, D 为垂线 AD 的垂足, 并且 U, V 分别为 AB 与 DY, AC 与 DX 的交点, 证明: $UV \parallel BC$.

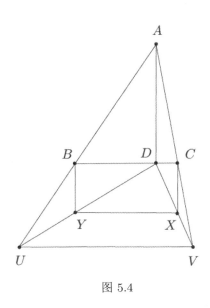

图 5.4

证明 $\triangle ABC$ 与 $\triangle DYX$ 是透视的 (因为直线 AD, BY, CX 在一个无穷远处的点 "相交", 这个点为与垂线 AD 方向关联的无穷远点).

因此, 根据笛沙格定理, $DY \cap AB = U$, $DX \cap AC = V$, $BC \cap YX$ (直线 BC 上无穷远处的点) 这些点是共线的, 所以 $UV \parallel BC$, 得证. □

下面, 我们来介绍在奥林匹克几何中最有用的定理之一, 在我们给出定理之前, 请记住, 它的逆命题不成立, 这一点非常重要! 当 "共圆" 改为 "位于二次曲线上" 时, 使得下面的定理为充要条件.

定理 5.2.(帕斯卡定理) 设 $ABCDEF$ 为一个共圆六边形 (顶点在圆上不一定

按此顺序排列), 那么 AB 与 DE 的交点, BC 与 EF 的交点, CD 与 AF 的交点是共线的.

证明 如图 5.5 所示, 设 AB 和 DE 交于 J, BC 和 EF 交于 L, CD 和 AF 交于 K, BC 与 FA 交于 G, DE 与 AF 交于 H, BC 与 DE 交于 I. 对 $\triangle GHI$ 和点 D, K, C 应用梅涅劳斯定理, 可得

$$\frac{DI}{DH} \cdot \frac{CG}{CI} \cdot \frac{KH}{KG} = 1.$$

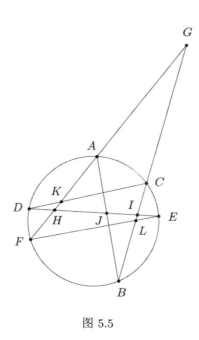

图 5.5

在同一个三角形中, 对点 A, J, B 和点 E, L, F 应用梅涅劳斯定理, 我们得到两个类似的等式, 将它们相乘, 得出的结果是

$$\frac{KH}{KG} \cdot \frac{LG}{LI} \cdot \frac{JI}{JH} \cdot \left(\frac{ID \cdot IE}{IB \cdot IC}\right) \cdot \left(\frac{HF \cdot HA}{HD \cdot HE}\right) \cdot \left(\frac{GC \cdot GB}{GF \cdot GA}\right) = 1.$$

由圆幂定理, 括号中的式子, 结果都为 1. 同时对 $\triangle GHI$ 应用梅涅劳斯定理, 可得点 J, L, K 共线. □

推论 5.1.(帕普斯定理) 直线 l_1 上依次有点 A, B, C, 直线 l_2 上依次有点 A', B', C', 设 $BC', B'C$ 交于点 X, $CA', C'A$ 交于点 Y, $AB', A'B$ 交于点 Z, 则 X, Y, Z 共线.

证明 两条相交线构成一个退化的二次曲线, 对退化的六边形 $AB'CA'BC'$ 应用帕斯卡定理, 我们即可得到要证明的问题的结果. □

现在, 让我们来看一下帕斯卡定理的一些应用; 记住, 帕斯卡定理的推论通常非常有用, 例如, 我们可以将帕斯卡定理应用于退化的六边形 $ABCDEA$, 在这种情况下, 我们得到了 AB 与 DE 的交点, BC 与 AE 的交点和 CD 与 AA 的交点 (即 CD 与退化的六边形 $ABCDEA$ 的外接圆在 A 处的切线的交点) 是共线的, 所以, 需要注意!

首先, 我们已经利用梅涅劳斯定理得到了一个特例 (见**变形 4.2**).

变形 5.5. 如图 5.6 所示, 设 $\triangle ABC$ 的外接圆为 ω, 设 A_1 是 ω 在点 A 处的切线与直线 BC 的交点. 类似地定义 B_1, C_1. 证明: A_1, B_1, C_1 是共线的.

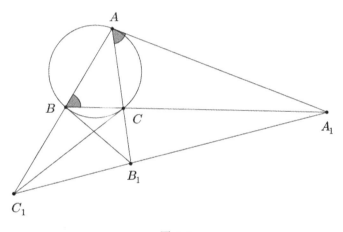

图 5.6

证明 事实上, 我们可以在共圆 (和退化) 六边形 $AABBCC$ 中应用帕斯卡定理, 则 $AA_1 \cap BC$, $BB_1 \cap AC$, $CC_1 \cap AB$ 这些交点是共线的, 证明完成. □

变形 5.6.(*Forum Geometricorum*) 如图 5.7 所示, 在 $\triangle ABC$ 中, B_1, C_1 分别为 AC, AB 两边上的点, 设 Γ 为 $\triangle ABC$ 的内切圆, 设 E, F 分别为 Γ 与 AC, AB 的切点, 此外, 过 B_1 和 C_1 作 Γ 的不同于 $\triangle ABC$ 的边的切线, 切点分别为 Z 和 Y, 证明: 直线 C_1B_1, FE 和 YZ 是相交于一点的.

证明 设 $P = FE \cap YZ$, $Q = EY \cap FZ$. 根据帕斯卡定理, 在退化六边形 $EFFZYY$ 中, 我们得到点 P, Q, C_1 共线, 同样, 根据帕斯卡定理, 在退化六边形 $FEEYZZ$ 中, 我们知道点 P, Q, B_1 是共线的, 这意味着点 P, B_1, C_1 是共线的, 这得到了期望的结果. □

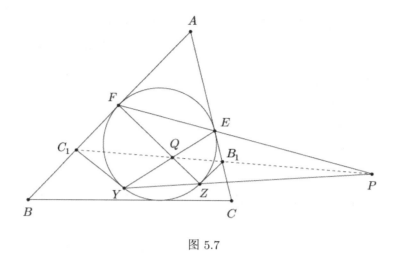

图 5.7

变形 5.7.(2012 年罗马尼亚国家队选拔赛) 如图 5.8 所示, 设在平面上有一圆 Γ 和一条直线 ℓ, 设 K 为 l 上一点, 且在 Γ 外, KA 和 KB 为 Γ 的两条切线, A 和 B 是 Γ 上不同的点, P 和 Q 为 Γ 上的两点, 直线 PA 和 PB 分别在点 R 和 S 处与直线 l 相交, 直线 QR 和 QS 分别与 Γ 相交, 交点为点 C 和 D, 证明: 在圆 Γ 上过点 C 和 D 的切线在直线 l 上相交于一点.

证明 设 $X = CC \cap DD$, 需证明 X 位于 l 上. 设 $U = AC \cap DB$, $V = DA \cap BC$. 根据帕斯卡定理, 在 $BPADQC$ 中, 我们知道点 R, S, V 是共线的, 这意味着 V 在 l 上. 根据帕斯卡定理, 在 $AACBBD$ 中, 我们知道点 K, U, V 是共线的, 所以 U 也在 l 上. 根据帕斯卡定理, 在 $ACCBDD$ 中, 我们知道点 U, V, X 是共线的, 所以 X 在 l 上. □

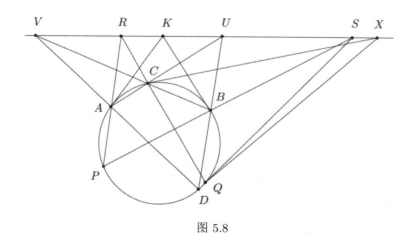

图 5.8

变形 5.8.(2007 年国际数学奥林匹克竞赛预选题) 如图 5.9 所示, 设 $\triangle ABC$ 为确定的三角形, X, Y, Z 分别为 BC, CA, AB 的中点, 设 P 是 $\triangle ABC$ 外接圆上的一个动点, 直线 PX, PY, PZ 分别在 A', B', C' 处与 $\triangle ABC$ 的外接圆相交, 假设点 A, B, C, A', B', C' 是不同的, 直线 AA', BB', CC' 构成一个三角形, 证明这个三角形的面积与 P 无关.

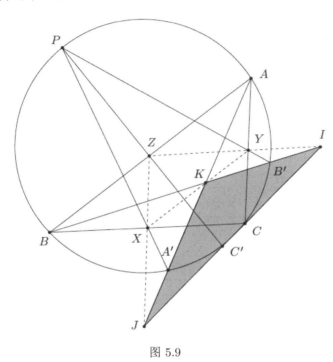

图 5.9

证明 不失一般性, 设 P 在 $\triangle ABC$ 的外接圆且不含 C 的 $\overset{\frown}{AB}$ 上, 现在设 $I = BB' \cap C'C, J = CC' \cap AA', K = AA' \cap BB'$. 根据帕斯卡定理, 在 $ABB'PC'C$ 中, 我们知道点 I, Y, Z 是共线的, 同样地, 我们发现点 J, Z, X 和 K, X, Y 也是共线的. 既然 $XJ \parallel CA$, 易见 $\triangle KJX$ 和 $\triangle KAY$ 是相似的, 因此
$$\frac{KX}{KY} = \frac{KJ}{KA},$$
同样地, $\triangle KIY$ 相似于 $\triangle KBX$, 我们有
$$\frac{KX}{KY} = \frac{KB}{KI},$$
所以
$$[IJK] = \frac{KI \cdot KJ \cdot \sin \angle IKJ}{2} = \frac{KA \cdot KB \cdot \sin \angle AKB}{2} = [ABK] = \frac{[ABC]}{2},$$

这显然得到了要证的结果. □

变形 5.9.(2011 年国际数学奥林匹克竞赛预选题) 如图 5.10 所示, 设锐角 $\triangle ABC$ 的外接圆为 Ω, B_0 是 AC 的中点, C_0 是 AB 的中点. 设 D 是 A 在 BC 上的射影, G 是 $\triangle ABC$ 的质心, 设 ω 为过 B_0 和 C_0 的一个圆, 与 Ω 切于点 X, 与点 A 相异. 证明: 点 D, G 和 X 共线.

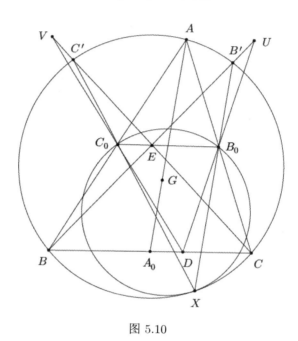

图 5.10

证明 设 A_0 是 BC 的中点, 设直线 XB_0 和 XC_0 分别交 Ω 于 B' 和 C', 并设 $E = BB' \cap CC'$. 对 $ABB'XC'C$ 应用帕斯卡定理, 得到 E 在 B_0C_0 上. 由于位似, 我们得到 $B'C' \parallel BC$. 那么四边形 $B'C'BC$ 是一个等腰梯形, 所以 E 是从 A_0 到 B_0C_0 的垂线的垂足. 由于 $A_0E \parallel AD$ 且 $AD = 2A_0E$, 我们知道点 E, G, D 是共线的 (这与欧拉线存在的证明相似). 因此, 只需证明 $B'B_0, C'C_0, ED$ 是相交于一点的.

因为直线 BB_0, CC_0, ED 相交于点 G, 所以 $\triangle BCE$ 和 $\triangle B_0C_0D$ 是透视的. 设 $U = BE \cap DB_0$ 且 $V = CE \cap DC_0$. 对 $\triangle BCE$ 和 $\triangle B_0C_0D$ 应用笛沙格定理, $UV \parallel B_0C_0$. 根据笛沙格定理, $\triangle B'C'E$ 和 $\triangle B_0C_0D$ 是透视的, 所以 $B'B_0, C'C_0, ED$ 相交于一点, 得证.

我们以帕斯卡定理的逆定理的一个有趣的应用作为结束 (在这个例子中是帕普斯定理的逆定理). 实际上, 我们会为下面这个著名的结果提供两个证明,因为即使第二个证明没有使用笛沙格定理或帕斯卡定理, 它也使用了一个非常完美的引理.

变形 5.10.(**牛顿—高斯直线**) 如图 5.11 所示, 已知 $\triangle ABC$, E, D 分别为线段 BC, CA 上的点. 设 $F = AB \cap DE$, 证明: 线段 AE, BD 和 CF 的中点共线.

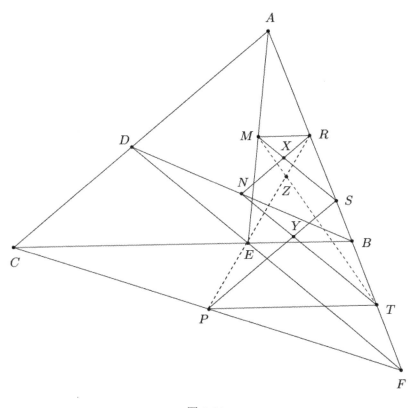

图 5.11

证法一 设 M, N, P 分别为线段 AE, BD, CF 的中点, R, S, T 分别为线段 AB, AF, BF 的中点, 很容易看到, $MR \parallel PT \parallel BC$, $NR \parallel PS \parallel AC$, $NT \parallel MS \parallel DE$. 如果设 $X = MS \cap NR$, $Y = NT \cap PS$, 那么 $\triangle MXR$ 和 $\triangle TYP$ 是透视的 (它们的透视轴是无穷远处的直线), 因此根据笛沙格定理, 如果设 $Z = MT \cap PR$, 那么点 X, Y, Z 是共线的. 根据退化六边形 $MTNRPS$ 的逆帕斯卡定理, 我们知道这六个顶点在一个圆锥曲线上. 但由于其中三个点共线是很明显的, 唯一可能的圆锥曲线是两条直线的退化圆锥曲线, 因此点 M, N, P 是共线的. □

证法二 我们从一个引理开始:

引理 5.1. (利昂·安妮定理) 假设 $ABCD$ 是一个四边形, 那么点 P 的轨迹使得 $[ABP]+[CDP]=[BCP]+[DAP]$, 其中 $[XYZ]$ 为 $\triangle XYZ$ 的带符号的面积 (三角形与四边形 $ABCD$ 内部相交为正, 反之为负), 是一条直线.

证明 在笛卡儿平面上解释这个问题, 底边固定, 顶点运动的三角形的面积显然是顶点在笛卡儿坐标中的一个线性函数, 因此得到了要证的结果.

回到这个问题, 因为 M 是 AE 的中点, 我们有 $[ACM]=[ECM]$ 和 $[AFM]=[EFM]$. 所以 M 在四边形 $ACDF$ 的利昂·安妮线上, 同样地, 我们发现 N 和 P 也在这条线上, 这就完成了第二个证明. □

根据利昂·安妮定理, 试着证明如果一个四边形 $ABCD$ 有一个圆心为 I 的内切圆, 那么点 M,I,N 是共线的, 其中 M 和 N 分别是 AC 和 BD 的中点.

习题

5.1. 设 $ABCD$ 是凸四边形. 设过点 A 的直线平行于 BD, 交 CD 于点 F, 过点 D 的直线平行于 AC, 交 AB 于点 E. 如果 M,N,P,Q 分别表示线段 BD, AC, DE, AF 的中点, 证明: 直线 MN, PQ, AD 相交于一点.

5.2. 在 $\triangle ABC$ 的外接圆 ω 上, 有两个点 D,E. AD 和 AE 分别交 BC 于点 X 和 Y. 设 D', E' 是 D, E 关于 BC 的垂直平分线的对称点. 证明: $D'Y$, $E'X$ 在 ω 上相交.

5.3.(2008 年亚太地区数学奥林匹克竞赛) 设 Γ 是 $\triangle ABC$ 的外接圆. 过点 A 和 C 的圆分别交 BC 和 BA 于点 D 和 E. 线段 AD 和 CE 分别交 Γ 于点 G 和 H. Γ 在 A 和 C 处的切线分别与直线 DE 交于点 L 和 M. 证明: 直线 LH 和 MG 交于 Γ 上一点.

5.4.(2010 年国际数学奥林匹克竞赛) 存在一 $\triangle ABC$, 以 I 为内心, Γ 为外接圆, AI 与 Γ 在点 D 处再次相交. 设 E 是圆弧 $\overset{\frown}{BCD}$ 上的点, F 是线段 BC 上的点, 使得 $\angle BAF = \angle CAE < \frac{1}{2}\angle BAC$. 如果 G 是 IF 的中点, 证明: EI 和 DG 相交于 Γ 上一点.

5.5.(2004 年国际数学奥林匹克竞赛预选题) 设存在圆 Γ, 直线 d, 使得 Γ 和 d 没有交点. 进一步, 设 AB 是圆 Γ 的直径, 且直径 AB 与直线 d 垂直, 点 B 比点 A 更接近直线 d. 设 C 是圆 Γ 上不同于 A,B 的任意点. 设 D 是直线

AC 和 d 的交点. 从点 D 到圆 Γ 的两条切线中的一条与圆 Γ 切于点 E; 据此, 我们假设点 B 和 E 相对于直线 AC 位于同一个半平面上. 用点 F 表示直线 BE 和 d 的交点. 设直线 AF 与圆 Γ 相交于点 G, 异于点 A. 证明: 点 G 关于直线 AB 的对称点在直线 CF 上.

5.6. 设存在圆 Γ, ℓ 是一条位于 Γ 外的直线. 设 $K \in \ell$, AB 和 CD 是圆 Γ 上过点 K 的两条弦. 取 Γ 上的 P, Q 两点. 令 PA, PB, PC, PD 分别交 ℓ 于点 X, Y, Z, T, 然后 QX, QY, QZ, QT 分别交 Γ 于点 R, S, U, V. 证明: RS 和 UV 交于 ℓ 上一点.

5.7. 已知 $\triangle ABC$, 点 O 是它的外接圆圆心. 一条穿过 O 的任意直线分别与 AB 和 AC 交于点 K 和 L. 设 M, N 分别为线段 KC, LB 的中点. 证明: $\angle MON = \angle BAC$.

5.8.(2015 年美国国家队选拔赛) 设 $\triangle ABC$ 为非等边三角形, M_a, M_b, M_c 分别为边 BC, CA, AB 的中点. 设 S 是欧拉线上的一个点. 用 X, Y, Z 分别表示 $M_a S, M_b S, M_c S$ 与九点圆的第二个交点. 证明: AX, BY, CZ 相交于一点.

第六章 雅可比定理

我们接下来讨论角的塞瓦定理的一个有用的应用. 下面的结果是一个定理, 它是证明共点的一个很好的工具. 它的名字来自于它的发现者——雅可比 (C.F.A.Jacobi). 这是一个很短的部分, 但我们认为得到以下结果很重要:

定理 6.1.(雅可比定理) 如图 6.1 所示, 已知 $\triangle ABC$, X, Y, Z 是其平面上的三个点, 使得 $\angle YAC = \angle BAZ, \angle ZBA = \angle CBX$, $\angle XCB = \angle ACY$. 则直线 AX, BY, CZ 相交于一点.

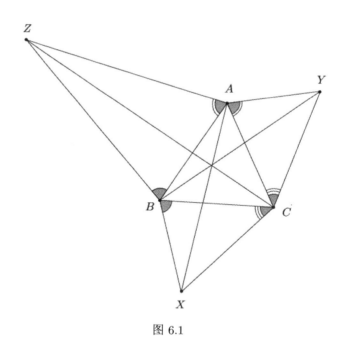

图 6.1

证法一 证明很简单. 为了避免复杂情况, 我们使用取模 $180°$ 的有向角. 用 A, B, C, x, y, z 分别表示 $\angle CAB, \angle ABC, \angle BCA, \angle YAC, \angle ZBA$ 和 $\angle XCB$ 的大小. 由于线段 AX, BX, CX 是 (明显在 X 处) 相交于一点的, 由

角的塞瓦定理可得
$$\frac{\sin\angle CAX}{\sin\angle XAB}\cdot\frac{\sin\angle ABX}{\sin\angle XBC}\cdot\frac{\sin\angle BCX}{\sin\angle XCA}=1.$$

现在我们注意到
$$\angle ABX=\angle ABC+\angle CBX=B+y,\quad \angle XBC=-\angle CBX=-y,$$
$$\angle BCX=-\angle XCB=-z,\quad \angle XCA=\angle XCB+\angle BCA=z+C.$$

因此，我们得到
$$\frac{\sin\angle CAX}{\sin\angle XAB}\cdot\frac{\sin(B+y)}{\sin(-y)}\cdot\frac{\sin(-z)}{\sin(C+z)}=1.$$

类似地，我们可以发现
$$\frac{\sin\angle ABY}{\sin\angle YBC}\cdot\frac{\sin(C+z)}{\sin(-z)}\cdot\frac{\sin(-x)}{\sin(A+x)}=1,$$
$$\frac{\sin\angle BCZ}{\sin\angle ZCA}\cdot\frac{\sin(A+x)}{\sin(-x)}\cdot\frac{\sin(-y)}{\sin(B+y)}=1.$$

将这三个等式相乘，并消去同类项，我们得到
$$\frac{\sin\angle CAX}{\sin\angle XAB}\cdot\frac{\sin\angle ABY}{\sin\angle YBC}\cdot\frac{\sin\angle BCZ}{\sin\angle ZCA}=1.$$

再次使用角的塞瓦定理，我们发现线 AX, BY, CZ 是相交于一点的，这就完成了证明。 □

请注意我们是如何从编写一个复杂的内容开始的（AX, BX, CX 在 X 处是相交的）。

这个证明是由 Art of Problem Solving 在线论坛用户 vittasko 提供的，我们将其包含在内，因为它利用了根轴的方法。

证法二 假设有三个点 D, E, F，使得 $\angle BDC=\angle YAC$，$\angle AEC=\angle ZBA$ 和 $\angle AFB=\angle XCB$，分别用 $\omega_1, \omega_2, \omega_3$ 表示 $\triangle DBC, \triangle ECA, \triangle FAB$ 的外接圆。易见，直线 AX 是圆 ω_2 和 ω_3 的根轴，类似地，直线 BY 是圆 ω_3 和 ω_1 的根轴，而直线 CZ 是圆 ω_1 和 ω_2 的根轴。因此，直线 AX, BY, CZ 在圆 $\omega_1, \omega_2, \omega_3$ 的根心处相交于一点。这就完成了证明。 □

我们继续讨论关于重要三角形中心的一些推论！

推论 6.1.(托里拆利点或第一费马点) 如图 6.2 所示, 设 $\triangle XBC$, $\triangle YCA$, $\triangle ZAB$ 分别是以 $\triangle ABC$ 的三条边 BC, CA, AB 为边, 向 $\triangle ABC$ 外部所作的等边三角形. 则直线 AX, BY, CZ 在 T (托里拆利点) 或 F_+ (第一费马点) 表示的点处是相交的.

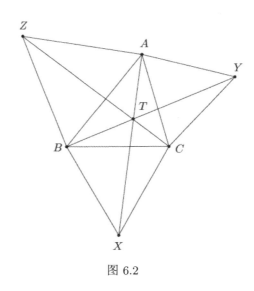

图 6.2

证明 我们得到 $\angle YAC = \angle BAZ = 60°$, $\angle ZBA = \angle CBX = 60°$ 和 $\angle XCB = \angle ACY = 60°$. 因此, 根据雅可比定理, AX, BY, CZ 确实是相交于一点的. □

推论 6.2.(拿破仑点) 如图 6.3 所示, 设 $\triangle XBC$, $\triangle YCA$, $\triangle ZAB$ 分别是以 $\triangle ABC$ 的边 BC, CA, AB 为边长向 $\triangle ABC$ 外部所作的等边三角形. 此外, 设 O_a, O_b, O_c 分别为 $\triangle XBC$, $\triangle YCA$, $\triangle ZAB$ 的外接圆圆心. 则直线 AO_a, BO_b, CO_c 在 N_+(第一拿破仑点) 处相交于一点.

证明 我们得到

$$\angle O_bAC = \angle BAO_c = 30°,$$

$$\angle O_cBA = \angle CBO_a = 30°,$$

$$\angle O_aCB = \angle ACO_b = 30°.$$

雅可比定理解决了剩下的问题. □

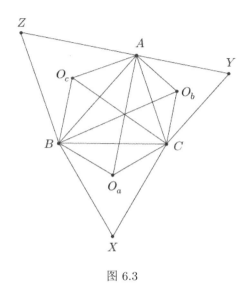

图 6.3

推论 6.3.(基佩特点) 设 $\triangle XBC$, $\triangle YCA$, $\triangle ZAB$ 是以 $\triangle ABC$ 的边 BC, CA, AB 为底边, 向 $\triangle ABC$ 外部所作的三个相似的等腰三角形, 其底角为 α. 通常, AX, BY, CZ 在 K_α 处相交, 这个交点称为 $\alpha \in (0, 90°)$ 时的基佩特点.

如你所见, 雅可比定理的这个推论很容易知道. 基佩特知道这一点, 然而, 他也知道并证明了这些相交点的轨迹是非常特殊的, 因为角度 α 在 $(0, 90°)$ 中变化的轨迹是一条双曲线! 然而, 证明要稍微复杂一些; 我们将其留给**习题 51**.

现在, 是时候进行一些更相关的应用了.

变形 6.1.(卡里娅定理) 如图 6.4 所示, 设 I 是给定 $\triangle ABC$ 的内心, D, E, F 是 $\triangle ABC$ 的内切圆分别与边 BC, CA, AB 的切点. 现在, 设 X, Y, Z 分别是直线 ID, IE, IF 上的三个点, 使得有向线段 IX, IY, IZ 是相等的, 则 AX, BY, CZ 是相交于一点的.

证明 作为 $\triangle ABC$ 的内切圆与边 AB 和 BC 的切点, 点 F 和 D 相对于 $\angle ABC$ 的平分线 (即相对于直线 BI) 是对称的. 因此, $\triangle BFI$ 和 $\triangle BDI$ 是全等的.

设点 Z 和 X 是这两个全等三角形中的对应点, 因为它们分别位于这两个三角形的 (对应) 边 IF 和 ID 上, 并且满足 $IZ = IX$. 逆全等三角形中的对应点形成相对相等的角, 即 $\angle ZBF = -\angle XBD$. 换句话说, $\angle ZBA = \angle CBX$.

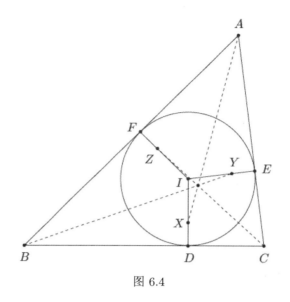

图 6.4

类似地,我们有 $\angle XCB = \angle ACY$ 和 $\angle YAC = \angle BAZ$. 注意,点 X, Y, Z 满足雅可比定理的条件,因此,得出 AX, BY, CZ 是相交于一点的.

变形 6.2. 如图 6.5 所示,已知 $\triangle ABC$, $\angle BAC$ 的外角平分线分别与垂直于 BC 且通过点 B 和 C 的两条直线相交于 D 和 E. 证明: 直线 BE, CD, AO 是相交于一点的, 其中 O 是 $\triangle ABC$ 的外接圆圆心.

证明 设点 X 是 $\triangle ABC$ 的外接圆上与点 A 相对于圆心 O 的对称点. 线段 AX 是这个外接圆的直径,所以 $\angle ABX = 90°$. 利用 $\angle DBC = 90°$, 得到

$$\begin{aligned} \angle CBX &= \angle ABX - \angle ABC \\ &= 90° - \angle ABC \\ &= \angle DBC - \angle ABC \\ &= \angle ABD. \end{aligned}$$

类似地, $\angle BCX = \angle ACE$.

因为直线 DE 是 $\triangle ABC$ 的 $\angle A$ 的外角平分线得到 $\angle EAC = \angle BAD$, 因此, 由雅可比定理得到直线 AX, BE 和 CD 相交于一点. 现在, 直线 AX 与直线 AO 重合 (因为线段是 $\triangle ABC$ 的外接圆的直径, 因此它通过该外接圆的圆心 O). 因此, AO, BE 和 CD 相交于一点, 得证. □

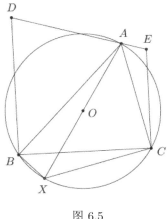

图 6.5

变形 6.3.(2001 年国际数学奥林匹克竞赛预选题) 如图 6.6 所示, 设 A_1 为锐角 $\triangle ABC$ 中内接正方形的中心, 在 BC 边上有两个正方形的顶点. 因此, 正方形的两个剩余顶点中的一个在 AB 上, 另一个在 AC 上. 对于另外两个分别在 AC 和 AB 上有两个顶点的内接正方形, 点 B_1, C_1 以类似的方式进行定义. 证明直线 AA_1, BB_1, CC_1 是相交于一点的.

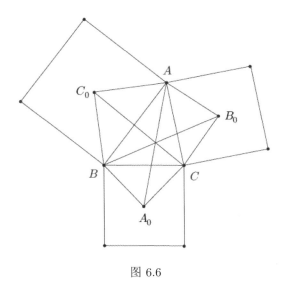

图 6.6

证明 设 BCX_1X_2 是在三角形外部以 BC 为边构造的正方形, A_0 是这个正方形的中心. 根据位似, 点 A, A_1, A_0 均共线. 类似地, 如果我们将 B_0, C_0 设为在 $\triangle ABC$ 外部, 分别以 CA, AB 为边构造的正方形的中心, 我们得到 B, B_0, B_1 和 C, C_0, C_1 分别是共线的. 而 $\angle C_0AB = \angle B_0AC = 45°$,

$\angle C_0BA = \angle A_0BC = 45°$, $\angle B_0CA = \angle A_0CB = 45°$, 因此, 根据雅可比定理, 直线 AA_0, BB_0, CC_0 是共点的, 这就解决了这个问题. □

变形 6.4.(2009 年波罗的海之路) 在一个 $\triangle ABC$ 中, 画出高 AD, BE, CF, 设 H 为三角形的垂心. 设 O_1, O_2, O_3 分别为 $\triangle EHF, \triangle FHD, \triangle DHE$ 的内切圆圆心. 证明: 直线 AO_1, BO_2, CO_3 是相交于一点的.

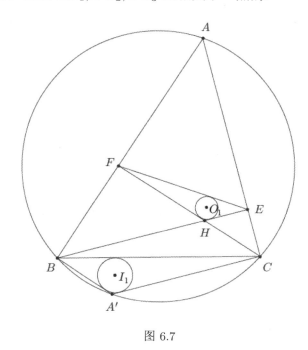

图 6.7

证明 如图 6.7 所示, 设 A' 是 $\triangle ABC$ 外接圆上一点, 且 AA' 为圆的直径. 那么, 由于 A, F, H, E 是四点共圆的 (它的顶点位于直径为 AH 的圆上), 我们得到

$$\angle A'BC = \angle A'AC = 90° - \angle B = \angle HAF = \angle HEF,$$

类似地,

$$\angle A'CB = \angle HFE.$$

此外, 由于 B, C, E, F 是四点共圆的 (它的顶点位于直径为 BC 的圆上), 我们得到 $\angle AEF = \angle ABC$ 和 $\angle AFE = \angle ACB$, 因此, 四边形 $AFHE$ 和 $ACA'B$ 是相似的. 现在, 设 I_1 是 $\triangle A'BC$ 的内心. 由于 I_1 和 O_1 是四边形 $ACA'B$ 和 $AFHE$ 中的对应点, 我们得到 $\angle BAO_1 = \angle FAO_1 = \angle CAI_1$, 所以直线 AI_1

是 AO_1 在 $\triangle ABC$ 中的关于 $\angle A$ 的平分线对称的直线. 类似地, 定义 I_2 和 I_3, 根据**变形 3.6**, 显然线段 AI_1, BI_2, CI_3 是相交于一点的. 但我们知道

$$\begin{aligned}\angle I_1CB &= \frac{\angle A'CB}{2} = \frac{\angle CFE}{2}\\ &= \frac{\angle HAC}{2} = \frac{\angle HBC}{2}\\ &= \frac{\angle CFD}{2} = \frac{\angle A'CB}{2}\\ &= \angle I_2CA,\end{aligned}$$

类似地, $\angle I_1BC = \angle I_3BA$ 且 $\angle I_2AC = \angle I_3AB$. 因此, 根据雅可比定理, 我们得到了期望的共点性. □

雅可比定理也可以应用在一些具体例子中, 接下来的问题就是一个例子:

变形 6.5. 如图 6.8 所示, 已知 $\triangle ABC$, 并且设 $ACXY$ 和 $ABRS$ 分别为以 AC 和 AB 为边的在三角形外部的正方形. 令 BX 和 CR 相交于点 T. 证明: AT 是 $\triangle ABC$ 的高.

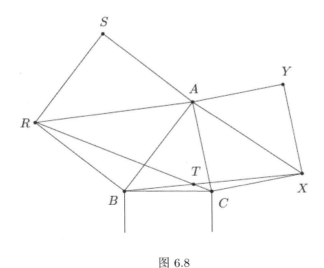

图 6.8

证明 考虑无穷远处的点 A_∞ 在 $\triangle ABC$ 的高所在的直线上. 我们可以得到 $\angle RAB = \angle XAC = 45°$, $\angle RBA = \angle A_\infty BC = 90°$, $\angle XCA = \angle A_\infty CB = 90°$, 根据雅可比定理, 我们得到直线 BX 和 CR 与 $\triangle ABC$ 的垂线 AT 相交. □

习题

6.1. 设 $\triangle ABC$ 为给定的三角形. 设 d_{A_1}, d_{A_2} 是通过顶点 A 的两条直线, 使它们关于 $\angle BAC$ 的内角平分线相互对称 (换句话说, 直线 d_{A_1}, d_{A_2} 是 $\angle BAC$ 的两个等偏线). 用同样的方式, 取 $\angle ABC$ 的两个等偏线 d_{B_1}, d_{B_2}, 取 $\angle BCA$ 得两个等偏线 d_{C_1}, d_{C_2}. 证明: 由这六条直线确定的六边形具有相交的对角线.

6.2. 设 $\triangle ABC$ 以 I 为内心, 设 X, Y, Z 分别为 I 关于边 BC, CA, AB 上的对称点. 证明: 直线 AX, BY, CZ 是相交的.

6.3. 设 $\triangle ABC$ 的内切圆圆心为 I, 令 I_1, I_2, I_3 分别为 $\triangle BIC, \triangle CIA, \triangle AIB$ 的内切圆圆心. 证明: 直线 AI_1, BI_2, CI_3 交于一点.

6.4.(科斯尼塔点的存在) 设 $\triangle ABC$ 是一个以 O 为外接圆圆心的三角形. 设 X, Y, Z 分别为 $\triangle BOC, \triangle COA, \triangle AOB$ 的外接圆圆心. 证明: 直线 AX, BY, CZ 交于一点.

6.5. 已知 $\triangle ABC$, D, E, F 为 $\triangle ABC$ 平面上的点, 使 $\triangle BCD, \triangle CAE, \triangle ABF$ 相似, 且它们都不在 $\triangle ABC$ 的内部相交. 设 H_1 和 H_2 分别为 $\triangle CAE$ 和 $\triangle ABF$ 的垂心. 证明: $AD \perp H_1H_2$.

6.6.(费洛尔·范·莱莫恩) 设 A', B', C' 是 $\triangle ABC$ 平面上的三个点, 使 $\angle B'AC = \angle BAC', \angle C'BA = \angle CBA', \angle A'CB = \angle ACB'$. 设 X, Y, Z 是从点 A', B', C' 到直线 BC, CA, AB 的垂足, 则直线 AX, BY, CZ 是相交的.

6.7.(基佩特双曲线) 证明**推论 6.3** 所描述的点的轨迹是双曲线.

第七章 等角共轭和垂足三角形

我们看到雅可比处理了关于给定 $\triangle ABC$ 的等角线对. 现在, 我们转到更一般的等角共轭概念, 正如**第三章**中所定义的那样. 我们将要证明将它们联系到垂足三角形的三个基本性质 (我们稍后将对此进行定义).

定义 7.1. 设 $\triangle ABC$ 是平面上的一个三角形, P 是平面上的一个点. 令直线 PA 关于 $\angle A$ 的内角平分线的对称直线为 r_a, 同样定义 r_b 和 r_c. 则直线 r_a, r_b, r_c 交于一点, 这个点叫做 P 关于 $\triangle ABC$ 的**等角共轭点**.

定义 7.2. 设 $\triangle ABC$ 是平面上的一个三角形, P 是平面上的一个点, X, Y, Z 分别为 P 到直线 BC, CA, AB 的垂足, 则 $\triangle XYZ$ 是 P 关于 $\triangle ABC$ 的**垂足三角形**.

现在, 我们注意到一些显而易见的事情: 以 P 为起始点, 为了求其等角共轭点 Q, 取直线 PA, PB, PC 关于对应内角平分线的对称直线, 得到三条交于一点的线, 交点为点 P 的等角共轭点 Q; 如果我们从对称直线入手, 取它们关于相同内角平分线的对称直线, 我们得到了直线 PA, PB, PC; 因此, 我们也可以说 P 是 Q 的等角共轭点. 因此讨论 $\triangle ABC$ 的一对等角共轭点是有意义的.

你可能会问, 哪些是等角共轭点? 首先, 注意到内心 I 显然是它自己的等角共轭点. 那垂心呢? 令人惊讶的是, 三角形的垂心和外接圆圆心是等角共轭的. 事实上, 对于 $\triangle ABC$, 如果它是锐角三角形, 并且 H, O 分别为其垂心和外接圆圆心, 那么我们有 $\angle BAH = \angle CAO = 90° - \angle B$, 对于其他两对角也是一样的, 这意味着这个结论是成立的. 第三组要记住的是 $\triangle ABC$ 的质心点 G 和类似重心点 K, 这显然符合 K 的定义.

同时, 当且仅当点 P 在圆上时, 点 P 的等角共轭点是无穷远处的点. 下面的变形 7.1 证明了这一点.

变形 7.1. 如图 7.1 所示, 设 P 是 $\triangle ABC$ 平面上的一个点. 证明: 当且仅当点

P 位于 $\triangle ABC$ 的外接圆上时,直线 PA, PB, PC 关于相应内角平分线的对称直线是平行的.

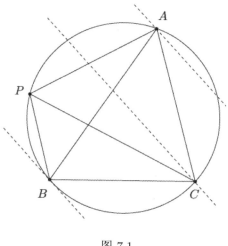

图 7.1

证明 首先,设点 P 在 $\triangle ABC$ 的外接圆上.由此可见,直线 PA 和 PB 关于对应的内角平分线的对称直线是平行的,因此我们可以对另一对直线做同样的处理,并通过平行的传递性得出结论.因此,如果用 r_a, r_b, r_c 来表示对称直线,我们想要表明 $\angle(r_a, AB) = \angle(r_b, AB)$.但是这是显而易见的!我们可以得到 $\angle(r_a, AB) = \angle PAC = \angle PBC$,其中后者成立,因为 P, A, B, C 是共圆的;然而,$\angle PBC = \angle(r_b, AB)$,这是由于 r_b 是 PB 关于 $\angle ABC$ 内角平分线的对称直线.因此,我们得出这样的结论:$\angle(r_a, AB) = \angle(r_b, AB)$.

相反地,我们计算上面所说的角度.现在,我们知道无论 P 在哪里都有 $\angle(r_a, AB) = \angle(r_b, AB)$,我们想证明 P, A, B, C 共圆,即证明 $\angle PAC = \angle PBC$.但是注意到有 $\angle PAC = \angle(r_a, AB)$,因此 $\angle PAC = \angle(r_b, AB) = \angle PBC$.证毕. □

让我们回到前面提到的三条性质.

定理 7.1. 设 P 为 $\triangle ABC$ 平面上的一点,$\triangle XYZ$ 是 P 关于 $\triangle ABC$ 的垂足三角形,即 X, Y, Z 分别为 P 到直线 BC, CA, AB 上的垂足.然后,分别从顶点 A, B, C 作到直线 YZ, ZX, XY 的垂线,则三条垂线相交于 P 关于 $\triangle ABC$ 的等角共轭点.

证明 如图 7.2 所示,欲证 Q 是 P 关于 $\triangle ABC$ 的等角共轭点.那么只需要证明 $AQ \perp EF$.根据定义我们有 $\angle QAB = \angle PAC$,而 $\angle PAC =$

∠PAE = ∠PFE, 这是因为 A, F, P, E 是共圆的; 因此, 两个 △AFQ″ 和 △FQ′Q″ 是相似的, 其中 Q′ 和 Q″ 分别表示 AQ 与 EF 和 PF 的交点. 因此, ∠FQ′Q″ = ∠AFQ″ = 90°, 所以 AQ ⊥ EF, 证毕. □

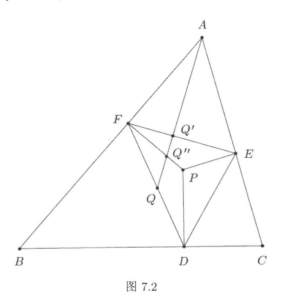

图 7.2

推论 7.1. 如果 E, F 是 $\triangle ABC$ 的顶点 B 和 C 的垂足, 那么直线 AO 和 EF 是垂直的, 其中 O 通常表示 $\triangle ABC$ 的外接圆圆心.

推论 7.2. 设 $\triangle ABC$ 为以 I_a, I_b, I_c 为旁切圆心的三角形, D, E, F 分别为 A 的旁切圆与 BC 的切点, B 的旁切圆与 CA 的切点, C 的旁切圆与 AB 的切点. 证明直线 I_aD, I_bE, I_cF 相交于 $\triangle I_aI_bI_c$ 的外接圆圆心. 这通常被称为 $\triangle ABC$ 的**贝文点**.

证明　只需要注意 $\triangle ABC$ 是 $\triangle I_aI_bI_c$ 的垂足三角形, 并应用**推论 7.1** 的逆命题. □

变形 7.2. 证明: 当且仅当 P 是 $\triangle ABC$ 的内切圆圆心或外接圆圆心时, P 与它关于 $\triangle ABC$ 的等角共轭点重合.

证明　考虑直线 AP 关于 $\triangle ABC$ 的内角平分线的对称直线. 当且仅当直线 AP 与 $\triangle ABC$ 的内角 A 的等分线平行或垂直时, 对称直线与 AP 重合, 这意味着得到了期望的结果, 因为类似的结果也适用于直线 BP 和 CP. □

下一个定理是**定理 7.1** 的简单 (但严谨) 应用.

定理 7.2. 如图 7.3 所示, 设点 P 为 $\triangle ABC$ 平面上的一个点, 点 R, S, T 分

别为点 P 关于边 BC, CA, AB 的对称点. 那么点 P 关于 $\triangle ABC$ 的等角共轭点就是 $\triangle RST$ 的外接圆圆心.

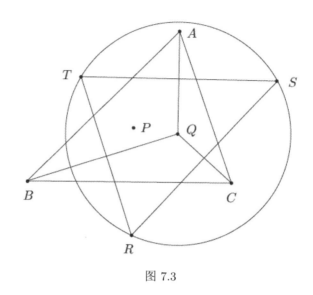

图 7.3

证明 设点 X, Y, Z 分别为线段 PR, PS, PT 的中点. 显然, $\triangle XYZ$ 是点 P 关于 $\triangle ABC$ 的垂足三角形, 与 $\triangle RST$ 是位似的; 因此, 由**定理 7.1**, 我们立即得到, 如果 Q 为 P 的等角共轭点, 那么 $AQ \perp ST$. 但是, 我们仍然需要证明 AQ 是 ST 的垂直平分线. 这是显然的. 注意 S 是 P 关于 AC 的对称点, 所以 $AP = AS$, T 是 P 关于 AB 的对称点, 所以 $AP = AT$; 因此 $AS = AT$, 即 $\triangle AST$ 为等腰三角形, 故 A 需要位于线段 ST 的垂直平分线上. 这就完成了证明, 因为对 BQ 和 CQ 做同样的处理后, 我们就可以得出结论, 即它们分别是线段 TR 和线段 RS 的垂直平分线, 所以需要在 $\triangle RST$ 的外接圆圆心处相交才能满足要求. □

推论 7.3. 垂心关于三角形各边的对称点都在三角形的外接圆上.

下一个定理可能是这三个定理中最引人注目的一个了, 它的证明非常精彩.

定理 7.3.(六点圆定理) 设 P 是 $\triangle ABC$ 平面上的一个点, Q 是它关于 $\triangle ABC$ 的等角共轭点. 如果 $\triangle DEF$ 表示点 P 的垂足三角形, $\triangle XYZ$ 表示点 Q 的垂足三角形 (当然, 这两个垂足三角形都是关于 $\triangle ABC$ 的), 那么 D, E, F, X, Y, Z 都在同一个圆上, 这个圆的圆心是线段 PQ 的中点.

证明 如图 7.4 所示, 这个证明很巧妙地使用了**定理 7.2**. 更准确地说, 令

D', E', F' 分别是 P 关于 BC, AC, AB 的对称点. 令 X', Y', Z' 分别是 Q 关于 BC, CA, AB 的对称点. 设 U 是 PQ 的中点.

现在注意, 直线 UD, UE, UF 是 $\triangle PQD', \triangle PQE', \triangle PQF'$ 中由点 U 引出的中位线; 因此我们有

$$UD = \frac{1}{2}QD', \quad UE = \frac{1}{2}QE', \quad UF = \frac{1}{2}QF'.$$

但是**定理 7.2** 告诉我们, Q 是 $\triangle D'E'F'$ 的外接圆圆心, 所以 $QD' = QE' = QF'$, 也就意味着 $UD = UE = UF$.

类似地, 我们可以通过外接圆圆心是 P 的 $\triangle X'Y'Z'$ 推导出 $UX = UY = UF$. 最后, 我们还需要证明 $UD = UX$. 但这是显而易见的, 因为 U 是 PQ 的中点, PD 和 QX 都垂直于 DX. 结合上面的结论, 由此可见 $UD = UE = UF = UX = UY = UZ$, 所以我们可以得出点 D, E, F, X, Y, Z 都在以 U 为圆心的圆上. 证毕. □

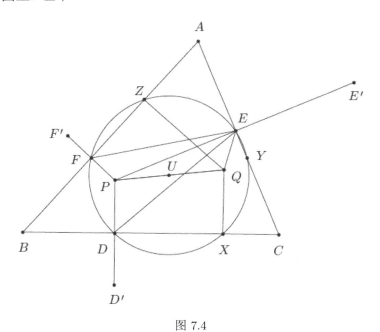

图 7.4

我们发现**定理 7.3** 给出了九点圆存在的一个很简单的证明.

推论 7.4. 给定一个以 H 为垂心的 $\triangle ABC$, 其边的中点、垂足、以及线段 HA, HB, HC 的中点都位于同一个圆上——$\triangle ABC$ 的**九点圆**或**欧拉圆**. 这个

圆的圆心是线段 OH 的中点, 其中 O 是 $\triangle ABC$ 的外接圆圆心, 这个点被称为 $\triangle ABC$ 的**九点中心**或**欧拉中心**.

证明 如图 7.5 所示, 显然, 我们从**定理 7.3** 中知道各边的中点和垂足是共圆的, 均位于以 OH 中点为圆心的圆上 (O, H 为等角共轭, 内侧三角形和正三角形是它们的垂足三角形), 但是我们仍然需要证明线段 HA, HB, HC 的中点 J, K, L 位于这个圆上. 这只是个简单的证明! 事实上, D 为 A 的垂足, 把线段 BC 和 CA 的中点称为 X, Y, 证明 J, D, X, Y 四点共圆. 要做到这一点, 我们需要证明 $XY \perp YJ$, 我们已经知道 $JD \perp DX$. 但是 JY 是 $\triangle AHC$ 上由点 A 引出的中位线, 所以 $JY \parallel HC, HC \perp AB$, 故 $JY \perp AB$, 因此 $JY \perp XY$ (XY 是 $\triangle ABC$ 中由点 C 引出的中位线). 对 K 和 L 做同样的处理就可以得到这九个点共圆. 证毕. □

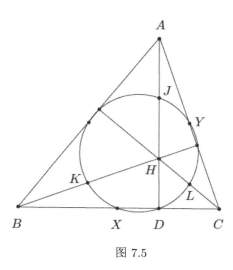

图 7.5

在练习之前, 我们先来看一些应用. 我们从国际数学奥林匹克竞赛预选题的一个问题开始.

变形 7.3.(1998 年国际数学奥林匹克竞赛预选题) 设 P 是 $\triangle ABC$ 平面上的一个点, Q 是它关于 $\triangle ABC$ 的等角共轭点. 证明:
$$\frac{AP \cdot AQ}{AB \cdot AC} + \frac{BP \cdot BQ}{BA \cdot BC} + \frac{CP \cdot CQ}{CA \cdot CB} = 1.$$

证明 如图 7.6 所示, 设 X, Y, Z 分别是 P 向 BC, CA, AB 的投影, 则 A, Y, P, Z 位于直径为 AP 的圆上, 根据正弦定理的推广形式, 我们可以得到
$$YZ = AP \sin A$$

此外, 从**定理 7.1** 我们知道 $AQ \perp YZ$, 这意味着

$$[AYQZ] = \frac{AQ \cdot YZ}{2} = \frac{AQ \cdot AP \sin A}{2} = \frac{AP \cdot AQ}{AB \cdot AC}[ABC]$$

我们用的是 $[ABC] = \dfrac{AB \cdot AC \sin A}{2}$. 找到 $[BZQX]$ 和 $[CXQY]$ 的相似表达式, 进而得到期望的结果, 因为 $[AYQZ] + [BZQX] + [CXQY] = [ABC]$. □

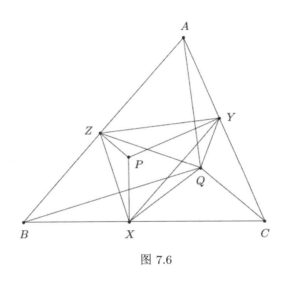

图 7.6

下一个问题出现在 *Gazeta Matematica* 上, 也有一个非常惊人的证明.

变形 7.4.(***Gazeta Matematica***) 已知 $\triangle ABC$, P 为其内部的一个点, 其垂足三角形为 $\triangle DEF$. 假设直线 DE 和 DF 是垂直的. 证明: 如果 Q 是 P 关于 $\triangle ABC$ 的等角共轭点, 那么 Q 就是 $\triangle AEF$ 的垂心.

证明 如图 7.7 所示, 设 P 关于 BC, CA, AB 的对称点为 A', B', C'. 因为 $DE \perp DF$ 所以我们也有 $A'B' \perp A'C'$, 故 $\triangle A'B'C'$ 的外接圆圆心是 $B'C'$ 的中点. 根据**定理 7.2**, 我们知道 Q 是 $B'C'$ 的中点. 由于 QE 是 $\triangle PB'C'$ 中由点 B' 引出的中线, 所以有 $QE \parallel PC'$, 故 $QE \perp AF$. 同样地, 当 Q 是 $\triangle AEF$ 的垂心时, $QF \perp AE$ 得证. □

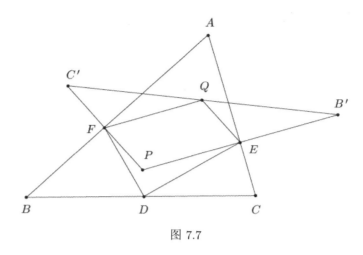

图 7.7

变形 7.5. 设 P 和 Q 是关于 $\triangle ABC$ 的两个等角共轭点. 那么直线 AP 关于 $\angle BPC$ 平分线的对称直线和直线 AQ 关于 $\angle BQC$ 平分线的对称直线关于 BC 是相互对称的.

证明 如图 7.8 所示,设 X', Y', Z' 分别为点 P 关于直线 BC, CA, AB 的对称点,设 U' 为 Q 关于直线 BC 的对称点,那么 Q 也是 U' 关于直线 BC 的对称点. 由于点 Q 和 X' 分别是 U' 和 P 关于直线 BC 的对称点,所以直线 QX' 是直线 $U'P$ 关于直线 BC 的对称直线. 这意味着直线 PU' 和 QX' 是关于直线 BC 对称的.

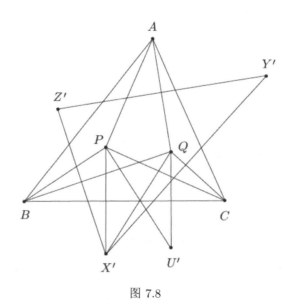

图 7.8

然而, 由**定理 7.2** 可知, 点 Q 是 $\triangle X'Y'Z'$ 的外接圆圆心. 因此, 我们可得 $\angle QX'Z' = 90° - \angle Z'Y'X'$. 于是, $\angle(QX', Z'X') = 90° - \angle(Y'Z', X'Y')$. 此外, **定理 7.2** 也告诉我们 AQ, BQ 和 CQ 分别是线段 $Y'Z'$, $Z'X'$, $X'Y'$ 的垂直平分线, 因此 $\angle(Y'Z', AQ) = 90°$, $\angle(BQ, Z'X') = 90°$, $\angle(X'Y', CQ) = 90°$. 我们立即得出 $\angle(BQ, QX') = \angle(CQ, AQ)$. 故直线 QX' 是直线 AQ 关于 $\angle BQC$ 内角平分线对称的直线. 同样, 直线 PU' 与 AP 是关于 $\angle BPC$ 的等角线. 我们知道 PU' 和 QX' 关于 BC 是对称的. 这就完成了证明. □

前面的**变形 7.5** 是 Hatzipolakis 提出以下证明的一个关键引理. 证明在 [DG] 之后, 这要归功于埃尔曼.

变形 7.6.(Hatzipolakis/**埃尔曼引理**) 设点 P 是 $\triangle ABC$ 平面上的点. 直线 AP, BP, CP 与直线 BC, CA, AB 在点 A', B', C' 处相交. 设点 Q 是点 P 关于 $\triangle ABC$ 的等角共轭点. 然后, 直线 AQ, BQ, CQ 关于直线 $B'C'$, $C'A'$, $A'B'$ 的对称直线是相交的.

证明 设 A_1, B_1, C_1, P_1 是 A, B, C, P 关于 $\triangle A'B'C'$ 的等角共轭点. 由于 P_1 是 P 关于 $\triangle A'B'C'$ 的等角共轭点, 所以直线 $A'P_1$ 是直线 $A'P$ 关于 $\angle C'A'B'$ 的内角平分线的对称直线. 由于 A_1 是 A 关于 $\triangle A'B'C'$ 的等角共轭点, 所以直线 $A'A_1$ 是直线 $A'A$ 关于 $\angle C'A'B'$ 的等角线. 但是由于直线 $A'P$ 和 $A'A$ 重合, 它们关于 $\angle C'A'B'$ 的内角平分线对称的直线也一定重合; 即直线 $A'P_1$ 和 $A'A_1$ 重合. 因此, 点 A', A_1, P_1 是共线的, 同样地, 我们可以得到 B', B_1, P_1 是共线的, 点 C', C_1, P_1 是共线的.

由于 B_1 是 B 关于 $\triangle A'B'C'$ 的等角共轭点, 所以直线 $A'B_1$ 是直线 $A'B$ 关于 $\angle C'A'B'$ 的等角线. 此外, 由于 C_1 是 C 关于 $\triangle A'B'C'$ 的等角共轭点, 所以直线 $A'C_1$ 是直线 $A'C$ 关于 $\angle C'A'B'$ 的等角线. 但是, 由于直线 $A'B$ 和直线 $A'C$ 重合, 它们关于 $\angle C'A'B'$ 的等角线需要重合, 所以 $A'B_1$ 和 $A'C_1$ 重合. 从而得到点 A', B_1, C_1 是共线的, 同样, 点 B', C_1, A_1 是共线的, 点 C', A_1, B_1 是共线的.

由于 Q 是 P 关于 $\triangle ABC$ 的等角共轭点, 直线 AQ 是直线 AP 关于 $\angle CAB$ 的等角线. 然而, A 和 A_1 关于 $\triangle A'B'C'$ 是等角共轭点, 因此从**变形 7.5** 的结果可以得出 $A'A_1$ 关于 $\angle B'AC'$ 的等角线和 $B'C'$ 关于 $\angle B'A_1C'$ 的等角线是关于 $B'C'$ 对称的. 此外, 直线 $A'A$ 关于 $\angle B'AC'$ 的等角线是直线 AP 关于 $\angle CAB$ 的等角线 (因为直线 $A'A$ 是直线 $A'P$, $\angle B'AC'$ 是 $\angle CAB$), 这是

直线 AQ. 此外, 直线 $A'A_1$ 关于 $\angle B'A_1C'$ 的等角线是 A_1P_1 关于 $\angle C_1A_1B_1$ 的等角线 (因为直线 $A'A_1$ 是直线 A_1P_1, $\angle B'A_1C'$ 是 $\angle C_1A_1B_1$). 因此, 我们得到了直线 AQ 和直线 A_1P_1 关于 $\angle C_1A_1B_1$ 的等角线关于 $B'C'$ 是相互对称的. 换句话说, 直线 AQ 在 $B'C'$ 中的对称直线是直线 A_1P_1 关于 $\angle C_1A_1B_1$ 的等角线. 类似地, 我们可以对 BQ 和 CQ 分别关于 $C'A'$ 和 $A'B'$ 的对称直线做出类似的说明; 因此, 我们得到这样的结论: AQ, BQ, CQ 分别在直线 $B'C'$, $C'A'$, $A'B'$ 上是相交的, 因为这些直线是相交线 A_1P_1, B_1P_1, C_1P_1 关于 $\triangle A_1B_1C_1$ 的等角线, 所以它们需要相交于点 P_1 关于 $\triangle A_1B_1C_1$ 的等角共轭点. 这就完成了证明. □

接下来, 我们给出一个令人意外的结论.

定理 7.4.(欧拉垂足三角定理) 设 P 是 $\triangle ABC$ 平面上的一个点. 如果 $\triangle A_1B_1C_1$ 是 P 相对于 $\triangle ABC$ 的垂足三角形, 则

$$\frac{K_{A_1B_1C_1}}{K_{ABC}} = \frac{|R^2 - OP^2|}{4R^2},$$

其中 K_{DEF} 表示任意 $\triangle DEF$ 的面积, 并且 R 为 $\triangle ABC$ 的外接圆半径.

证明 我们需要一个初步的结果, 这将为我们提供大量的数据, 以便我们了解正在发生的事情.

引理 7.1 如图 7.9 所示, 设 X, Y, Z 是直线 AP, BP, CP 与 $\triangle ABC$ 的外接圆的交点. 那么, $\triangle A_1B_1C_1$ 和 $\triangle XYZ$ 是相似的.

事实上, 我们可以写

$$\begin{aligned}\angle B_1A_1C_1 &= \angle PA_1B_1 + \angle PA_1C_1 \\ &= \angle PCB_1 + \angle PBC_1 \\ &= \angle YBA + \angle ZCA \\ &= \angle YXA + \angle ZXA \\ &= \angle YXZ.\end{aligned}$$

同样地, 我们可以证明 $\angle B_1C_1A_1 = \angle YZX$ 和 $\angle A_1B_1C_1 = \angle XYZ$, 因此这一说法是正确的.

第七章 等角共轭和垂足三角形 93

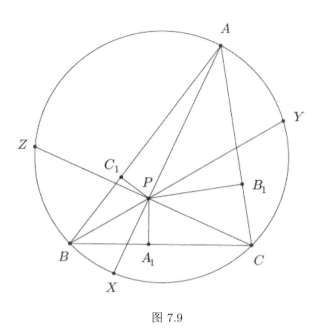

图 7.9

回到问题上, 我们计算 $\dfrac{K_{A_1B_1C_1}}{K_{ABC}}$, 对于任意 $\triangle DEF$ 使用众所周知的公式 $EF \cdot FD \cdot DE = 4R \cdot K_{DEF}$. 因此, 可以写成

$$\frac{K_{A_1B_1C_1}}{K_{ABC}} = \frac{B_1C_1}{BC} \cdot \frac{C_1A_1}{CA} \cdot \frac{A_1B_1}{AB} \cdot \frac{R}{R_{A_1B_1C_1}}.$$

其中 $R_{A_1B_1C_1}$ 是 $\triangle A_1B_1C_1$ 的外接圆半径. 但是, $\triangle A_1B_1C_1$ 和外接圆 XYZ 是相似的, 因此

$$\frac{R}{R_{A_1B_1C_1}} = \frac{YZ}{B_1C_1}.$$

进而, 我们知道

$$\frac{K_{A_1B_1C_1}}{K_{ABC}} = \frac{YZ}{BC} \cdot \frac{C_1A_1}{CA} \cdot \frac{A_1B_1}{AB}.$$

另外, B, C, Y, Z 四点是共圆的, 因此 $\triangle PBC$ 和 $\triangle PZY$ 是相似的, 所以 $\dfrac{PB}{PZ} = \dfrac{PC}{PY} = \dfrac{BC}{YZ}$; 因此记住 $C_1A_1 = PB \sin B$, $A_1B_1 = PC \sin C$ (在

$\triangle BA_1C_1$ 和 $\triangle CA_1B_1$ 中运用正弦定理), 我们可以写

$$\begin{aligned}\frac{K_{A_1B_1C_1}}{K_{ABC}} &= \frac{YZ}{BC} \cdot \frac{C_1A_1}{CA} \cdot \frac{A_1B_1}{AB} \\ &= \frac{PZ}{PB} \cdot \frac{PB\sin B}{CA} \cdot \frac{PC\sin C}{AB} \\ &= \frac{PZ}{PB} \cdot \frac{PB}{2R} \cdot \frac{PC}{2R} \\ &= \frac{PC \cdot PZ}{4R^2} \\ &= \frac{|R^2 - OP^2|}{4R^2},\end{aligned}$$

其中, 最后一个等式成立, 因为 $PC \cdot PZ$ 正是点 P 关于 $\triangle ABC$ 的外接圆的幂. 这就完成了证明. □

请记住, 垂足 $\triangle A_1B_1C_1$ 的边长是由 P 关于 $\triangle ABC$ 给出的一个非常棒的公式 $B_1C_1 = PA\sin A$, $C_1A_1 = PB\sin B$, $A_1B_1 = PC\sin C$ 得出的.

我们将以 2014 年国际数学奥林匹克竞赛中的一部分来结束这个问题.

变形 7.7.(2014 年国际数学奥林匹克竞赛) 在凸四边形 $ABCD$ 中 $\angle ABC = \angle CDA = 90°$. 点 H 是从 A 到 BD 的垂足. S 和 T 分别位于 AB 和 AD 的两侧, 显然, 点 H 位于 $\triangle SCT$ 内并且

$$\angle CHS - \angle CSB = 90°, \quad \angle THC - \angle DTC = 90°.$$

证明: 直线 BD 与 $\triangle TSH$ 的外接圆相切.

证明 如图 7.10 所示, 点 C 分别关于直线 AB 和 AD 对称, 得到点 E 和 F. 然后很容易发现 E, S, H, C 四点和 F, T, H, C 四点是共圆的, 假设它们的外接圆圆心分别为 X 和 Y. 很显然, 表示 $\triangle TSH$ 的外接圆圆心位于直线 AH 上. 设点 S 到 SH 的垂线与 AH 在 K 处相交, 并且使点 T 到 TH 的垂线与 AH 在点 K' 处相交. 可以得到 $K = K'$.

设 I 是 AB 上的点, 使 $HI \parallel KS$, 并且 J 是 AD 上的点, 使 $HJ \parallel K'T$. 然后我们可以得出 $\frac{AS}{AI} = \frac{AK}{AH}$ 和 $\frac{AT}{AJ} = \frac{AK'}{AH}$, 这可以用来证明 $\frac{AS}{AI} = \frac{AT}{AJ}$. 由于 X 和 Y 分别是线段 SI 和 TJ 的中点, 这就可以得到 $ST \parallel XY$, 从而得到 $CH \perp ST$.

这意味着我们要证明 $\angle STH + (180° - \angle THC) = 90°$. 但由于点 F, T, H, C 是共圆的, 我们知道 $180° - \angle THC = \angle TFC = \angle TCD$, 并且由于

$\angle TCD + \angle CTD = 180° - \angle TDC = 90°$, 它确实可以用来证明 $\angle STH = \angle CTD$.

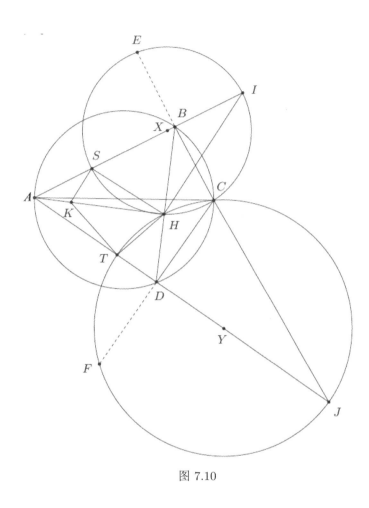

图 7.10

现在, 我们从引言中知道, 直线 AH 和 AC 是关于 $\angle BAC$ 的等角线, 所以只需证明点 C 和点 H 是关于 $\triangle AST$ 的等角共轭点. 设点 H' 是点 C 关于 $\triangle AST$ 的等角共轭点. 那么可以得出

$$\begin{aligned}\angle SCT &= 180° - \angle STC - \angle TSC \\ &= 180° - (180° - \angle H'SA) - (180° - \angle H'TA) \\ &= 180° - \angle A - \angle SH'T.\end{aligned}$$

现在我们看到

$$\begin{aligned}
\angle SCT &= 180° - \angle DCJ - \angle SCB - \angle TCD \\
&= 180° - \angle A - \angle SEC - \angle TFC \\
&= 180° - \angle A - (180° - \angle SHC) - (180° - \angle THC) \\
&= 180° - \angle A - \angle SHT,
\end{aligned}$$

既然 H' 一定在 CH 上, 我们就可以得到 $H = H'$. 这就完成了证明. □

请记住如果 P 和 Q 是关于 $\triangle ABC$ 的等角共轭点, 那么 $\angle BPC + \angle BQC = 180° + \angle A$, 如果 P 和 Q 在 $\triangle ABC$ 内, 那么有 $\angle BPC + \angle BQC = 180° - \angle A$, 否则相反 (这是在证明的最后一步中使用的).

习题

7.1. 设 P, Q 是关于 $\triangle ABC$ 的等角共轭点. 证明: $AP \sin \angle BPC = AQ \sin \angle BQC$.

7.2. 设在 $\triangle ABC$ 中, 圆 Γ 与直线 BC 在 A_1, A_2 处相交, 与直线 CA 在 B_1 和 B_2 处相交, 并且与另一条边在 C_1 和 C_2 处相交. 设 $\Omega_1, \Omega_2, \Omega_3$ 分别是直径为 A_1A_2, B_1B_2 和 C_1C_2 的圆. 证明: 这三个圆的根心是 Γ 的圆心关于 $\triangle ABC$ 的等角共轭点.

7.3.(2014 年全球数学竞赛锦集) 设 P_1, P_2 相对于 $\triangle ABC$ 是等角共轭的. 点 Q_1 在 $\triangle BCP_1$ 的外接圆上, 使得点 P_1 和 Q_1 是相对的, 并且类似地作点 Q_2. 证明: Q_1, Q_2 相对于 $\triangle ABC$ 也是等角共轭点.

7.4. 设 Γ 是内切于 $\triangle ABC$ 以 P 和 Q 为焦点的椭圆. 证明: P, Q 相对于 $\triangle ABC$ 是等角共轭点.

7.5.(2009 年罗马尼亚巴尔干初级数学奥林匹克竞赛国家队选拔赛) 设 $ABCD$ 是一个四边形. 对角线 AC 和 BD 在点 O 处垂直. 四边形过点 O 向四条边作垂线分别与 AB, BC, CD, DA 在点 M, N, P, Q 处相交, 与 CD, DA, AB, BC 在 M', N', P', Q' 处相交. 则点 $M, N, P, Q, M', N', P', Q'$ 是共圆的. (注意: 这只是一个证明, 却是一个令人意外的引理.)

7.6.(数学反思) 设 $ABCD$ 是四边形, 且有 $P = AC \cap BD$, $E = AD \cap BC$ 和 $F = AB \cap CD$. 用等角共轭 $\text{isog}_{XYZ}(P)$ 表示 P 关于 $\triangle XYZ$ 的等角共轭.

证明: 若 $\text{isog}_{ABE}(P) = \text{isog}_{CDE}(P) = \text{isog}_{ADF}(P) = \text{isog}_{BCF}(P)$, 则 AC 和 BD 垂直. (提示: 使用前面的问题)

7.7. 设 $\triangle ABC$ 是一个锐角三角形. 用 A_1, B_1, C_1 表示质心 G 分别在边 BC, CA 和 AB 上的投影. 证明:
$$\frac{2}{9} \leqslant \frac{K_{A_1B_1C_1}}{K_{ABC}} \leqslant \frac{1}{4},$$
其中 $K_{\mathcal{P}}$ 表示凸多边形 $\mathcal{P}$ 的面积.

7.8. 设 P 和 Q 是关于 $\triangle ABC$ 等角共轭的, 且它们关于 $\triangle ABC$ 的垂足三角形分别是 $\triangle P_a P_b P_c$ 和 $\triangle Q_a Q_b Q_c$. 设 $X = P_b P_c \cap Q_b Q_c$. 证明: $AX \perp PQ$.

7.9.(2004 年国际数学奥林匹克竞赛) 在凸四边形 $ABCD$ 中, 对角线 BD 既不平分 $\angle ABC$ 也不平分 $\angle CDA$. 点 P 位于 $ABCD$ 内, 并且满足
$$\angle PBC = \angle DBA \quad 且 \quad \angle PDC = \angle BDA.$$
证明: 当且仅当 $AP = CP$ 时, $ABCD$ 是圆内接四边形.

7.10.(2011 年美国数学奥林匹克竞赛) 设 P 是四边形 $ABCD$ 内的一个定点. 点 Q_1 和 Q_2 位于四边形 $ABCD$ 中, 并且满足
$$\angle Q_1 BC = \angle ABP, \angle Q_1 CB = \angle DCP, \angle Q_2 AD = \angle BAP, \angle Q_2 DA = \angle CDP.$$
证明: 当且仅当 $\overline{Q_1 Q_2} \| \overline{CD}$ 时, $\overline{Q_1 Q_2} \| \overline{AB}$.

第八章　西姆松定理和斯坦纳定理

本章的核心部分由下述非常著名的定理表示.

定理 8.1.(**西姆松定理**) 如图 8.1, 设在 $\triangle ABC$ 中, P 是平面上一点. 如果点 X, Y, Z 分别是点 P 在边 BC, CA 和 AB 上的投影, 则点 X, Y, Z 共线, 当且仅当点 P 在 $\triangle ABC$ 的外接圆上.

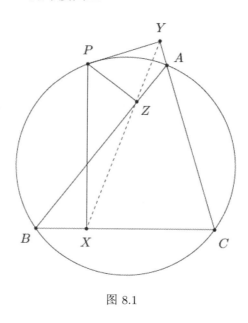

图 8.1

当 P 在外接圆上时, 由投影 X, Y, Z (或退化垂足 $\triangle XYZ$) 确定的直线称为点 P 关于 $\triangle ABC$ 的**西姆松线**. 在这种情况下, 垂足三角形的退化也可以在前面的章节中见到. 我们在**变形 7.1** 中看到, 在无穷远处等角共轭的点恰好位于外接圆上, 并且**定理 7.3** 告诉我们, 当且仅当垂足三角形退化时, 才会发生这种情况. 于是, 我们在下面给出了经典的证明.

证明　首先, 假设 P 在 $\triangle ABC$ 的外接圆上. 为了证明 X, Y, Z 是共线的, 我们需要证明 $\angle XYC = \angle ZYA$. 这是一个简单的证明! 请注意 X, Y, P, C 是

共圆的, 因此 $\angle XYC = \angle XPC = 90° - \angle PCX = 90° - \angle PCB = 90° - \angle PAZ$ (后一个等式适用, 因为 A, B, C, P 是共圆的). 但是 $90° - \angle PAZ = \angle APZ = \angle ZYA$; 故我们得到 $\angle XYC = \angle ZYA$, 满足题意. 因此, 点 X, Y, Z 确实是共线的.

相反, 我们现在知道 $\angle XYC = \angle ZYA$, 所以通过相同的证明, 可以得到 $\angle PAZ = \angle PCB$, 这意味着 A, B, C, P 是共圆的, 即点 P 需要位于 $\triangle ABC$ 的外接圆上. □

上述定理本身就是奥林匹克几何学中一个非常重要的工具. 让我们在几个例子中看它的应用.

变形 8.1. 如图 8.2, 设点 E, F 分别是 $\triangle ABC$ 的内切圆与边 AC 和 AB 的切点. 设 Γ 是通过 $\triangle ABC$ 的顶点 A 和中心点 I 的任意圆并用 X 和 Y 表示这个圆与边 AC 和 AB 的交点, 证明: XY 的中点在直线 EF 上.

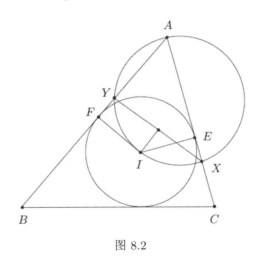

图 8.2

证明 点 E 和 F 分别是 $\triangle ABC$ 的内切圆圆心 I 在边 AC 和 AB 上的投影; 因此, 如果我们试图证明 I 在边 XY 上的投影恰好是 XY 的中点, 那么通过西姆松定理可得出结论 I 就在 $\triangle AXY$ 的外接圆上. 这种情况确实存在; 因为 AI 是在 $\triangle AXY$ 中的 $\angle XAY$ 的内角平分线, 因此 I 是 $\triangle AXY$ 的外接圆上不包含顶点 A 的弧的中点, 所以有 $IX = IY$. 这就完成了证明. □

变形 8.2. 如图 8.3 所示, 假设 $\triangle DEF$ 是 $\triangle ABC$ 的垂心三角形, M 是 BC 的中点. 从点 M 到直线 DE 和 DF 的垂足分别为 Y 和 Z. 证明: YZ 与 AD 平行.

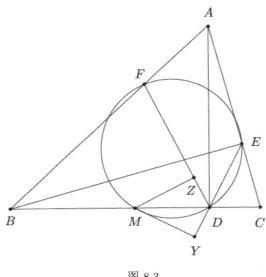

图 8.3

证明 回想一下, M, D, E, F 是共圆的, 因为它们位于 $\triangle ABC$ 的九点圆上. 因此直线 YZ 实际上是 M 相对于 $\triangle DEF$ 的西姆松线. 现在, 我们进行一个简单的证明. 正如我们之前在**变形 3.7** 看到的, 直线 AD 是 $\triangle DEF$ 中 $\angle EDF$ 的内角平分线. 且 $\angle DZY = \angle DMY = 90° - \angle MDY = 90° - \angle EDC = \angle ADE$, 因此 D, Y, M, Z 是共圆的. 因此, 我们得到 $\angle DZY = \angle ADF$, 所以直线 AD 和 YZ 确实是平行的, 这就完成了证明. □

变形 8.3. 设 X, Y, Z 为包含 $\triangle ABC$ 顶点的 $\overset{\frown}{BC}, \overset{\frown}{CA}, \overset{\frown}{AB}$ 的中点. 证明: X, Y, Z 关于 $\triangle ABC$ 的西姆松线是相交于一点的.

证明 如图 8.4, 设 M, N, P 分别为边 BC, CA, AB 的中点. 欲证明 X 相对于 $\triangle ABC$ 的西姆松线 s_X 是 $\triangle MNP$ 中 $\angle PMN$ 的角平分线. 为此, 我们观察 $\angle(s_X, MN)$, 注意到

$$\begin{aligned}\angle(s_X, MN) &= \angle(s_X, AB) = \angle A - \angle(s_X, AC) \\ &= \angle A - \angle MXC = \frac{1}{2}\angle A.\end{aligned}$$

因此, s_X 平分 $\angle NMP$ ($\triangle MNP$ 中 $\angle PNM$ 等于 $\angle A$), 这证明了 X, Y, Z 相对于 $\triangle ABC$ 的西姆松线相交于 $\triangle MNP$ 的内心. 这就完成了证明. □

第八章 西姆松定理和斯坦纳定理

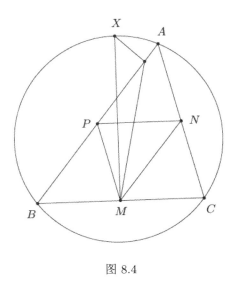

图 8.4

我们继续讨论一个非常重要的结果, 这个结果应该添加到引理中.

定理 8.2. $\triangle ABC$ 的外接圆上点 P 的西姆松线过线段 PH 的中点, 其中 H 表示 $\triangle ABC$ 的垂心.

这是一个很难证明的引理, 然而, 福斯伯格的以下想法是相当漂亮的.

证明 如图 8.5 所示, 其思路是取垂心 H 关于 BC 的对称点 A'. 我们知道它一定在 $\triangle ABC$ 的外接圆上. 此外, 设 PA' 与 BC 相交于点 E, D 是点 A 在 BC 上的投影点, X, Y 分别是 P 在 BC 和 CA 边上的投影点. 由于 $\triangle HEA'$ 是等腰三角形, 我们得到 $\angle HEB = \angle A'EB$. 另外, 由于 Y, X, C, P 是共圆的, $\angle YXB = \angle YPC$, 因此 $\angle YXB = 90° - \angle PCA = 90° - \angle A'AP = \angle A'EB$ (因为 A', C, P, A 是共圆的).

我们得出 $\angle HEB = \angle YXB$, 西姆松线 XY 与 HE 平行. 但是, $\triangle PEX$ 中 $\angle PXE$ 为直角且有中线 XM, 其中 M 是线段 PE 的中点, 因此我们知道 $XM = ME$, 则 XM 也与 HE 平行. 因此, 西姆松线 XY 和 $\triangle PEH$ 中点 P 所在的中位线重合, 因此它将线段 PH 平分, 这就完成了证明. □

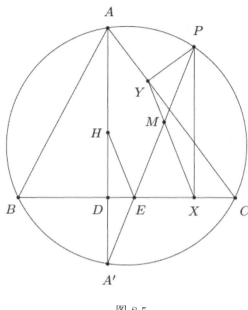

图 8.5

变形 8.4. 设 $ABCD$ 为圆内接四边形,a, b, c, d 分别为点 A, B, C, D 关于 $\triangle BCD, \triangle CDA, \triangle DAB$ 和 $\triangle ABC$ 的西姆松线,证明 a, b, c, d 是相交于一点的.

证明 假设 H_a, H_b, H_c, H_d 分别表示 $\triangle BCD, \triangle CDA, \triangle DAB$ 和 $\triangle ABC$ 的垂心,R 为 $ABCD$ 的外接圆半径. 因为直线 AH_b 和 BH_a 都垂直于 CD,所以它们是平行的. 此外,我们知道 $AH_b = 2R|\cos\angle DAC|$ 和 $BH_a = 2R|\cos\angle DBC|$,由于 $ABCD$ 是共圆的,这意味着 $AH_b = BH_a$. 换句话说,四边形 AH_bH_aB 是一个平行四边形. 因此线段 AH_a 和 BH_b 的中点重合. 同理,我们发现 BH_b 和 CH_c 的中点重合,CH_c 和 DH_d 的中点重合,因此四个中点都重合. 根据**定理 8.2**,直线 a, b, c, d 分别过线段 AH_a, BH_b, CH_c, DH_d 的中点. 由于这些中点重合,可以得到直线 a, b, c, d 相交于一点. □

对于任意凸四边形,这个证明都成立.

变形 8.5. 设 $ABCD$ 为凸四边形,$\mathcal{A}$ 是 A 相对于 $\triangle BCD$ 的垂足三角形的外接圆. 同样定义 $\mathcal{B}, \mathcal{C}$ 和 $\mathcal{D}$. 证明 $\mathcal{A}, \mathcal{B}, \mathcal{C}, \mathcal{D}$ 都通过一个公共点.

显然当 A, B, C, D 共圆时,根据**定理 8.1**,垂足圆 $\mathcal{A}, \mathcal{B}, \mathcal{C}, \mathcal{D}$ 由**变形 8.4** 变成西姆松线 a, b, c, d. 这里稍微涉及一些关于垂足圆的一般性陈述的证明,我们在这里不做讨论. 但是在做完其他的事情之后,应该回来思考一下这个问题.

最后, 我们来谈谈斯坦纳. 他首先证明了**定理 8.2**, 他证明的方式如下:

推论 8.1. 设在 $\triangle ABC$ 中, P 是它的外接圆上的一个点. 则 P 关于 $\triangle ABC$ 三条边的对称点 X, Y, Z 共线, 且它们所确定的直线过 $\triangle ABC$ 的垂心 H.

证明 只考虑以 P 为中心, 比例为 $\frac{1}{2}$ 的位似. 点 X, Y, Z 映射到 P 相对于 $\triangle ABC$ 的垂足三角形的顶点 X', Y', Z', 点 H 映射到 PH 的中点 H'. 根据**定理 8.2**, 由 X', Y', Z', H' 确定的直线实际上是点 P 相对于 $\triangle ABC$ 的西姆松线, 因此 X, Y, Z, H 共线.

由 P 的对称点 X, Y, Z 决定的线通常称为 P **相对于** $\triangle ABC$ **的斯坦纳线**. 让我们看一些例子.

变形 8.6.(山姆·科斯基, 2015 年全球数学竞赛预选题) 设 ω 为 $\triangle ABC$ 的外接圆, P 为 $\triangle ABC$ 内部的点. 假设 P 不是 $\triangle ABC$ 的垂心, D, E, F 分别为 AP, BP, CP 与 ω 的另一个交点, X, Y, Z 分别是 P 关于直线 BC, CA, AB 的对称点. 证明: $\triangle PDX, \triangle PEY, \triangle PFZ$ 的外接圆相交于 ω 上的一点.

证明 如图 8.6 所示, 设 H 为 $\triangle ABC$ 的垂心, $\triangle PDX$ 的外接圆与 ω 相交于点 Q. 可以得到 $\angle HAD = \angle XPD = \angle XQD$, 则如果 AH 与 ω 相交于

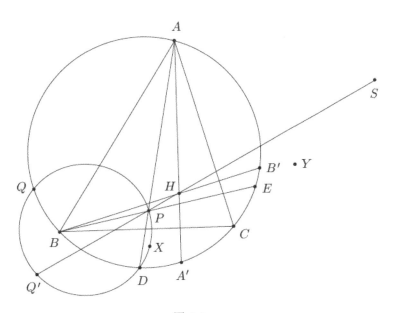

图 8.6

A', 那么 A', Q, X 共线. 设 Q 关于 BC 的对称点为 Q'. 我们知道 Q' 在 HP 上. 这表明 Q 在 $\triangle PEY$ 的外接圆上. 根据**推论 8.1**, 若 S 是 Q 关于 AC 的对称点, 则 S 在 HP 上. 回头思考我们得到的 AC, 若 BH 与 ω 相交于 B', 则 Q 在 YB' 上. 于是我们有 $\angle PYQ = \angle BB'Q = \angle BEQ = \angle PEQ$, 所以 Q 在 $\triangle PYE$ 的外接圆上. 这就完成了证明. □

变形 8.7.(2004 年蒙古国家队选拔赛) 设 O 是锐角 $\triangle ABC$ 的外接圆圆心, M 为锐角 $\triangle ABC$ 的外接圆上的一点. 设点 X, Y 和 Z 分别是 M 在 OA, OB 和 OC 上的投影. 证明 $\triangle XYZ$ 的内心位于 M 关于 $\triangle ABC$ 的西姆松线上.

证明 如图 8.7 所示, 在不失一般性的前提下, 假设 M 位于劣弧 $\overset{\frown}{AC}$ 上, 设 $m(a)$ 表示 $\triangle ABC$ 外接圆 a 弧的顺时针测量度. 因为 X, Y 和 Z 位于直径为 OM 的圆上, 以 M 为中心将 X, Y 和 Z 以比例 2 映射到 $\triangle ABC$ 外接圆上的点 X', Y', Z'. 请注意 OA, OB, OC 分别是线段 MX', MY' 和 MZ' 的垂直平分线. 因此 $m(MA) = m(AX'), m(MB) = m(BY'), m(MC) = m(CZ')$. 现设 P, Q 和 R 分别表示 $\triangle ABC$ 外接圆上不含点 X', Y' 和 Z' 的 $\overset{\frown}{Y'Z'}, \overset{\frown}{X'Z'}$ 和 $\overset{\frown}{X'Y'}$ 的中点. 通过计算给定有向弧长的角得到 PM 垂直于 BC, QM 垂直于 AC, RM 垂直于 AB. 进一步地计算得到 $\triangle ABC$ 和 $\triangle PQR$ 全等且方向相反.

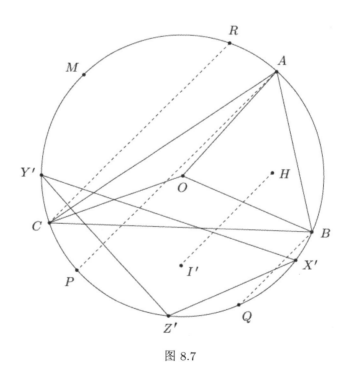

图 8.7

这意味着它们是垂直于 AP, BQ 和 CR 的直线上的反射. 共圆四点的证明意味着 M 相对于 $\triangle ABC$ 的西姆松线与 AP, BQ 和 CR 平行. 但是, **推论 8.1** 告诉我们, 以 M 为中心, 比例为 2 将 M 相对于 $\triangle ABC$ 的西姆松线映射到经过 $\triangle ABC$ 垂心 H 的直线 ℓ. 因此, 如果 I' 表示 $\triangle PQR$ 的垂心, 那么 H 和 I' 是垂直于 AP, BQ 和 CR 的直线中另一点的对称点, 这意味着 HI' 与 AP, BQ 和 CR 平行. 因此, I' 在直线 ℓ 上. 然而, 由于 P, Q 和 R 分别表示不包含点 X', Y' 和 Z' 的 $\overset{\frown}{Y'Z'}$, $\overset{\frown}{X'Z'}$ 和 $\overset{\frown}{X'Y'}$ 的中点, 因此 I' 是 $\triangle X'Y'Z'$ 的垂心. 显而易见的位似, 这就完成了证明. □

我们还有下面的柯林斯后续引理.

定理 8.3.(反斯坦纳点) 从一条穿过 $\triangle ABC$ 垂心 H 的直线 ℓ 开始, 作出其关于边 BC, CA, AB 的对称线 r_a, r_b, r_c, 我们得出 r_a, r_b, r_c 相交于 $\triangle ABC$ 外接圆上的一点.

证明 如图 8.8 所示, 设 $P = r_a \cap r_b$, H_a, H_b 分别为 H 关于直线 BC, CA 的对称点. 很明显, 要证明 P 位于 $\triangle ABC$ 的外接圆上是有困难的, 我们知道 H_a 和 H_b 位于这个圆上, 这表明要证 A, H_a, P, H_b 是共圆的. 现设 $Q = \ell \cap CA$. 很明显 $\angle AH_aP = \angle H_aHQ$ 和 $\angle AH_bP = \angle AHQ$, 那么 $\angle AH_aP + \angle AH_bP = \angle H_aHQ + \angle AHQ = 180°$, 因此 A, H_a, P, H_b 共圆, 即完成了证明. □

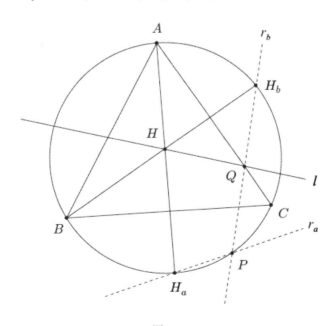

图 8.8

我们称 ℓ 的三条对称线 r_a, r_b, r_c 的交点为 ℓ 相对于 $\triangle ABC$ 的**反斯坦纳点**. 请注意, 这告诉我们, 例如 $\triangle ABC$ 的欧拉线的几条对称线是相交于一点的, 这一点被称为欧拉对称点. 我们可以理解这么规定的原因. 尽管如此, 我们不会对此进行太多讨论; 感兴趣的读者可以在参考书目中找到一些应用. 现在, 让我们看看在这个结构中还能发现什么.

变形 8.8.(杜洛斯–凡利线定理) 如图 8.9 所示, 设 ℓ_1, ℓ_2 是过 $\triangle ABC$ 垂心的 H 的相互垂直的两条直线, 分别与边 BC, CA, AB 相交于 X_1, Y_1, Z_1 和 X_2, Y_2, Z_2, 则线段 X_1X_2, Y_1Y_2, Z_1Z_2 的中点共线.

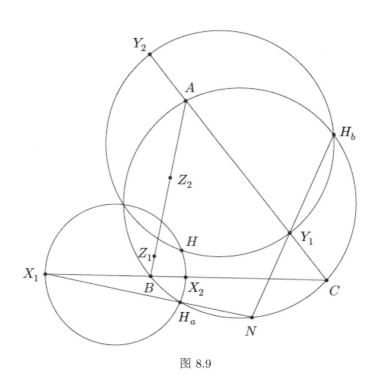

图 8.9

证明 我们从一个通常称为**密克尔支点定理**的理论开始.

引理 8.1. 设 D, E, F 分别是 $\triangle ABC$ 边 BC, CA, AB 上的点. $\triangle AEF$, $\triangle BFD$, $\triangle CDE$ 相交于圆周上的一点.

证明 这是一个简单的证明. 设 $\triangle BFD, \triangle CDE$ 的外接圆相交于点 P. 则 $\angle EPF = 360° - \angle FPD - \angle DPE = 360° - (180° - \angle B) - (180° - \angle C) = 180° - \angle A$, 因此 A, E, P, F 是共圆的. 这就完成了证明.

回到这个问题, 设 H 是 $\triangle ABC$ 的垂心, k, k_a, k_b, k_c 分别是 $\triangle ABC$,

$\triangle HX_1X_2, \triangle HY_1Y_2, \triangle HZ_1Z_2$ 的外接圆. 设 M_a, M_b, M_c 分别是 k_a, k_b, k_c 的圆心, H_a, H_b, H_c 分别是 H 关于 BC, CA, AB 的对称点. 因为 $l_1 \perp l_2$, 所以 X_1X_2 是 k_a 的直径, 这意味着 H_a 在 k_a 上. 同理, H_b 和 H_c 分别在 k_b 和 k_c 上. 此外, 我们知道 H_a, H_b, H_c 都在 k 上. 现在, 根据**定理 8.3** 我们知道, 直线 H_aX, H_bY, H_cZ 相交于 k 上的点 N. 根据 $\triangle NX_1Y_1$ 中关于 H, H_a, H_b 的密克尔支点定理, 我们得到圆 k_a, k_b, k 相交于一点. 同理我们发现 k, k_c, k_a 相交于一点, k, k_a, k_b 相交于一点, k_a, k_b, k_c 相交于除 H 外的另一点. 这意味着这三个圆是同轴的, 所以它们的圆心 M_a, M_b, M_c 是共线的. 而且这些圆心分别是线段 X_1X_2, Y_1Y_2, Z_1Z_2 的中点. 故完成证明. □

我们继续讨论一个相关的定理.

定理 8.4. 设 P 和 Q 是位于 $\triangle ABC$ 外接圆上的两点, 则它们的两条西姆松线之间的 (锐角) 角是 $\angle POQ$ 的一半, 其中 O 是 $\triangle ABC$ 的外接圆圆心.

证明 如图 8.10 所示, 在不失一般性的情况下, 设 P 在不包含顶点 A 的 $\overset{\frown}{BC}$ 上, Q 在不包含顶点 B 的 $\overset{\frown}{CA}$ 上. 设 D, E 分别是 P 在边 BC, CA 的投影点, X, Y 分别是 Q 在 BC 和 CA 的投影点, 注意

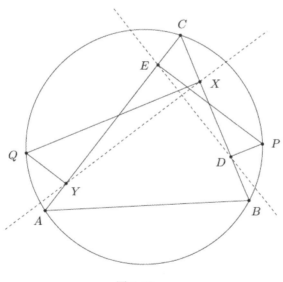

图 8.10

$$
\begin{aligned}
\angle(s_P, s_Q) &= 180° - \angle(s_P, AC) - \angle(AC, s_Q) \\
&= 180° - \angle DEA - \angle XYC \\
&= 180° - \angle DPC - \angle XQC \\
&= 180° - (90° - \angle PCB) - (90° - \angle QCB) \\
&= \angle PCB + \angle QCB \\
&= \angle PCQ \\
&= \frac{1}{2}\angle POQ.
\end{aligned}
$$

定理得证. □

推论 8.2. 设 P 和 P' 是 $\triangle ABC$ 外接圆上的两个对径点. 那么, 这两点各自对应的西姆松线相互垂直且其交点在 $\triangle ABC$ 的九点圆上.

证明 显然, 由**定理 8.4** 可知两条西姆松线相互垂直. 现在, 为探究其交点为什么在 $\triangle ABC$ 的九点圆上, 我们应用**定理 8.2**. 过 $\triangle ABC$ 上点 P 的西姆松线 s_P 必经过切线 HP 的中点 X, 同理过点 P' 的西姆松线 $s_{P'}$ 必经过 HP' 的中点 Y, 且 PP' 是 $\triangle ABC$ 外接圆的一条直径, 因此, XY 是 $\triangle ABC$ 九点圆的一条直径, 因为 XY 是 $\triangle HPP'$ 中关于 H 的中线且 $HN = NO$, 其中 N 为 $\triangle ABC$ 九点圆的圆心. 因此, 由于两条西姆松线 s_P 和 $s_{P'}$ 相交成直角, 所以其交点在以 PP' 为直径的圆上, 且该圆正是九点圆. 推论得证. □

变形 8.9. 设 A_1, A_2, A_3, A_4 和 A_5 是同一圆周上的五个点. 对于所有的 $1 \leqslant i < j \leqslant 5$, 设 $X_{i,j}$ 是在由其他三点所成三角形中 A_i 和 A_j 的西姆松线的交点. 易知所成的这十个点 $X_{i,j}$ 是共圆的.

证明 给出四个共圆的点 A, B, C, D, 将**变形 8.4** 中西姆松线的相交点 X 称为四边形 $ABCD$ 的**反中心点**. 由此定义我们可以证明以下初步结论.

引理 8.2. 在以点 O 为圆心的圆上给出五个点 A_1, A_2, A_3, A_4, A_5, 记 H_1, H_2, H_3, H_4, H_5 分别为四边形 $A_2A_3A_4A_5$, $A_1A_2A_4A_5$, $A_1A_3A_4A_5$, $A_1A_2A_3A_5$, $A_1A_2A_3A_4$ 的反中心点. 那么, 点 H_1, H_2, H_3, H_4, H_5 共圆.

我们利用向量解题. 不失一般性, 假设五边形 $A_1A_2A_3A_4A_5$ 的外接圆为单位圆. 显然 $\triangle A_1A_2A_3$ 的垂心可表示成向量坐标

$$\overrightarrow{OA_1} + \overrightarrow{OA_2} + \overrightarrow{OA_3},$$

所以四边形 $A_1A_2A_3A_4$ 的反中心点可表示成向量坐标

$$\frac{\overrightarrow{OA_1} + \overrightarrow{OA_2} + \overrightarrow{OA_3} + \overrightarrow{OA_4}}{2}.$$

另外四个反中心点也有相似的表达式. 显然, 每个反中心点都位于半径为 $\frac{1}{2}$ 的圆上, 且其圆心为

$$\frac{\overrightarrow{OA_1}+\overrightarrow{OA_2}+\overrightarrow{OA_3}+\overrightarrow{OA_4}+\overrightarrow{OA_5}}{2}.$$

回到问题本身, 设 H_1, H_2, H_3, H_4, H_5 分别是 $\triangle A_iA_jA_k$ ($1\leqslant i<j<k\leqslant 5$) 的反中心点. 由上述引理可知, 点 H_1, H_2, H_3, H_4, H_5 共圆. 另外, 由**变形 8.4** 知, 关于 $\triangle A_2A_4A_5$ 中的点 A_3, A_1 的西姆松线 d, l 分别经过点 H_1, H_3. 因此, 如果 F 是 d 和 l 的交点, 那么由**定理 8.4** 就可证出

$$\angle H_1FH_3=\angle A_1A_4A_3=\angle H_1H_4H_3,$$

所以点 F 在由点 H_1, H_2, H_3, H_4, H_5 确定的圆上. 类似地, 关于西姆松线的其他九个交点都在此圆上. 证明完成. □

下面让我们以西姆松定理的一个重要推广来结束这一章.

如图 8.11 所示, 设在 $\triangle ABC$ 中, ℓ 是一条分别与边 BC, AC, AB 相交于点 D, E, F 的直线. 过点 E 垂直于 CA 的直线与过点 F 垂直于 AB 的直线交于点 A_1, 同样可以定义点 B_1, C_1. 那么 $\triangle A_1B_1C_1$ 叫做 $\triangle ABC$ 关于 ℓ 的**对角三角形**. 下面就让我们来探索一下有关这一定义的一些性质!

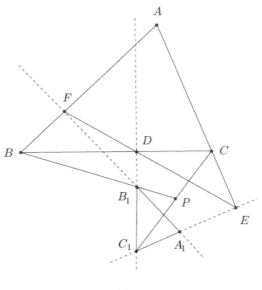

图 8.11

从各个角度对应来看，$\triangle A_1B_1C_1$ 相似于 $\triangle ABC$，显然这两个三角形关于 ℓ 是透视的. 也就意味着根据笛沙格定理，直线 AA_1, BB_1, CC_1 相交于点 P，即为两个三角形的透视中心. 现在我们继续来推广**定理 8.1**.

定理 8.5. P 是 $\triangle ABC$ 外接圆上的一点，也必是 $\triangle A_1B_1C_1$ 外接圆上的点.

证明 由角度的代换和运算，有

$$\begin{aligned}\angle BPC &= \angle PC_1B_1 + \angle PB_1C_1 \\ &= \angle AEF + \angle BB_1D \\ &= \angle AEF + \angle AFE \\ &= 180° - \angle A,\end{aligned}$$

四边形 CDC_1E 和 BFB_1D 是共圆的.

这意味着点 P 在 $\triangle ABC$ 的外接圆上，同理，点 P 也在 $\triangle A_1B_1C_1$ 的外接圆上. 事实上，经过一系列的证明可证得 $\triangle ABC$ 和 $\triangle A_1B_1C_1$ 的外接圆是正交的. 定理得证. □

下面我们将给出一个关于**定理 8.2** 的推广.

定理 8.6.(桑达定理) 设 H, H_1 分别是 $\triangle ABC, \triangle A_1B_1C_1$ 的垂心. 那么直线 ℓ 平分线段 HH_1.

证明 设 X, Y, Z 分别是线段 AA_1, BB_1, CC_1 的中点，O 是 $\triangle ABC$ 的外接圆圆心. 下面的证明本质上是从四边形的密克尔支点定理出发的.

引理 8.3. $\triangle ABC, \triangle AEF, \triangle BFD, \triangle CDE$ 的外接圆交于一点 M. 此外，点 M, O, X, Y, Z 共圆.

第一部分由密克尔支点定理的两个应用来证明，第二部分由在以 X, Y, Z 为圆心的 $\triangle AEF, \triangle BFD$ 和 $\triangle CDE$ 外接圆中进行简单运算来证明. 我们将在本书的后面提供更为详细的证明.

回到问题本身，如图 8.12 所示，假设 H' 是线段 HH_1 的中点. 因为 $\triangle ABC$ 和 $\triangle A_1B_1C_1$ 是相似的，由向量运算知 $\triangle XYZ$ 相似于 $\triangle ABC$，而且 H' 是 $\triangle XYZ$ 的垂心.

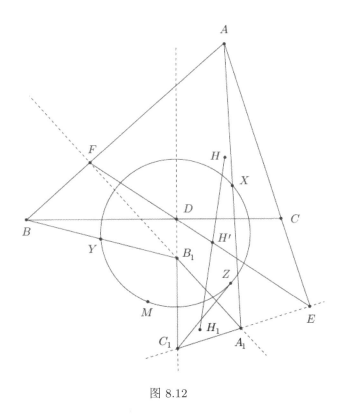

图 8.12

点 D, E, F 分别是点 M 关于直线 YZ, ZX, XY 的对称点,因此 X, Y, Z 分别是 $\triangle AEF$, $\triangle BFD$, $\triangle CDE$ 的外接圆圆心,且 F, E, D 是这些外接圆两两相交的点. 因此, 由以上可知 M 在 $\triangle XYZ$ 的外接圆上, 有 M 相对于 $\triangle XYZ$ 的斯坦纳线 ℓ 过点 H'. 定理得证. □

习题

8.1. 设 $\triangle ABC$ 是等腰三角形且 $AC = BC$, M 为 AB 边的中点. 令以 C 为圆心的圆 Γ 的半径的长小于 CM; 过点 A, B 作圆 Γ 的切线交圆于点 P, Q,且 PQ 与 CM 不相交. 证明: 点 P, Q, M 共线.

8.2.(2010 年美国数学奥林匹克竞赛) 设 $AXYZB$ 为以 AB 为直径的半圆的内接凸五边形. 分别用 P, Q, R, S 表示点 Y 到直线 AX, BX, AZ, BZ 垂线的垂足. 证明: 直线 PQ, RS 所夹的锐角是 $\angle XOZ$ 的一半,其中 O 是线段 AB 的中点.

8.3.(2003 年国际数学奥林匹克竞赛) 设 $ABCD$ 为一个圆内接四边形. P,Q,R 分别是点 D 到直线 BC,CA,AB 垂线的垂足. 证明: $PQ=QR$ 当且仅当 $\angle ABC$ 和 $\angle ADC$ 的平分线与 AC 交于一点.

8.4.(1999 年罗马尼亚国家队选拔赛) 设 $\triangle ABC$ 的垂心为 H, 外接圆圆心为 O, 半径为 R. 设 D,E,F 分别是顶点 A,B,C 关于对边的对称点. 证明: 这三点共线当且仅当 $OH=2R$.

8.5. 设 A,B,C,P,Q 和 R 是六个共圆的点. 证明: 如果在 $\triangle ABC$ 中, P,Q 和 R 所对应的西姆松线交于一点, 那么在 $\triangle PQR$ 中 A,B 和 C 所对应的西姆松线也交于一点, 且是同一交点.

8.6. $\triangle ABC$ 中, 设 D,E,F 分别是三角形内切圆在边 BC,CA,AB 上的切点. 且设内切圆分别交线段 AI,BI,CI 于点 M,N,P. 证明: 内切圆上的任一点关于 $\triangle DEF$ 和 $\triangle MNP$ 的西姆松线相互垂直.

8.7.(2009 年罗马尼亚国家队选拔赛) 证明: 一个三角形的外接圆中恰好包含三个点时, 其西姆松线与该三角形的九点圆相切且为等边三角形的顶点.

8.8. $\triangle ABC$ 中, 设 P,Q 两点在其外接圆上. 证明: 仅当 $PQ \parallel BC$ 时, 其各自关于 $\triangle ABC$ 的西姆松线在过点 A 的高上相交.

8.9.(帕里对称点) 假设 $\triangle ABC$ 的外接圆圆心为 O、垂心为 H. 平行线 α, β, γ 分别通过顶点 A,B,C. 设 α', β', γ' 分别为 α, β, γ 关于边 BC,CA,AB 的对称直线. 那么, 当且仅当 α, β, γ 平行于 $\triangle ABC$ 的欧拉线 OH 时这些对称直线相交. 这样, 它们的交点 P 是点 O 关于欧拉对称点的对称点 (欧拉线的反斯坦纳点).

8.10.(2010 年沙雷金) 设在 $\triangle ABC$ 中, 从点 A,B,C 分别引出两两平行的直线 d_a, d_b, d_c. 设 l_a, l_b, l_c 分别是 d_a, d_b, d_c 关于 BC,CA,AB 的对称直线. 如果直线 l_a, l_b, l_c 能构成的 $\triangle XYZ$, 请求出 $\triangle XYZ$ 的内切圆圆心的轨迹.

第九章　类似中线

现在我们将研究曾在**第七章**中简单提到的类似重心. 我们将会证明很多关于类似中线的精彩性质, 这将帮助我们解决很多数学奥林匹克比赛中的问题, 并建立起与三角形中心等的联系. 在开始这段旅程之前, 要确保已经掌握了**第三章**中的比值引理, 在这部分的证明中我们会反复应用.

我们先从一个众所周知的等角线的结论开始.

定理 9.1.(斯坦纳定理) 设点 D 是 $\triangle ABC$ 中 BC 边上一点, 如果直线 AD 在 $\angle A$ 的内角平分线上的对称直线与直线 BC 交于点 E, 那么

$$\frac{DB}{DC} \cdot \frac{EB}{EC} = \frac{AB^2}{AC^2}.$$

证明　由比值引理, 知

$$\frac{DB}{DC} = \frac{AB}{AC} \cdot \frac{\sin\angle DAB}{\sin\angle DAC}, \frac{EB}{EC} = \frac{AB}{AC} \cdot \frac{\sin\angle EAB}{\sin\angle EAC}.$$

因此, 又根据 $\angle DAB = \angle EAC$ 和 $\angle DAC = \angle EAB$, 经过乘法运算, 得

$$\frac{DB}{DC} \cdot \frac{EB}{EC} = \frac{AB^2}{AC^2}.$$

$\square$

斯坦纳定理的逆命题也成立, 鼓励读者自行证明.

推论 9.1. 在 $\triangle ABC$ 中, X 为 BC 边上一点, 我们有

$$\frac{XB}{XC} = \frac{AB^2}{AC^2},$$

当且仅当 AX 是 $\triangle ABC$ 中点 A 的类似中线 (或叫陪位中线).

这体现了三角形中点 A 的类似中线最为重要的特征, 并且以下所有的引理都会用到.

定理 9.2. 设过 $\triangle ABC$ 的顶点 B 和 C 的 $\triangle ABC$ 外接圆的切线相交于一点 X. 证明: 直线 AX 是 $\triangle ABC$ 中点 A 的类似中线.

这一定理是有关类似重心的最精彩的结论之一, 一定要记住. 我们将给出三种思路不同的证明, 每种强调的技巧都不同.

证法一 如图 9.1 所示, 设 T 是 AX 和 BC 边的交点. 因为 T 为边 BC 上一点, 由**推论 9.1** 可知满足 $\dfrac{TB}{TC} = \dfrac{AB^2}{AC^2}$. 利用比值引理, 代入得

$$\frac{TB}{TC} = \frac{XB}{XC} \cdot \frac{\sin \angle TXB}{\sin \angle TXC},$$

但 $XB = XC$, 因为它们都是从同一点到 $\triangle ABC$ 外接圆的切线, 因此有 $\dfrac{TB}{TC} = \dfrac{\sin \angle TXB}{\sin \angle TXC}$.

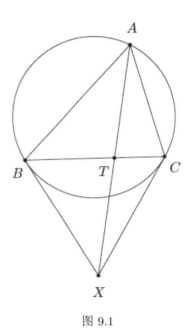

图 9.1

现在, 我们在 $\triangle XAB$ 和 $\triangle XAC$ 中应用两次正弦定理, 可以得到

$$\frac{AB}{\sin \angle TXB} = \frac{AX}{\sin \angle XBA} = \frac{AX}{\sin (\angle B + \angle XBC)}$$

和

$$\frac{AC}{\sin \angle TXC} = \frac{AX}{\sin \angle XCA} = \frac{AX}{\sin (\angle C + \angle XCB)}.$$

但 $\angle XBC = \angle XCB = \angle A$, 因为 XB, XC 都是从同一点 X 到 $\triangle ABC$ 外接圆的切线. 所以有

$$\frac{AB}{\sin \angle TXB} = \frac{AX}{\sin C} \text{ 和 } \frac{AC}{\sin \angle TXC} = \frac{AX}{\sin B}.$$

因此, 通过这两个关系式, 我们可以得出

$$\begin{aligned} \frac{TB}{TC} &= \frac{\sin \angle TXB}{\sin \angle TXC} \\ &= \frac{AB}{AC} \cdot \frac{\sin C}{\sin B} \\ &= \frac{AB^2}{AC^2}, \end{aligned}$$

在 $\triangle ABC$ 中应用正弦定理得到最后的等式. 定理得证. □

证法二 如图 9.2 所示, 因为其中涉及了正弦, 所以这一证法也是计算性质的. 但在看待问题时它却也不失为一种不同的思考方式. 设 X_1 为 AX 与边 BC 的交点. 设 B_1 和 C_1 分别是顶点 B, C 在直线 AX 上的正交投影. 我们有

$$\frac{X_1 B}{X_1 C} = \frac{[ABX_1]}{[AX_1 C]} = \frac{BB_1}{CC_1} = \frac{[ABX]}{[XCA]} = \frac{AB \cdot BX \cdot \sin \angle ABX}{CA \cdot XC \cdot \sin \angle XCA}.$$

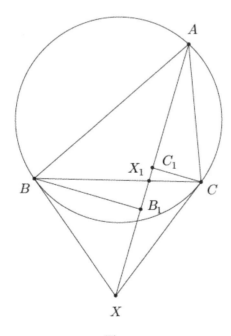

图 9.2

此外, 我们知道
$$\sin \angle ABX = \sin(\angle ABC + \angle CAB) = \sin \angle BCA,$$
并且
$$\sin \angle XCA = \sin(\angle BCA + \angle CAB) = \sin \angle ABC.$$
又因 $BX = XC$, 因此得
$$\frac{X_1B}{X_1C} = \frac{AB}{CA} \cdot \frac{\sin B}{\sin C} = \left(\frac{AB}{CA}\right)^2.$$

故在此情况下我们可以得到上面的结论, 直线 AX 是 $\triangle ABC$ 中点 A 的类似中线. □

证法三 如图 9.3 所示, 是时候提出更简洁的证法了. 因为直线 BX 是 $\triangle ABC$ 外接圆在点 B 处的切线, 则 $\angle(BX, BC) = \angle BAC$, 即 $\angle XBC = \angle BAC$. 设过点 C 且垂直于 CA 的直线交直线 AB 于点 U, 过点 B 且垂直于 AB 的直线交直线 AC 于点 V. 且有 $\angle UBV = 90°$ 和 $\angle UCV = 90°$, 点 B, C 在以 UV 为直径的圆上. 圆心为线段 UV 的中点, 记为 X'. 有 $\angle X'BC = 90° - \angle CUB$. 因为直线 CU 与 CA 垂直,

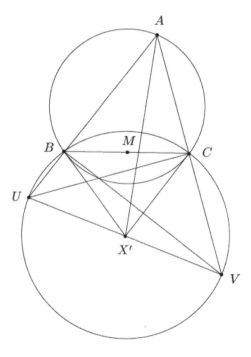

图 9.3

$$\angle X'BC = 90° - \angle CUB = \angle(CU, CA) - \angle(CU, AB)$$
$$= \angle(AB, CA) = \angle BAC = \angle XBC.$$

所以, 点 X' 在直线 BX 上. 同理, 点 X' 在直线 CX 上. 但直线 BX 和 CX 只有一个交点 X, 因此, 点 X' 与点 X 重合. 易知点 X' 为线段 UV 的中点, 我们可以推知点 X 便是线段 UV 的中点. 由于点 B, C 在以 UV 为直径的圆上, 故 $\angle BUV$ 与 $\angle BCV$ 相等, 可记为 $\angle AUV = -\angle ACB$. 同理,$\angle AVU = -\angle ABC$. 所以, $\triangle ABC$ 和 $\triangle AVU$ 反向相似. 如果点 M 是线段 BC 的中点, 则点 M 和 X 在相似的 $\triangle ABC$ 和 $\triangle AVU$ 上是相互对应的 (事实上, 点 M 和 X 分别是 $\triangle ABC$ 和 $\triangle AVU$ 中边 BC 和 VU 的中点). 因为在由对应角相等所得到的反向相似三角形的对应点, 我们可得到这样的结论,$\angle BAM = -\angle VAX$, 可写成 $\angle(AB, AM) = -\angle(CA, AX)$. 如果 ω 为 $\angle CAB$ 的平分线, 那么 $\angle(AB, \omega) = -\angle(CA, \omega)$. 所以

$$\angle(\omega, AM) = \angle(AB, AM) - \angle(AB, \omega) = (-\angle(CA, AX)) - (-\angle(CA, \omega))$$
$$= \angle(CA, \omega) - \angle(CA, AX) = \angle(AX, \omega).$$

因此, 因为直线 AM 是 $\triangle ABC$ 的中线 (因为点 M 是边 BC 的中点), 且 ω 为 $\angle CAB$ 的平分线, 由此可见直线 AX 是 $\angle CAB$ 的平分线在 $\triangle ABC$ 中过点 A 的中线上的对称直线. 换句话说, 直线 AX 是 $\triangle ABC$ 中点 A 的类似中线. □

这真是妙极了!

推论 9.2. 如果 D, E, F 分别表示 $\triangle ABC$ 的内切圆与其边 BC, CA, AB 的切点, 那么 $\triangle DEF$ 的类似重心就是 $\triangle ABC$ 的热尔岗点. 该点也是直线 AD, BE 和 CF 的交点.

我们可以从《数学对称》这本书以下精彩的结论中加强对上述推论的理解:

变形 9.1.($Mathematical Reections$) 设 D, E, F 分别为 $\triangle ABC$ 的内切圆与其边 BC, CA, AB 的切点, 那么 $\triangle ABC$ 为等边三角形当且仅当 $\triangle DEF$ 和 $\triangle ABC$ 的质心相对于 $\triangle DEF$ 是等角的.

证明 显然可知若 $\triangle ABC$ 是等边三角形, 那么 $\triangle ABC$ 和 $\triangle DEF$ 的质心与 $\triangle DEF$ 的中心是重合的, 所以说它们是等角的. 相反地, 根据**推论 9.2**,

AD, BE, CF 是 $\triangle DEF$ 的类似中线，$\triangle DEF$ 的类似重心就是 $\triangle ABC$ 的热尔岗点. $\triangle DEF$ 的类似重心与其质心是等角的，所以我们可以得出结论：$\triangle ABC$ 的质心就是 $\triangle DEF$ 的类似重心，另外，$\triangle ABC$ 的热尔岗点就是其质心. 所以说，$\triangle ABC$ 是等边三角形就得证了. □

当等角性变得与 $\triangle ABC$ 有关时，这个结论是仍然成立的. 我们尚且不知道好的证明方法，所以我们把它当成一种体验留给读者.

我们现在继续看第二个推论的证明：以确定 AX 的长度，建立证明关系.

变形 9.2. 设 $\triangle ABC$ 的外接圆在三角形的两顶点 B, C 处的切线交于点 X，M 为 BC 的中点. 那么，$AM = AX \cdot |\cos A|$.

证明 在**定理 9.2** 的第三个证明中，我们可以知道两个相似 $\triangle ABC$ 和 $\triangle AVU$ 中的点 M, X 是对应点. 相似三角形中的对应点自身形成相似三角形，所以，$\triangle ABM$ 相似于 $\triangle AVX$，于是有 $\dfrac{AM}{AX} = \dfrac{AB}{AV}$. 但是在直角 $\triangle ABV$ 中，我们可得

$$\frac{AB}{AV} = |\cos \angle BAV| = |\cos A|,$$

因此，$\dfrac{AM}{AX} = |\cos A|$. 于是有 $AM = AX \cdot |\cos A|$，这样我们就证明完了. □

现在，我们来看看其他关于类似中线的定理吧！

定理 9.3. $\triangle ABC$ 中，以线段 AB, AC 为界，底边 BC 的逆平行线的中点的轨迹是 A 的类似中线.

证明 如图 9.4 所示，设 YZ 为 BC 的逆平行线，分别交 AB, AC 于点 Y, Z，令 YZ 的中点为 M. 显然可知 AM 就是 A 的类似中线. 令 X 为 AM 与 BC 的交点，下面我们来证明 $\dfrac{XB}{XC} = \dfrac{AB^2}{AC^2}$.

我们引用比值引理，更准确地说，有以下的式子成立

$$\frac{XB}{XC} = \frac{AB}{AC} \cdot \frac{\sin \angle XAB}{\sin \angle XAC} = \frac{AB}{AC} \cdot \frac{\sin \angle MAY}{\sin \angle MAZ}.$$

在 $\triangle AYZ$ 中对 $\angle XAB$ 和 $\angle XAC$ 使用比值引理，得

$$1 = \frac{MY}{MZ} = \frac{AY}{AZ} \cdot \frac{\sin \angle MAY}{\sin \angle MAZ},$$

因此

$$\frac{\sin \angle MAY}{\sin \angle MAZ} = \frac{AZ}{AY} = \frac{AB}{AC},$$

最后一个等式成立是因为 $\triangle ABC$ 相似于 $\triangle AZY$. 所以我们可以得到

$$\frac{XB}{XC} = \frac{AB^2}{AC^2},$$

这样我们就证完了. □

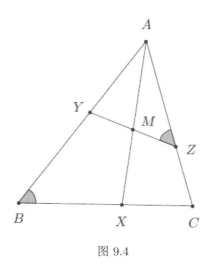

图 9.4

这个事实引申出来的一个完美的结果就是以下由勒穆瓦纳发现的结论, 要知道, 勒穆瓦纳在类似中线方面做出了很大的贡献!

变形 9.3. 设 K 为 $\triangle ABC$ 的类似重心, 过点 K 分别作 BC, CA, AB 的逆平行线 x, y, z, 且它们分别与各边交于 $X_b, X_c, Y_c, Y_a, Z_a, Z_b$, 试证明这六点共圆.

这个圆就是著名的**第一勒穆瓦纳圆**.

证明 如图 9.5 所示, 令直线 x 与 CA, AB 分别交于点 X_b, X_c, 类似地, 令直线 y 与 AB, BC 分别交于点 Y_c, Y_a, 直线 z 与 BC, AC 分别交于点 Z_a, Z_b. 根据**定理 9.3**, 我们可以知道 $KX_b = KX_c, KY_c = KY_a, KZ_a = KZ_b$. 并且, 因为直线 y, z 是逆平行线, 所以就有 $\angle KZ_aY_a = \angle KY_aZ_a = \angle A$, 因此 $\triangle KY_aZ_a$ 是等腰三角形, 于是有 $KY_a = KZ_a$. 所以 $KY_a = KZ_a = KY_c = KZ_b$. 同理可得 $\triangle KX_bZ_b, \triangle KY_cX_c$ 均是等腰三角形, 于是有 $KX_b = KZ_b, KY_c = KX_c$. 所以, 我们可以得到

$$KZ_a = KY_a = KX_b = KZ_b = KY_c = KX_c,$$

因此就知道了这六点在以 K 为圆心的圆上, 这样就得证了. □

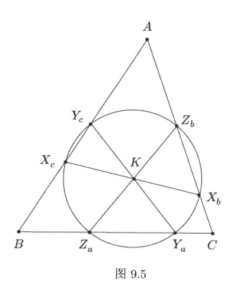

图 9.5

当然, 按照这样的思路, 你可以试想一下第二勒穆瓦纳圆是什么样子的. 的确, 就是这样的!

变形 9.4.(第二勒穆瓦纳圆) 令 K 是 $\triangle ABC$ 的类似重心, 过 K 分别作三条平行于 BC, CA, AB 的直线 x, y, z. 试证明由直线 x, y, z 和三角形的边确定的六个交点共圆.

证明 如图 9.6 所示, 设直线 x 分别与 AC, AB 交于点 X_b, X_c, y 分别与 BC, AB 交于点 Y_a, Y_c, z 分别与 CA, CB 交于点 Z_b, Z_a. 首先, 因为 AY_cKZ_b

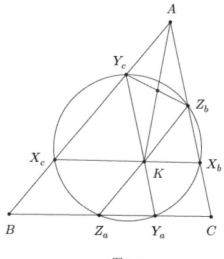

图 9.6

是平行四边形, 所以 AK 平分 Y_cZ_b. 然而, AK 是 $\triangle ABC$ 中 A 的类似中线, 所以 Y_cZ_b 是 BC 的逆平行线. 根据**定理 9.3**, 我们可以知道, $\angle AZ_bY_c = \angle B = \angle Y_cX_cX_b$. 因此, Y_c, X_c, X_b, Z_b 这四点共圆, 把该圆记作 Γ_1. 类似地, Y_c, X_c, Z_a, Y_a 这四点共圆, 把该圆记作 Γ_2, Z_a, Y_a, X_b, Z_b 这四点共圆, 记作 Γ_3. 然而, 这三个圆必须是相同的, 否则它们成对的根轴不相交 (因为它们只是三角形边所在的直线), 那是不可能的. 因此 $\Gamma_1 = \Gamma_2 = \Gamma_3$. 所以这六点共圆, 这样就得证了. □

另外, **变形 9.3** 的证明给出了以下的结论.

变形 9.5. 作 $\triangle ABC$, M 为底边 BC 的中点, X 为 BC 边上的高的中点. 试证 $\triangle ABC$ 的类似重心在直线 MX 上.

证明 在 $\triangle ABC$ 内接矩形中心的轨迹有一条边在 BC 上, 而那正是直线 BC. 原因是什么呢? 首先, 轨迹为一条直线, 原因如下: 作矩形 $X_1X_2Y_1Z_1$ 内接于 $\triangle ABC$ 且点 X_1, X_2 在边 BC 上. 在点 B, C 之间作 BC 的垂线, 使这些垂线与直线 AX_1, AX_2 交于 X_1', X_2' 两点, 那么矩形 $X_1X_2Y_1Z_1$ 就是矩形 $BCX_2'X_1'$ 以 A 为中心位似的图形, 因此由于矩形 $BCX_2'X_1'$ 中心的轨迹是 BC 的垂直平分线 (是一条直线), 因此矩形 $X_1X_2Y_1Z_1$ 中心的轨迹也是一条直线 (垂直平分线位似的图像), 详情请读者自行查阅.

如图 9.7 所示, 很明显 BC 的中点和 A 的高的中点属于这条直线, 因为它

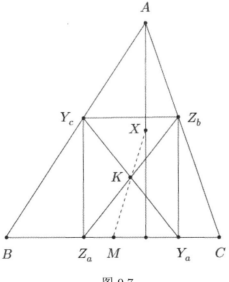

图 9.7

们是在 $\triangle ABC$ 且在边 BC 上的内接退化矩形的中心; 因此这个轨迹也在 MX 上. 那么为什么点 K 在这个轨迹上呢? 因为 K 是在 $\triangle ABC$ 且一条边在 BC 上的内接矩阵的中心. 事实上, 回顾**变形 9.3** 的证明得出 $KZ_b = KY_c = KZ_a = KY_a$, 所以 $Z_a Y_a Z_b Y_c$ 以 K 为中心, $Z_a Y_a$ 为 $\triangle ABC$ 的 BC 边上的内接矩形的边.

这个关于类似重心的结果显然是作者最爱的关于三角形的几何交点的核心之一. 以上说明了这个情况, 不幸的是目前还没有简单的证明, 所以要谨慎对待这个问题.

变形 9.6. 作 $\triangle ABC$, I 为其内切圆圆心, O 为其外接圆圆心. X, Y, Z 分别是 IA, IB, IC 的中点, K_a, K_b, K_c 分别是 $\triangle IBC, \triangle ICA, \triangle IAB$ 的类似重心. 试证直线 XK_a, YK_b, ZK_c 的交点在直线 OI 上.

我们现在给出最后一个要强调的特征. 它和之前的一样重要且有用, 所以一定要记住它!

定理 9.4. 作 $\triangle ABC$, X 为边 BC 上的一点, 显然, 对于 AX 上任意一点 P, 有

$$\frac{\delta(P, AB)}{\delta(P, AC)} = \frac{\delta(X, AB)}{\delta(X, AC)}$$

成立, 当且仅当 AX 是 $\triangle ABC$ 中 A 的类似中线.

换句话说, 从 P 到两侧的距离之比与 AX 上的点 P 无关.

现在, 对于任意一点 P 在 AX 上, 我们有

$$\frac{\delta(P, AB)}{\delta(P, AC)} = \frac{\delta(X, AB)}{\delta(X, AC)} = \frac{AB}{AC}$$

当且仅当 AX 是 $\triangle ABC$ 中 A 的类似中线.

证明 这个定理的证明非常简单. 回忆一下: AX 是 A 的类似中线当且仅当

$$\frac{XB}{XC} = \frac{AB^2}{AC^2}.$$

因此, 由比值引理可知, AX 是 A 的类似中线当且仅当

$$\frac{\sin \angle XAB}{\sin \angle XAC} = \frac{AB}{AC}.$$

然而对于 AX 上任意一点 P, 有

$$\frac{\delta(P, AB)}{\delta(P, AC)} = \frac{\delta(X, AB)}{\delta(X, AC)} = \frac{\sin \angle XAB}{\sin \angle XAC}.$$

因此,我们马上就能得出

$$\frac{\delta(P,AB)}{\delta(P,AC)} = \frac{\delta(X,AB)}{\delta(X,AC)} = \frac{AB}{AC}$$

成立,当且仅当 AX 是 $\triangle ABC$ 中 A 的类似中线. □

这个定理可以被用来说明一个重要的推论: **勒穆瓦纳垂足三角形定理**.

变形 9.7.(**勒穆瓦纳垂足三角形定理**) 设 $\triangle ABC$ 的类似重心 K 是 $\triangle ABC$ 自身的垂足三角形在平面上唯一的质心.

证明 如图 9.8 所示,这个证明过程运用了**定理 9.4**,过 K 作 BC, CA, AB 的投影,投影的点分别为 D, E, F,连接 EF,延长 DK 交 EF 于点 X,那么我们要证明 X 是 EF 的中点,我们可以对其他两条垂线进行同样的做法,这样就可知 K 是 $\triangle DEF$ 的质心. 根据比值引理,我们可以知道:

$$\frac{XE}{XF} = \frac{KE}{KF} \cdot \frac{\sin \angle XKE}{\sin \angle XKF}.$$

然而,K 显然落在 A 的类似中线上,所以根据**定理 9.4**,有

$$\frac{KE}{KF} = \frac{\delta(K,AC)}{\delta(K,AB)} = \frac{AC}{AB}.$$

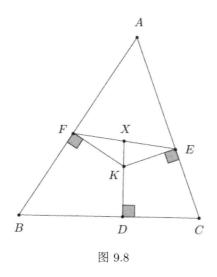

图 9.8

另外,$\angle XKE = \angle C$, $\angle XKF = \angle B$,因为四边形 $KDCE$ 和四边形 $KFBD$ 是相似的,于是有:

$$\frac{XE}{XF} = \frac{AC}{AB} \cdot \frac{\sin C}{\sin B}$$
$$= \frac{AC}{AB} \cdot \frac{AB}{AC}$$
$$= 1.$$

这就证出了 X 是 EF 的中点. 现在, 我们知道 K 是 $\triangle DEF$ 中的一点, 所以有

$$1 = \frac{XE}{XF} = \frac{KE}{KF} \cdot \frac{\sin \angle XKE}{\sin \angle XKF}.$$

因为四边形 $KDCE$ 和四边形 $KFBD$ 为共圆四边形, 所以有 $\angle XKE = \angle C$, $\angle XKF = \angle B$ 成立. 我们立即得到

$$\frac{KE}{KF} = \frac{AB}{AC}.$$

根据定理 9.4, 我们得出 K 在 A 的类似中线上, 同样 K 也在 B 和 C 的类似中线上, 所以 K 就是三角形的类似重心. 这样就得证了. □

现在, 让我们一起探索奥林匹克的问题吧!

变形 9.8.(2000 年波兰北方数学奥林匹克高中竞赛) 设一个 $\triangle ABC$, 其中 $AC = BC$, P 是内部一点, 满足 $\angle PAB = \angle PBC$. 如果 M 是 AB 的中点, 那么有 $\angle APM + \angle BPC = 180°$.

证明 如图 9.9 所示, 令 ω 为 $\triangle PAB$ 的外接圆, 因为 $\angle PAB = \angle PBC$, 所以就有 BC 是 ω 的切线, 又因为 $AC = BC$, 所以 AC 也是 ω 的切线. 延长 CP, 交圆 ω 于点 Q, 再根据定理 9.2 可知, 直线 QP 是 $\triangle PAB$ 中 Q 的类似中线, 所以就有 $\angle APM + \angle BPC = \angle BPQ + \angle BPC = 180°$ □.

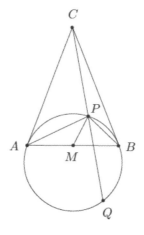

图 9.9

变形 9.9.(2009 年英国数学奥林匹克竞赛) 如图 9.10 所示，在 $\triangle ABC$ 内作平行于底边 BC 的平行线，分别交 AB, AC 于点 M, N，直线 BN 和 CM 交于点 P. $\triangle BMP$ 和 $\triangle CNP$ 的外接圆交于不同两点 P, Q，那么 $\angle BAQ = \angle CAP$.

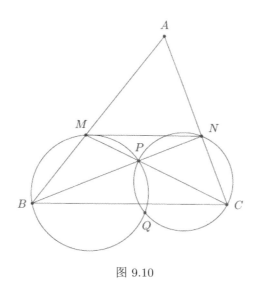

图 9.10

证明 显然 AP 是 $\angle A$ 对应的中线 (想想**变形 3.3**)，所以 AQ 是 $\triangle ABC$ 中 A 的类似中线，又因为四边形 $QBMP$ 和四边形 $QCNP$ 是共圆的，所以有

$$\angle QBM = \angle QPC = \angle QNC,$$

且

$$\angle QMB = \angle QPB = \angle QCN.$$

所以 $\triangle QBM$ 和 $\triangle QNC$ 是相似的. 又 MN 平行于 BC，所以有

$$\frac{\delta(Q, AB)}{\delta(Q, CA)} = \frac{BM}{CN} = \frac{AB}{CA}$$

根据**定理 9.4** 可知，AQ 是 $\triangle ABC$ 中 A 的类似中线. $\square$

变形 9.10.(2012 年亚太地区数学奥林匹克竞赛) 设 $\triangle ABC$ 是一个锐角三角形. 点 D 表示点 A 的垂足，用 M 表示 BC 的中点，用 H 表示 $\triangle ABC$ 的垂心. 设 E 为 $\triangle ABC$ 的外接圆 Γ 与半径 MH 的交点，F 为直线 ED 与圆周 Γ 的交点 (除 E). 证明:

$$\frac{BF}{CF} = \frac{AB}{AC}$$

成立.

证明 如图 9.11 所示, 设点 O 和 ω 分别为 $\triangle ABC$ 外接圆的圆心以及外接圆. 点 A' 为点 H 关于点 M 的对称点, 点 H_a 是点 H 关于点 D 的对称点. 易得 H_a 落在圆 ω 上. 又因为 $OM \parallel AH$, $AH = 2OM$, 所以 OM 是 $\triangle AA'H$ 的中位线. 因此, A' 是 A 在圆 ω 上的对径点. 所以, 点 A, E, H_a, A' 都在圆 ω 上. 则 $HA \cdot HH_a = HE \cdot HA'$, 因此

$$HM \cdot HE = \frac{1}{2} HA' \cdot HE = \frac{1}{2} HH_a \cdot HA = HD \cdot HA.$$

所以得到四边形 $AMDE$ 是共圆的. 因此

$$\angle HAM = \angle DAM = \angle FEA' = \angle FAA' = \angle FAO.$$

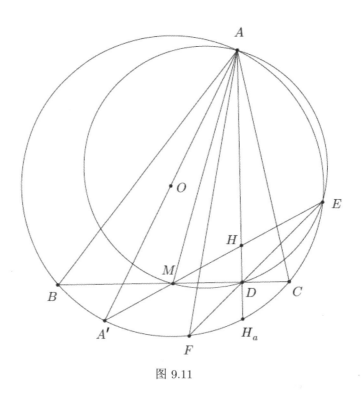

图 9.11

因为 AO 和 AH 分别是 $\triangle ABC$ 内的关于角 A 的等角线, 所以 AM 和 AF 也是等角线. 所以 AF 是 $\triangle ABC$ 中点 A 的类似中线. 过点 B 和点 C 作圆 ω 的切线, 交于点 X. 由**定理 9.2** 可知, 点 A, 点 F 和点 X 在同一直线上. 所以直线 FA 是 $\triangle FBC$ 中点 F 的类似中线. 令 AF 和 BC 交于点 Z, 应用

两次定理 9.1 可得
$$\frac{BF^2}{CF^2} = \frac{BZ}{CZ} = \frac{AB^2}{AC^2}.$$
即得证. □

变形 9.11.(2014 年罗马尼亚国家队选拔赛) 过点 B 和点 C 分别作 $\triangle ABC$ 外接圆的切线交于点 X. 以点 X 为圆心, XB 为半径作圆 ω. 作 $\angle BAC$ 的平分线与圆 ω 交于点 M, 点 M 在 $\triangle ABC$ 内部. 如果点 O 是 $\triangle ABC$ 的外接圆圆心, 那么用点 P 表示直线 OM 和直线 BC 的交点. 过点 M 分别向直线 AB 和 AC 作正交投影交 AB 和 AC 于 E 和 F. 证明: 直线 AP, BE 和 CF 交于一点.

证明 如图 9.12 所示, 延长 AB 与圆 ω 交于点 S, 则 $\angle BSC = 90° - \angle A$, 即 $CS \perp CA$, 因此 $CS \parallel ME$. 所以 $\angle MBF = \angle MCS = \angle CME$, 所以 $\triangle MBF$ 和 $\triangle CBE$ 是相似的, 则有 $\angle MBF = \angle MCS = \angle CME$. 即
$$\frac{MB}{MC} = \frac{MF}{CE} = \frac{BF}{ME}.$$

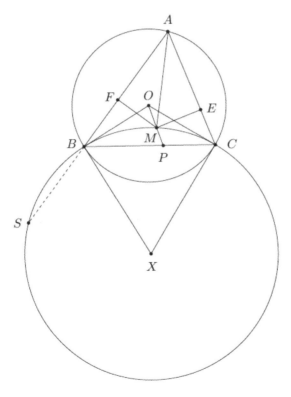

图 9.12

又因为 $ME = MF$, 所以

$$\left(\frac{MB}{MC}\right)^2 = \frac{MF}{CE} \cdot \frac{BF}{ME} = \frac{BF}{CE}.$$

此外, 因为点 X 是 $\triangle MBC$ 的外接圆圆心, $\angle XBO = \angle XCO = 90°$, 由定理 9.2 可知直线 OM 是 $\triangle MBC$ 中点 M 的类似中线, 则有

$$\frac{PB}{PC} = \frac{MB^2}{MC^2}.$$

因此, 因为 $AE = AF$, 所以

$$\frac{PB}{PC} \cdot \frac{EC}{EA} \cdot \frac{FA}{FB} = 1.$$

由塞瓦定理可得, 直线 AP, BE, CF 交于一点. □

习题

9.1. 设 $\triangle ABC$ 是直角三角形 ($\angle A = 90°$), 点 M 和点 N 分别在 AB 和 AC 上, 点 P 和点 Q 均在 BC 上, 且四边形 $MNPQ$ 为矩形. 直线 BN 和 MQ 交于点 E, CM 和 NP 交于点 F. 证明: $\angle EAB = \angle FAC$.

9.2. 在共圆五边形 $ABCDE$ 中, $AC \parallel DE$, $\angle AMB = \angle BMC$, 且点 M 是 BD 的中点. 证明: 直线 BE 平分线段 AC.

9.3. 已知 $\triangle ABC$, 两个圆分别在点 B 和点 C 与 BC 相切, 且均过点 A, 同时相交于点 D. 证明: 点 D 关于 BC 的对称点在 $\triangle ABC$ 中点 A 的类似中线上.

9.4.(2003 年国际数学奥林匹克竞赛预选题) 设在一直线上有不同的三点 A, B, C, 作一个过点 A 和点 C 的圆 Γ, 圆 Γ 的圆心不在直线 AC 上. 过点 A 和点 C 分别作圆 Γ 的切线, 交于点 P. 假设线段 PB 与圆 Γ 交于点 Q. 证明: $\angle AQC$ 的内角平分线与直线 AC 的交点不在圆 Γ 上.

9.5.(2001 年越南国家队选拔赛) 在同一平面内, 两个圆交于 A, B 两点. 作一条两圆的公切线与圆分别切于 P, Q 两点. $\triangle APQ$ 的外接圆圆心为 S, 点 H 为点 B 关于 PQ 的对称点. 证明: 点 A, D, S 三点共线.

9.6. 在 $\triangle ABC$ 中, 分别以边 AB 和边 AC 为边长向三角形外部作正方形 $ABST$ 和正方形 $ACUV$. 点 X 为 $\triangle ATV$ 外接圆的圆心. 证明: AX 是 $\triangle ABC$ 中 A 的类似中线.

9.7.(2008 **年美国数学奥林匹克竞赛**) 设 $\triangle ABC$ 是一个三边不相等的锐角三角形, 点 M, N, P 分别是边 BC, CA, AB 的中点. 设线段 AB, AC 的垂直平分线分别与射线 AM 相交于 D 和 E, 直线 BD 和 CE 交于点 F, 点 F 在三角形内部. 证明: 点 A, N, F, P 四点共圆.

9.8.(2007 **年美国国家队选拔赛**) 设 $\triangle ABC$ 外接圆为 $\mathcal{O}$, $\mathcal{O}$ 在点 B 和点 C 处的切线交于点 T, 过点 A 作垂直于 AT 的直线与边 BC 交于点 S, 点 B_1, C_1 是直线 ST 上的点, 且 $B_1T = BT = C_1T$, 点 C_1 在点 B_1 和点 S 之间. 则 $\triangle ABC$ 和 $\triangle AB_1C_1$ 相似.

9.9. 利用勒穆瓦纳定理给出**变形 9.5** 的第二种证明.

9.10.(2014 **年全球数学竞赛预选题**) 设四边形 $ABCD$ 是圆 ω 的内接四边形, 定义 $E = AA \cap CD, F = AA \cap BC, G = BE \cap \omega, H = BE \cap AD, I = DF \cap \omega, J = DF \cap AB$. 证明: GI, HJ 和 $\triangle ABC$ 中 B 的类似中线交于一点.

第十章 调和分割定理

定义 10.1. 设点 A, B, C, D 在一条直线上,$(A, B; C, D)$ 的**交叉比**满足

$$(A, B; C, D) = \pm\frac{CA}{CB} : \frac{DA}{DB}.$$

其中我们使用的是有向线段.

定义 10.2. 设点 A, B, C, D 在一个圆上,$(A, B; C, D)$ 的**交叉比**满足

$$(A, B; C, D) = \pm\frac{CA}{CB} : \frac{DA}{DB}.$$

若 AB 和 CD 不相交,则取 "+",否则取 "−".

定义 10.3. 设点 A, B, C, D 是直线上依次分布的点. 如果 $(A, C; B, D) = -1$,那么 $(A, C; B, D)$ 被称作**调和点列**或**调和束** (也可简单称作**调和的**).

定义 10.4. 设点 A, B, C, D 是圆上依次分布的点. 如果 $(A, C; B, D) = -1$,那么四边形 $ABCD$ 叫做调和四边形. 换句话说, 一个共圆四边形 $ABCD$ 是调和四边形, 当且仅当 $AB \cdot CD = DA \cdot BC$.

推论 10.1. 如果 $(A, C; B, D)$ 和 $(A, C; B, D')$ 都是调和的, 那么 $D = D'$, 且 A, B, C, D, D' 五点共圆.

看看这些关于调和分割的内容！我们在上文中已经给出了四个基本的引理, 可以用来解决大部分有趣的问题. 但是在解决问题之前, 我们先从两个简单的调和分割的内容入手, 有关中点的内容留给读者自行思考.

变形 10.1. 证明: $(A, C; B, D)$ 是调和的当且仅当

$$MB \cdot MD = MA^2,$$

点 M 是线段 AC 的中点.(提示: A, B, C, D, M 是数轴上的点, 将实数 a, b, c, d 与 A, B, C, D 联系起来, 这些实数又与 M 有什么关系呢？)

变形 10.2. 点 M 是线段 AB 的中点, 证明:$(A,B;M,P)$ 是调和的, 当且仅当点 P 是直线 AB 上的无穷远点.

现在, 我们讨论四个主要的引理. 下面就将叙述调和分割最简单的形成过程.

定理 10.1. 如图 10.1, 在 $\triangle ABC$ 中, 点 X, Y, Z 分别是边 BC, CA 和 AB 上的点. 如果点 X' 是直线 ZY 与直线 BC 的交点 (点 C 在点 B 与点 X' 之间), 那么 $(B,C;X,X')$ 是一个调和点列, 当且仅当塞瓦线 AX, BY, CZ 交于一点.

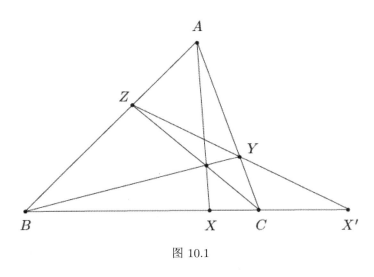

图 10.1

证明 因为点 Y, Z, X' 三点共线, 由梅涅劳斯定理可得,

$$\frac{X'B}{X'C} \cdot \frac{YC}{YA} \cdot \frac{ZA}{ZB} = -1.$$

又由塞瓦定理得, 直线 AX, BY, CZ 交于一点, 当且仅当

$$\frac{XB}{XC} \cdot \frac{YC}{YA} \cdot \frac{ZA}{ZB} = 1.$$

综上可得, 当且仅当 $\dfrac{XB}{XC} = \dfrac{X'B}{X'C}$ 或 $(B,C;X,X') = -1$ 时, $(B,C;X,X')$ 是调和的. □

下面的结论将用一种简单的方法证明调和四边形的产生过程.

定理 10.2. 如图 10.2, 设 A, B, C 是圆 ω 上的三点, 设点 A 和点 C 处的切线交于点 P. 直线 PB 与圆 ω 相交于点 D, 那么四边形 $ABCD$ 是调和四边形.

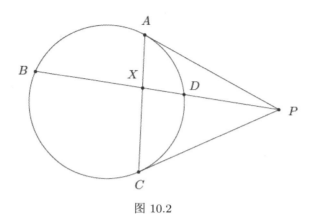

图 10.2

证明 设点 X 是 AC 和 BD 的交点. 由题可知, BD 是 $\triangle ABC$ 中 B 的类似中线, 也是 $\triangle ADC$ 中 D 的类似中线, 所以

$$\frac{BA^2}{BC^2} = \frac{AX}{CX} = \frac{DA^2}{DC^2}.$$

也就是说, $(A,C;B,D) = -1$. □

定理 10.2 的逆命题仍然成立. 那么现在就得出了判定调和四边形的准则: 一个共圆四边形, 即四边形 $ABCD$ 是调和四边形, 当且仅当 AC 是 $\triangle BAD$ 和 $\triangle BCD$ 的类似中线, 且 BD 是 $\triangle ABC$ 和 $\triangle ADC$ 的类似中线.

下一个结论将"投射"的概念引入投影几何中.

定理 10.3. 如图 10.3 所示, 点 A, B, C, D 是直线 d 上依次排列的点, 点 P 是直线外一点. 作异于直线 d 的直线 d', 分别作直线 PA, PB, PC 和 PD 与直线 d' 交于 A', B', C', D', 那么 $(A,C;B,D) = (A',C';B',D')$.

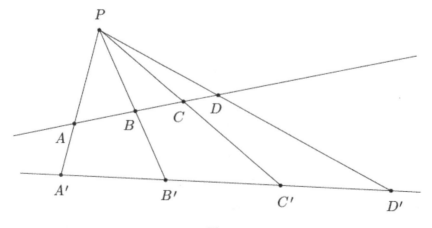

图 10.3

证明 怎样做我们才能评价这些比值呢？运用比值引理！令 $x = \angle APB, y = \angle BPC, z = \angle CPD$, 则有

$$\frac{BA}{BC} = \frac{PA}{PC} \cdot \frac{\sin x}{\sin y}; \frac{DA}{DC} = \frac{PA}{PC} \cdot \frac{\sin(x+y+z)}{\sin z}.$$

因此,

$$(A, C; B, D) = -\frac{\sin x \cdot \sin z}{\sin y \cdot \sin(x+y+z)}.$$

同理, 对 $(A', C'; B', D')$ 也成立. □

这个结构也可表示为 $P(A, C; B, D)$ 也被称为 P 的调和点列. 对点 P 运用投射的方法, 将 $(A, C; B, D)$ 投射到 $(A', C'; B', D')$. 这个也可以写成 $(A, C; B, D) \stackrel{P}{=} (A', C'; B', D')$, 定理 10.3 可以重述如下: 投影保留交叉比. 不足为奇的是, 我们可以作的不只是从线到线的投影, 我们还可以作从线到圆的投影. 反之亦然, 只要我们要投影的点位于圆上. 我们把证明留给读者作为练习.

变形 10.3. 点 A, B, C, D 是圆 ω 上依次排布的点, 点 P 也是圆上一点, 直线 PA, PB, PC, PD 与直线 d 交于点 A', B', C', D'. 证明: $(A, C; B, D) = (A', C'; B', D')$.

第四个引理, 也是最后一个引理, 给了我们一个很好的方法来处理垂线和角平分线的问题.

定理 10.4. 设 A, B, C, D 是直线 d 上依次的四个点. 如果点 X 是一个不在直线上的点, 那么下面三个命题中的两个成立, 第三个命题也成立:

(a) $(A, C; B, D)$ 是调和的.

(b) XB 是 $\angle AXC$ 的内角平分线.

(c) $XB \perp XD$.

证明 首先注意, 如果 (a) 和 (b) 成立, 那么 (c) 显然也是成立的, 因为我们已知直线 XB 和 XD 是 $\angle AXC$ 的内角平分线和外角平分线, 并且我们知道它们是相互垂直的. 同样, 如果 (b) 和 (c) 成立, 那么根据角平分线定理, 我们可以得到 $(A, C; B, D)$ 是调和的, 所以 (a) 成立. "棘手" 的部分是从 (a) 和 (c) 推导出 (b), 在一些例子中我们会看到, 这是众多条件中很有趣的一点, 如果还没有直接解决这个问题, 那么它会帮助你得知正确的解决方法. 我们先来证明

一下: 设 $x = \angle AXB, y = \angle BXC, z = \angle CXD$. 从 (c) 我们知道 $y + z = 90°$. 看看定理 10.3 的证明, 我们知道

$$(A, C; B, D) = -\frac{\sin x \cdot \sin z}{\sin y \cdot \sin(x + y + z)} = -\frac{\sin x \cdot \cos y}{\sin y \cdot \cos x} = -\frac{\tan x}{\tan y},$$

又由于正切函数的单调递增区间是 $(0, 90°)$, 我们知道若 $(A, C; B, D) = -1$ 只有当 $x = y$ 时才成立. □

现在, 让我们来看一些应用.

变形 10.4.(1995 年国际数学奥林匹克数学竞赛预选题) 如图 10.4 所示, 在 $\triangle ABC$ 中, 设点 D, E, F 分别为三条边 BC, CA 和 AB 与 $\triangle ABC$ 的内切圆的切点. 设点 X 在 $\triangle ABC$ 的内部使得 $\triangle XBC$ 的内切圆分别在点 Z, Y 和 D 处与直线 XB, XC, BC 相切. 证明: 四边形 $EFZY$ 是共圆的.

证明 设点 T 是直线 BC 与 EF 的交点. 由于 $\triangle ABC$ 的 AD, BE, CF 三线交点位于热尔岗点, 我们根据**定理 10.1** 可以推断出点列 $(B, C; D, T)$ 是调和的.

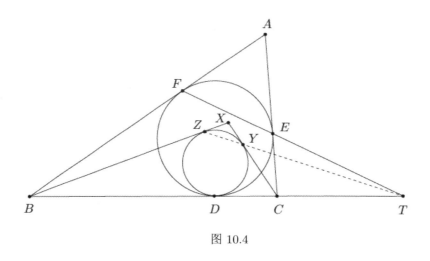

图 10.4

同理, 直线 XD, BY 和 CZ 在 $\triangle XBC$ 内交于热尔岗点, 因此 $(B, C; D, T')$ 也是调和的. 因此, 由**推论 10.1**, 我们得到 $T = T'$, 因此 T 在直线 ZY 上.

现在由点 T 关于 $\triangle ABC$ 和 $\triangle XBC$ 的内切圆的幂我们得到 $TD^2 = TE \cdot TF, TD^2 = TZ \cdot TY$, 所以 $TE \cdot TF = TZ \cdot TY$, 这也就意味着四边形 $EFZY$ 是共圆的.

变形 10.5.(2002 年中国国家队选拔赛) 设 $ABCD$ 是一个凸四边形且 $E = BA \cap CD, F = DA \cap CB, P = AC \cap BD$. O 是从 P 到直线 EF 的垂线的垂足. 证明: $\angle BOC = \angle AOD$.

证明 如图 10.5 所示, 设 $R = FP \cap CD$ 且 $S = CA \cap EF$. 因为直线 FR, CA, DB 交于点 P, 由**定理 10.1** 我们知道 $(C, D; R, E)$ 是调和的. 除此之外, 还要注意 $(C, A; P, S) \stackrel{F}{=} (C, D; R, E)$, 所以 $(C, A; P, S)$ 也是调和的. 因为 $OS \perp OP$, 由**定理 10.4** 我们得到直线 OP 平分 $\angle AOC$. 同样我们可以证明 OP 平分 $\angle BOD$, 这两个等分线的组合显然暗示了期望的结果.

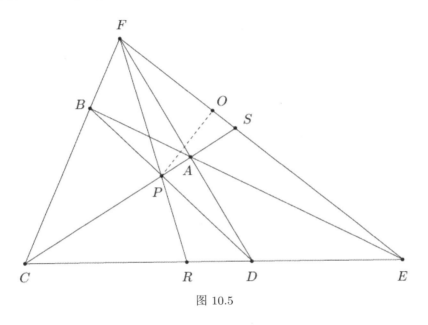

图 10.5

请读者自己推导下面的结果.

变形 10.6.(2008 年罗马尼亚国家队选拔赛) 设四边形 $ABCD$ 是一个凸四边形, 设 $O \in AC \cap BD, P \in AB \cap CD, Q \in BC \cap DA$. 如果 R 是 O 在直线 PQ 上的正交投影, 证明: R 在四边形 $ABCD$ 边的正交投影是共圆的.(提示: 运用**变形 10.5** 中的结论.)

让我们来解决一些更复杂的问题吧!

变形 10.7. 设 $\triangle ABC$ 是一个直角三角形, $\angle A = 90°$, 设 D 是边 AC 上的一点. 用 E 表示 A 在 BD 上的射影点, 用 F 表示直线 CE 与过 D 垂直于 BC 的直线的交点. 证明: AF, DE 和 BC 交于一点.

证明 如图 10.6 所示, 设 $X = BC \cap AE, Y = DF \cap AE, Z = BD \cap AE$.

根据**定理 10.1**, 当且仅当 $(A, E; X, Y)$ 调和时, 直线 AF, DE, CX 交于一点. 但由于 Z 是 AE 的中点, 由**定理 10.1** 可以看出 $ZX \cdot ZY = ZA^2$. 现在, 注意 $XY \perp BD$ 并且 $BX \perp DY$, 所以点 X 是 $\triangle BDY$ 的垂心. 这意味着 $ZX \cdot ZY = ZD \cdot ZB$, 但是因为 $\triangle ABD$ 中 $\angle A$ 是直角, 又因为 Z 是垂线 AZ 的垂足, 我们得到 $ZD \cdot ZB = ZA^2$. 这样就证明完了. □

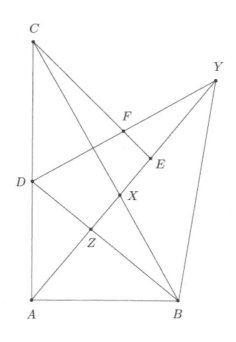

图 10.6

变形 10.8. 设 $\triangle ABC$ 的内切圆是 ω, 点 D, E, F 分别是 ω 与边 BC, CA, AB 相切的点. 设 M 是直线 AD 与 ω 的第二个交点, 点 N 是 DF 与 $\triangle CDM$ 外接圆的第二个交点, G 是直线 CN 与 AB 的交点. 证明: $CD = 3FG$.

证明 如图 10.7 所示, 设 $X = EF \cap CG$, $T = FE \cap BC$. 由**定理 10.1**, 由于直线 AD, BE, CF 在 $\triangle ABC$ 内交于一点, 我们得到 $(B, C; D, T)$ 是调和的. 但是因为 $(G, C; N, X) \stackrel{F}{=} (B, C; D, T)$, 所以我们得到了 $(G, C; N, X)$ 也是调和的.

另外, 由梅涅劳斯定理对 $\triangle BCG$ 中共线的三点 D, N, F 的应用, 我们知道, 要证明 $CD = 3GF$, 证明出 $CN = 3NG$ 就足够了. 然而, $(G, C; N, X)$ 是调和的, 所以 $\dfrac{NC}{NG} = \dfrac{XC}{XG}$, 因此足以证明 N 是直线 CX 的中点.

第十章 调和分割定理

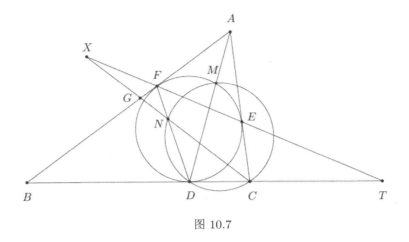

图 10.7

现在, 观察 $\angle MEX = \angle MDF = \angle MCX$, 因此四边形 $MECX$ 是共圆的, 这也意味着 $\angle MXC = \angle MEA = \angle ADE$, $\angle MCX = \angle ADF$. 此外, $\angle CMN = \angle FDB$, $\angle XMN = \angle XMC - \angle CMN = \angle CEF - \angle FDB = \angle EDC$.

对这些等式运用比值引理

$$\frac{NX}{NC} = \frac{MX}{MC} \cdot \frac{\sin \angle XMN}{\sin \angle CMN} = \frac{\sin \angle MCX}{\sin \angle MXC} \cdot \frac{\sin \angle XMN}{\sin \angle CMN},$$

我们得到

$$NC = NX \text{ 当且仅当 } \frac{\sin \angle FDA}{\sin \angle EDA} = \frac{\sin \angle BDF}{\sin \angle CDE}.$$

然而, DA 是 $\triangle DEF$ 中 D 的类似中线, 所以

$$\frac{\sin \angle FDA}{\sin \angle EDA} = \frac{FD}{ED} = \frac{\sin \angle DEF}{\sin \angle DFE} = \frac{\sin \angle BDF}{\sin \angle CDE}.$$

因此, N 是线段 CX 的中点, 证明完毕. □

变形 10.9.(2015 年全球数学竞赛预选题) 设 CA, CB 是从点 C 起对圆 ω 的切线. 设 X 是 A 关于 B 的对称点, 设 $\triangle CBX$ 的外接圆 ω' 交 ω 于点 D. 如果 CD 与 ω 交于点 E, 证明: EX 是 ω' 的切线.

证明 如图 10.8 所示, 首先注意 $\angle ECX = \angle DBA = \angle CEA$, 这意味着 $EA \parallel CX$. 现在设 F 是直线 AD 与 ω' 的第二个交点. 我们已知 $\angle AFC = \angle DBC = \angle XAF$, 所以 $FC \parallel AX$. 因此, 由**定理 10.2** 我们得到束 $F(X, A; B, C)$ 是调和的, 投影到 ω' 这意味着四边形 $CDBX$ 是调和的. 设 $G = AB \cap ED$. 从**定理 10.2** 我们知道四边形 $ADBE$ 是调和的, 又因为

$(C, G; D, E) \stackrel{A}{=} (A, B; D, E)$, 我们得到 $(C, G; D, E)$ 是调和的. 现在, 我们再设直线 EX 与 ω' 交于 X'. 我们已知 $(C, B; D, X') \stackrel{X}{=} (C, G; D, E) = -1$, 所以四边形 $CDBX'$ 是调和的. 但是我们之前证明了四边形 $CDBX$ 是调和的, 所以必须有条件 $X = X'$ 才能得出 EX 是 ω' 的切线. □

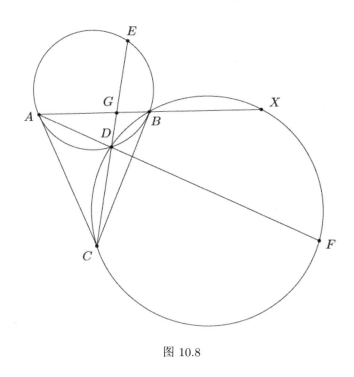

图 10.8

我们从一个著名的引理开始, 这个引理非常难以证明 (除非你知道交叉比率或 Haruki 引理).

定理 10.5.(蝴蝶定理) 如图 10.9 所示, 设 AB, CD, XY 是圆 ω 的三条弦, 交于一点 M. 为不失一般性, 假设点 A 和 C 在直线 XY 的同侧, 设 $R = AD \cap XY$, $S = BC \cap XY$. 如果 M 是 XY 的中点, 那么也是 RS 的中点.

证明 注意 $(X, Y; M, R) \stackrel{A}{=} (X, Y; B, D) \stackrel{C}{=} (X, Y; S, M)$, 因为 $MX = MY$, 得到

$$\frac{RX}{RY} = \frac{SY}{SX},$$

可以得到 M 是 RS 的中点. □

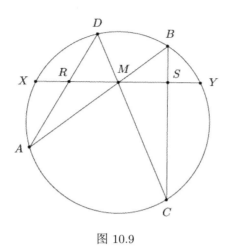

图 10.9

变形 10.10. 设 M 是给定 $\triangle ABC$ 的边 BC 上的中点. 用 D, E 表示直线 AB, AC 与圆 ω 的交点且圆的直径是 AM, 圆 ω 在点 D, E 的切线交于点 P. 证明: $PB = PC$.

证明 如图 10.10 所示, 设过点 M 作 BC 的垂线交圆 ω 于 X. 又因为 $\angle AXM = 90°$, 可知 $AX \parallel BC$. 现在, 设 A_∞ 是直线 BC 上无穷远处的点. 由**定理 10.2** 得到 $(B, C; M, A_\infty)$ 是调和的, 因此 $(D, E; M, X) \stackrel{A}{=} (B, C; M, A_\infty)$,

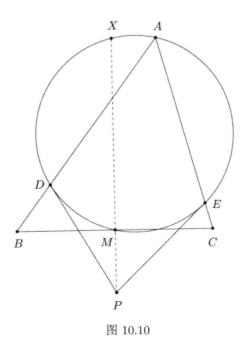

图 10.10

故四边形 $DXEM$ 是调和的. 因此根据**定理 10.2**, 点 P 在直线 XM 上, XM 又是直线 BC 的垂直平分线. 因此 $PB = PC$. □

变形 10.11.(2002 年国际数学奥林匹克竞赛预选题) 锐角 $\triangle ABC$ 的内切圆 Ω 与边 BC 交于点 K. 设 AD 为 $\triangle ABC$ 的高, 设 M 是直线 AD 的中点. 如果 N 是圆 Ω 与 KM 的公共点 (不同于 K), 那么证明直线 NK 平分 $\angle BNC$.

证明 如图 10.11 所示, 设 J 是直线 AK 与圆 Ω 的第二个交点, 设 K' 是 K 关于圆 Ω 的对径点. 设 R 和 S 分别是圆 Ω 关于直线 AB 和 AC 的切点, 设 $X = RS \cap BC$. 设 A_∞ 是直线 AD 上的无穷点. 由**定理 10.2** 得到 $(A, D; M, A_\infty)$ 是调和的, 因此 $(J, K; N, K') \stackrel{K}{=} (A, D; M, A_\infty)$ 得到四边形 $KK'JN$ 是调和的. 又由于过 R 和 S 与圆 Ω 的切线相交于点 A 且 A, J, K 三点共线, 这意味着四边形 $KRJS$ 也是调和的. 因为 BC 是圆 Ω 在点 K 的切线, 这意味着过 X 的直线与圆 Ω 相切于点 J.

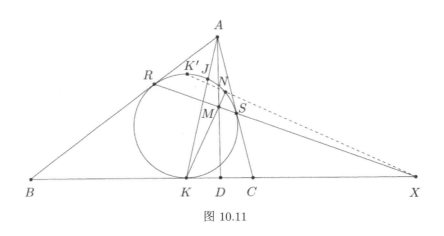

图 10.11

因此 X, N, K' 三点共线, 所以 $\angle XNK = 180° - \angle K'NK = 90°$. 因为直线 AK, BS, CR 交于 $\triangle ABC$ 的热尔岗点, 由**定理 10.1**, 我们可以得到 $(B, C; K, X)$ 是调和的. 由**定理 10.4** 的一个应用就会得到所期望的结果. □

我们来通过 G8 来完成这一部分!

变形 10.12.(2004 年国际数学奥林匹克竞赛预选题 G8) 给定一个共圆四边形 $ABCD$, 设 M 是 CD 的中点, 令 N 是 $\triangle ABM$ 外接圆上的一个点. 假设 N 与 M 不同且满足 $\dfrac{AN}{BN} = \dfrac{AM}{BM}$. 证明: E, F, N 三点共线, $E = AC \cap BD$, $F = CB \cap DA$.

证明 如图 10.12 所示, 设直线 CM 与 $\triangle ABM$ 的外接圆相交于点 P, 令

$G = AB \cap DC$. 我们知道

$$MP \cdot MG = MG^2 - GP \cdot GM = MG^2 - GA \cdot GB = MG^2 - GC \cdot GD = MC^2,$$

所以由**定理 10.1** 我们知道 $(C, D; P, G)$ 是调和的.

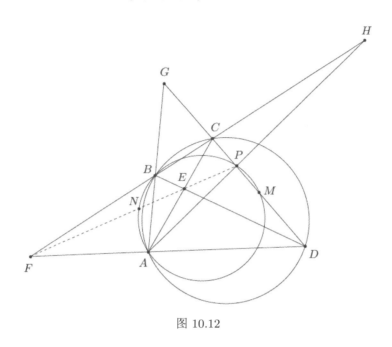

图 10.12

根据**定理 10.1**, 我们必须得到 FP, CA, DB 三线交于一点, 才能得到点 P 在直线 EF 上. 现在我们令 $H = AP \cap BC$. 因为直线 FP, CA, DB 相交于点 E. 由**定理 10.1** 又得到 $(C, F; B, H)$ 是调和的. 现在令直线 FP 与 $\triangle ABM$ 的外接圆相交于点 N'. 我们已知 $(M, N'; B, A) \stackrel{P}{=} (C, F; B, H) = -1$, 所以四边形 $AMBN'$ 是调和的. 但根据定义, 四边形 $AMBN$ 也是调和的, 所以我们必须有 $N = N'$. 这样证明就完成了. □

习题

10.1. 设 ABC 是一个以 H 为垂心的三角形, 点 D, E, F 分别是位于 BC, CA 和 AB 三边上的垂足. 设 T 是直线 EF 和 BC 的交点. 证明: 直线 TH 垂直于 $\triangle ABC$ 的中线.

10.2. 在 $\triangle ABC$ 中, 设 M 是边 AB 的中点; X 是 BC 与 $\triangle AMC$ 外接圆 ω 的第二个交点, 过 X 向 AC 作垂线交于 C. 此外, 令 XM 与 ω 交于点 Z 和 AC 交于点 Y (这样 A 就在 C 和 Y 之间了). 证明: 直线 AX, BY, CZ 交于一点.

10.3.(2012 年国际数学奥林匹克竞赛) 给定 $\triangle ABC$, 点 J 是顶点 A 所对的旁切圆的圆心. 这个旁切圆在点 M 处与边 BC 相切, 在点 K 处与直线 AB 相切, 在点 L 处与直线 AC 相切, 直线 LM 和 BJ 在点 F 处相交, 直线 KM 和 CJ 在点 G 处相交. 设 S 为直线 AF 和 BC 的交点, T 为直线 AG 和 BC 的交点. 证明: M 是 ST 的中点.

10.4.(2003 年国际数学奥林匹克竞赛) 设 $ABCD$ 是共圆四边形. 设 P, Q, R 分别是 D 到直线 BC, CA, AB 的垂足, 证明: 当且仅当四边形 $ABCD$ 调和时, $PQ = QR$.

10.5.(2013 年沙雷金) 设 D 是 $\triangle ABC$ 中 B 的内角平分线与边的交点. 设点 I_a, I_c 分别为 $\triangle ABD, \triangle CBD$ 的内心. 直线 $I_a I_c$ 与 AC 交于点 Q. 证明: $\angle DBQ = 90°$.

10.6.(2011 年美国国家队选拔赛) 在一个不等边 $\triangle ABC$ 中, 点 D, E, F 在边 BC, CA, AB 上, 此外, $AD \perp BC, BE \perp CA, CF \perp AB$. 高 AD, BE, CF 交于垂心 H. 点 P 和 Q 在线段 EF 上并且 $AP \perp EF, HQ \perp EF$. 直线 DP 和 QH 相交于点 R. 计算 HQ/HR.

10.7. 设 ω 是一个以 O 为圆心的圆, 点 A 在圆外. 用点 B, C 表示过 A 向圆 ω 作切线与圆的切点, D 在 ω 上且 O 在直线 AD 上, X 是 B 到 CD 的垂线的垂足, Y 是线段 BX 的中点, Z 是 DY 与 ω 的第二个交点. 证明: $ZA \perp ZC$.

10.8.(2013 年亚太地区数学奥林匹克竞赛) 设 $ABCD$ 是一个四边形, 内切圆为 ω, 令 P 是 AC 延长线上的一点, 除此之外, PB 和 PD 是 ω 的切线, 相切于 C, 交 PD 于 Q, 交直线 AD 于 R. 设 E 为 AQ 与 ω 的第二个交点. 证明: B, E, R 三点共线.

10.9.(2013 年沙雷金) 设 AD 是 $\triangle ABC$ 的角平分线, M, N 分别是 B, C 在 AD 上的投影, 以 MN 为半径的圆交 BC 于点 X, Y, 证明: $\angle BAX = \angle CAY$.

10.10.(2014 年全球数学竞赛预选题) 在 $\triangle ABC$ 中, 设 $AB = AC, D$ 为线段 AB 上一点, $\triangle BCD$ 外接圆 ω 的在 D 处的切线交 AC 于 E, 过 E 的另一条切线切圆 ω 于点 F, 并且 $G = BF \cap CD, H = AG \cap BC$, 证明: $BH = 2HC$.

第十一章 附录 A: 布兰切特定理的一些推广

这是一个特殊的部分,因为它严格来说是第十章的附录. 但是由于我们最后不包括一份拟议的问题清单, 故我们在布兰切特定理这一章陈述.

定理 11.1.(**布兰切特定理**) 如图 11.1 所示, 过点 B 作 $\triangle ABC$ 的高, 交 AC 于点 Y, 设 P 为 BY 上一点, 连接 AP, CP 分别交 BC, BA 于点 X, Z, 则 BY 为 $\angle XYZ$ 的平分线.

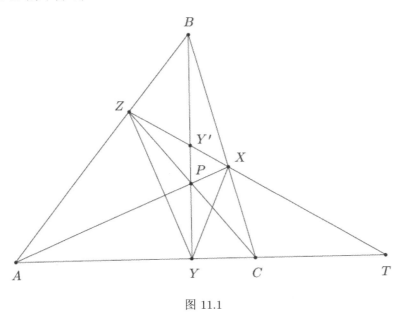

图 11.1

证明 设 $BY \cap ZX = Y'$, $T = CA \cap ZX$, 由于 AX, BY, CZ 交于一点, 得 $(A,C;Y,T)$ 是调和的, 并且因为 $(Z,X;Y',T) \stackrel{B}{=} (A,C;Y,T)$, 我们得到 $(Z,X;Y',T)$ 也是调和的. 但是因为 $YY' \perp YT$, 所以 YY' 平分 $\angle ZYX$, 证毕. □

应用恩格尔问题解决在文献 [1] 中经典问题 88 中出现 12.3.2 节中的一个推广:

定理 11.2. 设 P 为 $\triangle ABC$ 内部一点,设直线 AP, BP, CP 分别交直线 BC, AC, AB 于点 A', B', C',过 A' 作 $B'C'$ 的投影交 $B'C'$ 于点 M,则 MA' 平分 $\angle BMC$.

证明 如图 11.2 所示,设 $BC \cap C'B' = T$,因为直线 AA', BB', CC' 交于点 P,我们可知 $(B, C; A', T)$ 是调和的,又因为 $MA' \perp MT$,所以 MA' 平分 $\angle BMC$. 证毕. □

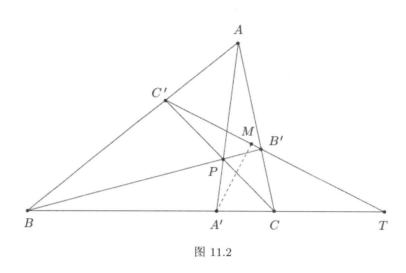

图 11.2

恩格尔[1] 将上述引理看作一个简单的几何练习. 但这实际上是一个值得记住的事实,有许多强大的例子. 下面,我们给出了第七章中让-皮埃尔埃尔曼的一个相关结论:

变形 11.1. 设 P 是 $\triangle ABC$ 内部一点,设直线 AP, BP, CP 分别交直线 BC, CA, AB 于点 A', B', C',设点 X 是点 A' 在直线 $B'C'$ 上的正交投影. 设点 X' 是点 P 关于直线 $B'C'$ 的对称点,则点 A, X, X' 共线.

证明 如图 11.3 所示,设 $BC \cap C'B' = T$,$AA' \cap B'C' = Z$,由于 AA', BB', CC' 交于点 P,所以 $(B, C; A', T)$ 是调和的. 因为 $(A, P; A', Z) \stackrel{C'}{=} (B, C; A', T)$,我们得到 $(A, P; A', Z)$ 也是调和的. 由于 $XZ \perp XA'$,所以 XZ 平分 $\angle AXP$,又由于 P 关于 XZ 的对称点为 X',所以显然 XZ 也平分 $\angle X'XP$,所以 A, X, X' 共线,证毕. □

第十一章 附录 A: 布兰切特定理的一些推广

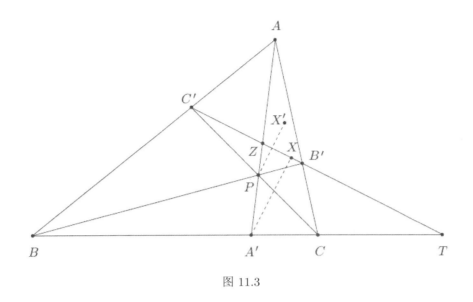

图 11.3

在第七章中, **变形 11.1** 的结果只是以下事实的初步结果:

变形 11.2. 设平面上点 P 是 $\triangle ABC$ 内部一点, 直线 AP, BP, CP 分别交 BC, CA, AB 于点 A', B', C', 从 $\triangle A'B'C'$ 的三个顶点分别作三边的高交三边于点 X, Y, Z, 设点 P 关于 $B'C', C'A', A'B'$ 的对称点分别是 X', Y', Z', 则有直线 AX', BY', CZ' 相交.

证明 由**变形 11.1** 得, AX, BY, CZ 相交易知 AA', BB', CC' 相交于点 P, 因为 $A'X, B'Y, C'Z$ 在 $\triangle A'B'C'$ 的垂心处相交, 所以根据多元塞瓦定理**变形 3.11** 得 AX, BY, CZ 相交, 证毕. □

下一个结果是**变形 11.1** 的延伸:

变形 11.3. 设 P 是平面上 $\triangle ABC$ 内部一点. 设直线 AP, BP, CP 分别交直线 BC, CA, AB 于点 A', B', C', 设 X_1 为点 P 在直线 $B'C'$ 上的投影, 点 X 是点 A' 在直线 $B'C'$ 上的投影, 点 X_2 是点 P 在直线 $A'X$ 上的投影, 设 A_1 是线段 AP 的中点. 证明: 点 A_1, X_1 和 X_2 共线.

证明 如图 11.4 所示, 考虑到以 P 为位似中心, 比率为 2 的位似, P 为位似中心, 比例为 2, A_1 为 AP 中点, 使得 A_1 到 A. 设 X' 是 P 关于 $B'C'$ 的对称点且 X'_2 是 P 关于 $A'X$ 的对称点. 假设在一般性的前提下, X 与 B' 都在 AA' 的同一侧, 由变形 11.1 可知, XC' 是 $\angle AXP$ 和 $\angle X'XP$ 的平分线, 又由于 $\angle X'_2 XA = \angle X'_2 XP + \angle AXP = 2\angle C'XP + 2\angle A'XP = 180°$, 所以点 A, X, X', X'_2 共线, 证毕. □

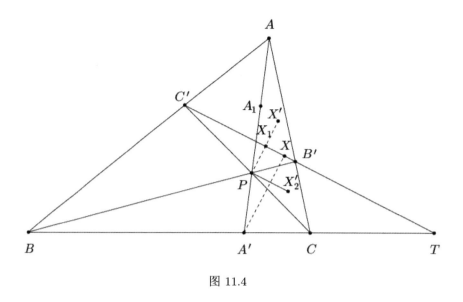

图 11.4

变形 11.3 在 19 世纪早期 CEN-Tury 中概括一个很好的结果, 结果出现在文献 [2] 中, 参考 "W.Dixon Rangeley, 《绅士日记》, 1822 年, 第 47 页".

变形 11.4. 设 $\triangle ABC$ 的内切圆的圆心为 I, 圆 I 与 BC 交于点 X, 过点 A 作 BC 的垂线交 BC 于点 S, 过点 I 作 AS 的垂线交 AS 于点 Q, 设 P 是在 $\triangle ABC$ 外接圆周上不包含 A 的 $\overset{\frown}{BC}$ 的中点, 则点 P, X, Q 是共线的.

证明 如图 11.5 所示, 设 I_a, I_b, I_c 分别是 $\triangle ABC$ 的旁切圆圆心, 则

$$\angle PI_aB = 180° - \angle ABI_a - \angle BAP$$
$$= 180° - \left(90° + \frac{\angle B}{2}\right) - \frac{\angle A}{2}$$
$$= \frac{\angle C}{2}$$

且

$$\angle PBI_a = \angle CBI_a - \angle CBP$$
$$= \left(90° - \frac{\angle B}{2}\right) - \frac{\angle A}{2}$$
$$= \frac{\angle C}{2}.$$

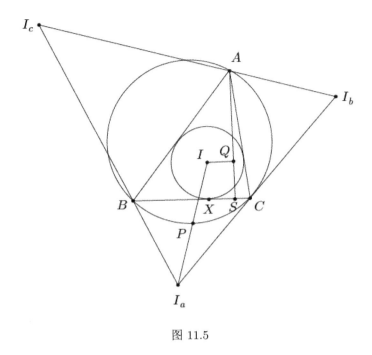

图 11.5

所以 $\angle PBI_a = \angle PI_aB$,同理 $PI_a = PB$. 一个简单的证明表示 $PB = PI$, 所以 P 是 II_a 的中点. 现在看到 $\triangle I_aI_bI_c$ 并注意到 $\triangle ABC$ 是 I 关于 $\triangle I_aI_bI_c$ 的塞瓦三角形, 令人惊讶的是我们在**变形 11.3** 中看到有一个特别的例子, 证毕. □

变形 11.5. 如图 11.6 所示, 设点 Y 是 $\triangle ABC$ 中点 B 的垂足, 设 P 和 P' 是线段 BY 上的两点, $CP \cap AB = Z$, $AP \cap BC = X$, $CP' \cap AB = Z'$, $AP' \cap BC = X'$, 过点 Z 作 AC 的垂线交 YZ' 于点 U, 过点 X 作 AC 的垂线交 YX' 于点 V, 则 XU, ZV, BY 相交于一点.

证明 由雅可比定理得, 在一般性的前提下 P 在 B 和 P' 之间. 两次应用布兰切特定理得 YB 平分 $\angle XYZ$ 和 $\angle X'YZ'$, 即 $\angle VYX = \angle UYZ$, 现在设直线 BY 与 $\triangle XYZ$ 的外接圆交于点 S. 因为 $BY \parallel VX$, YB 平分 $\angle XYZ$, 所以 $\angle SXZ = \angle SYZ = \angle SYX = \angle VXY$. 同理 $\angle SZX = \angle UZY$, 所以根据雅可比定理关于 $\triangle XYZ$ 的点 U, V, S, 我们得到 XU, ZV, YS 相交于一点. 又因为直线 YS 和直线 BY 是重合的, 证毕. □

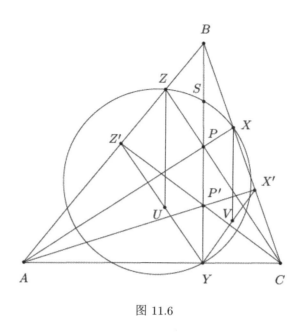

图 11.6

以下为**变形 11.5** 投影性的推广：

变形 11.6. 如图 11.7 所示, 设在 $\triangle ABC$ 中 y 是穿过点 B 的直线. P, P', Y, Y' 是直线 y 上的四个点. 设 $CP \cap AB = Z$, $AP \cap BC = X$, $CP' \cap AB = Z'$, $AP' \cap BC = X'$, 又 $Y'Z \cap YZ' = U$, $Y'X \cap YX' = V$, 则 XU, ZV, y 相交于一点.

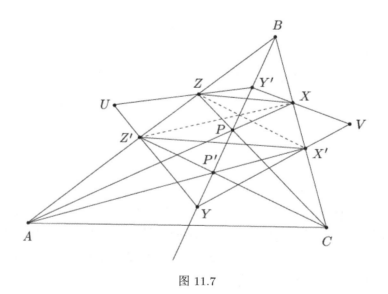

图 11.7

证明 直线 $YY', Z'Z, X'X$ 相交于点 B, 故由笛沙格定理 (应用于 $\triangle YZ'X'$ 和 $\triangle Y'ZX$) 得 $ZX \cap Z'X', U, V$ 是共线的. 由帕普斯定理知共线的点为 A, Z, Z' 和 C, X, X', 我们得 $ZX' \cap Z'X$ 的点在 y 上. 同理, 直线 BY, ZX', XZ' 共线, 由笛沙格定理 (在 $\triangle BZX$ 和 $\triangle YX'Z'$ 中) 得 $ZX \cap X'Z', XB \cap Z'Y$ 和 $BZ \cap YX'$ 的三个交点共线, 因为 $ZX \cap X'Z'$ 的点位于直线 UV 上, 所以 $ZX \cap X'Z' = ZX \cap VU, XB \cap Z'Y = XB \cap UY$, $BZ \cap YX' = BZ \cap YV$, 所以 $ZX \cap VU, XB \cap UY$ 和 $BZ \cap YV$ 的点共线, 现在再次应用笛沙格定理 (应用于 $\triangle BZX$ 和 $\triangle YVU$), 直线 BY, ZV, XU 相交于一点, 因为直线 BY 与直线 y 相同, 证毕. □

从变形 11.6 我们可以很容易地推断出变形 11.5.

考虑变形 11.5, 设 y 是直线 BY 且 Y' 是直线 y 上无穷远处的点. 从 $ZU \perp CA, BY \perp CA$ 来看, 我们得到 $ZU \parallel y$. 故点 Z, U, Y' 是共线的, 同理, 点 X, V, Y' 是共线的, 故 $U = YZ' \cap Y'Z, XY' \cap X'Y = V$. 从本质上看, 我们现在有以下结论: 直线 y 通过 B, 点 P, P', Y, Y' 在直线 y 上, 得 $CP \cap AB = Z, AP \cap BC = X, CP' \cap AB = Z', AP' \cap BC = X', ZY' \cap YZ' = U, XY' \cap YX' = V$, 故应用**变形 11.6** 确保可以看到直线 XU, ZV 和 y 相交, 由于直线 y 被定义为直线 BY, 我们可以得到直线 XU, ZV, BY 相交于一点. 故**变形 11.5** 再次得到证实.

我们以**推论 11.5** 的一个简单推论来结束本章.

变形 11.7. 设点 Y 是 $\triangle ABC$ 中 B 的垂足, 点 P 是直线 BY 上一点. 设 $CP \cap AB = Z, AP \cap BC = X$. 设点 U, V 分别是点 Z, X 在直线 CA 上的投影, 则直线 XU, ZV, BY 相交.

证明 设在**变形 11.5** 中 $P' = Y$, 应用**变形 11.5** 的结论, 得证. □

第十二章 极点和极线

定义 12.1. 设 Γ 是圆,P 是平面 Γ 上的一个点. 设 XY 是通过 P 的任意的弦或割线. X 和 Y 在圆 Γ 上. 平面上点 Q 的轨迹是点 P 关于圆 Γ 的极线使得 $(P,Q;X,Y)$ 是调和的 (弦 XY 通过 P 在这里是可变的). 令人惊讶的是,这是一条直线 (当然需要证明),我们很快就会看到这条直线有一系列令人惊奇的特性. 但首先,让我们证明,极线实际上是一条直线.

有两种情况: 如果 P 位于圆 Γ 内部或外部. 我们会分开处理每一种情况.

如果点 P 在圆 Γ 外部,那么设 PA,PB 是 Γ 在点 P 的切线. 我们就称直线 AB 是 P 关于 Γ 的极线. 设直线 XY 为 Γ 上通过 P 的任意割线,X 和 Y 在 Γ 上,并且设 XY 与 AB 相交于点 Q. 证明 $(P,Q;X,Y)$ 是调和的. 我们知道 $AXBY$ 是一个调和的四边形,因为 $(P,Q;X,Y) \stackrel{A}{=} (A,B;X,Y) = -1$,于是我们得到了预期的结果.

如果点 P 在圆 Γ 内部,设 XY 是 Γ 的任意的弦包括点 P. 设 O 是 Γ 的圆心并且设 R 是与 OP 与 $\triangle XOY$ 外接圆的第二个交点. 设 AB 是 Γ 通过 P 的直径,假定点 P 在 A 和 O 之间. 设 ℓ 是过 R 且垂直于 OP 的直线. 我们称 ℓ 是固定的,无论我们怎样选择弦 XY,并且它是 P 关于 Γ 的极线. 设 S 是直线 XY 和 ℓ 的交点. 请注意 $\angle YRP = \angle YXO = \angle XYO = \angle XRP$,所以直线 RP 平分 $\angle XRY$. 此外,我们有 $RS \perp RP$,所以 $(S,P;X,Y)$ 是调和的. 通过圆幂定理我们得到 $PA \cdot PB = PX \cdot PY = PO \cdot PR$ 并且 $PA \cdot PB = OA^2 - OP^2$,所以 $OR \cdot OP = OP^2 + PO \cdot PR = OA^2$ 并且由于 O 是 AB 的中点,故 $(R,P;A,B)$ 是调和的. 因此无论我们怎样选择弦 XY,R 都是固定的,因此 ℓ 也是固定的. 但是由于 $(S,P;X,Y)$ 是调和的,这表明 ℓ 确实是 P 关于 Γ 的极线.

请注意,上述两种构造都表明,如果 O 是 Γ 的圆心,则 OP 垂直于 P 关于 Γ 的极线.

如果 ℓ 是点 P 相对于 Γ 的极线, 则点 P 叫做 ℓ 相对于 Γ 的极点.

我们继续研究极点和极线的不可思议的特性, 这就是为什么这个工具如此强大的核心.

定理 12.1.(拉盖尔定理) 设 P, Q 是平面内圆 Γ 的两点, 则点 P 在 Q 关于 Γ 的极线上当且仅当点 Q 在 P 相对于 Γ 的极线上.

证明 很显然, 点 P 和 Q 不能同时在 Γ 上. 如果其中一个在圆 Γ 的外部而另一个在 Γ 的内部, 设 PQ 与 Γ 相交于点 X 和 Y. 然后因为 $(P,Q;X,Y)$ 是调和的当且仅当 $(Q,P;X,Y)$ 是调和的, 我们通过定义得到了一条极线得证. 此外, 设 P 和 Q 都在 Γ 外并且 Q 在 P 的极线上. 设 Γ 上点 P 的切线是 PA 和 PB, 并设 Γ 上点 Q 的切线是 QC 和 QD. 我们知道 P 的极线是 AB, 所以点 Q 在 AB 上. 因此四边形 $ACBD$ 是调和的, 所以 P 一定在 BD 上, 这是 Q 的极线. 证明完成. □

让我们看一些简单的应用.

变形 12.1. 设 $\triangle ABC$ 是一个内心为 I 的三角形, 并且设 X, Y, Z 分别为内切圆在边 BC, CA, AB 的切点. 设 T 是 FE 和 BC 的交点. 证明: $TI \perp AD$.

证明 如图 12.1 所示, 设 ω 是 $\triangle ABC$ 的内切圆, 所有极点和极线都关于 ω 去作. 这证明了 AD 是 T 的极线. 由于 TD 在点 D 与 ω 相切线, 我们知道点 D 位于 T 的极线上. 此外, EF 是 A 的极线, 由于点 T 在 EF 上, 根据拉盖尔定理我们知道点 A 在 T 的极线上. 因此, T 的极线是直线 AD, 得证. □

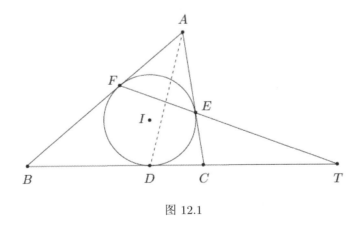

图 12.1

推论 12.1.(2012 年全球数学竞赛预选题) 设 $\triangle ABC$ 是一个内心为 I 的三角形, 并设 X, Y, Z 分别为内切圆与边 BC, CA, AB 的切点. 设 T 为 EF 和

BC 的交点, 并且 IT 与 AD 相交于点 X. 则直线 XD 平分 $\angle BXC$.

证明 我们从**变形 12.1** 知道 $XT \perp XD$, 并且由于直线 AD, BE, CF 在 $\triangle ABC$ 的热尔岗点是相交的, 于是我们知道 $(B, C; D, T)$ 是调和的. 因此 XD 平分 $\angle BXC$ 得证. □

变形 12.2. 设 $\triangle ABC$ 是以 I 为中心的三角形, 并且设 D, E, F 是内切圆与边 BC, CA, AB 的切点. 证明: 直线 ID 和 EF 的交点在 $\triangle ABC$ 中 A 的中线上.

证明 如图 12.2 所示, 所有的极点和极线都关于 $\triangle ABC$ 的内切圆去作. 设 ℓ 是通过 A 与 BC 平行的直线并且直线 EF 与 ℓ 相交于 K. 并且设 $X = ID \cap EF$. 直线 EF 是 A 的极线, 并且因为 X 在 EF 上, 我们根据拉盖尔定理知, 点 A 在 X 的极线上. 因为 A 在 ℓ 上且 $\ell \perp IX$, 我们一定能得到 ℓ 是 X 的极线. 由于 K 在 ℓ 上, 我们再次根据拉盖尔定理一定能得到点 X 在 K 的极线上. 因此 $(K, X; E, F)$ 是调和的. 现在设 $M = AX \cap BC$, 并且设 P_∞ 是在直线 BC 上无穷远处的点. 我们有 $(P_\infty, M; C, B) \stackrel{A}{=} (K, X; E, F)$, 所以 $(P_\infty, M; C, B)$ 是调和的, 因此 M 一定是 BC 的中点. 由于点 X 在 AM 上, 这就完成了证明. □

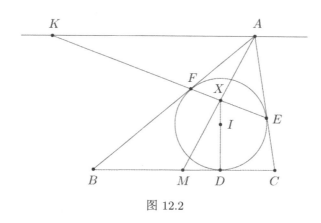

图 12.2

我们继续一些有趣的引理, 这些引理经常在竞赛中出现.

定理 12.2.(布洛卡定理) 设 $ABCD$ 是一个共圆四边形, 其圆心为 O, 并且设 $E = AC \cap BD, F = AB \cap DC, G = AD \cap BC$. 证明: O 是 $\triangle EFG$ 的垂心.

证明 如图 12.3 所示, 所有极点和极线都关于 $ABCD$ 的外接圆去作. 设 $X = GE \cap AB$ 且 $Y = GE \cap CD$. 由于直线 AC, BD, GX 相交于 E, 我们得到 $(A, B; X, F)$ 是调和的. 则由于 $(D, C; Y, F) \stackrel{G}{=} (A, B; X, F)$ 我们有

$(D, C; Y, F)$ 也是调和的. 因此 X 和 Y 都位于 F 的极线上, 所以 EG 是 F 的极线. 类似地, EF 是 G 的极线, 所以 $FO \perp EG$ 且 $GO \perp EF$, 所以 O 是 $\triangle EFG$ 的垂心, 得证. □

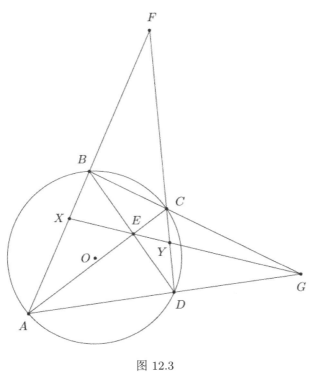

图 12.3

定理 12.3.(牛顿定理) 设 $ABCD$ 是一个四边形, 它有一个内切圆 ω. 设 M, N, P, Q 分别是 ω 在 AB, CD, DA, BC 上的切点. 证明:

(a) 直线 PM, NQ, DB 是相交的.

(b) 直线 MN, PQ, AC, BD 是相交的.

证明 如图 12.4 所示, 所有的极点和极线都关于 ω 去作. 设 $X = MN \cap PQ$, $Y = MQ \cap PN$, 且 $Z = PM \cap NQ$. 我们从布洛卡定理得知 XZ 是 Y 的极线. 由于 MQ 在 B 的极线上并且 Y 在 MQ 上, 由拉盖尔定理我们得到 B 在 XZ 上. 类似地, D 在 XZ 上, 所以直线 PM, NQ, DB 在 Z 处相交. 我们又知道 X 在 BD 上, 类似地, X 在 AC 上, 所以直线 MN, PQ, AC, BD 在 X 处相交. 证明完毕. □

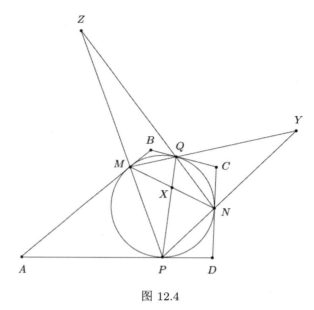

图 12.4

变形 12.3. 设四边形 $ABCD$ 的内切圆 ω 以 I 为圆心，其外接圆 Ω 以 O 为圆心. 设 $E = AC \cap BD$. 证明：点 O, I, E 是共线的.

证明 如图 12.5 所示，设 $X = AB \cap DC$ 且 $Y = AD \cap BC$. 由布洛卡定

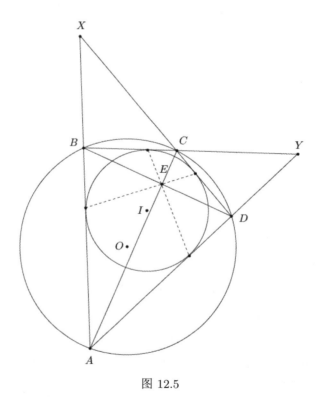

图 12.5

理我们知道 $OE \perp XY$. 现在, 通过牛顿定理知, X 和 Y 关于 ω 的极线都过点 E, 因此 XY 是 E 的关于 ω 的极线. 故 $IE \perp XY$, 所以点 O, I, E 位于垂直于 XY 的直线上. 这就完成了证明. □

变形 12.4. 设 $ABCD$ 是一个四边形, 其内切圆 ω 以 O 为圆心. 设 H 是 O 在直线 BD 上的投影. 证明: $\angle AHB = \angle CHB$.

证明 如图 12.6 所示, 所有极点和极线都关于 ω 去作. 设 ω 分别与线段 AB, BC, CD, DA 在点 A', B', C', D' 处相切. 设 $X = A'C' \cap B'D'$, $Y = A'B' \cap D'C'$, 且 $Z = D'A' \cap C'B'$. 通过应用牛顿定理得到点 A, C, X, Y 是共线的且点 B, D, X, Z 也是共线的. 设 $P = BD \cap A'B'$. 根据布洛卡定理有 XZ 是 Y 的极线, 我们知道 $(Y, P; A', B')$ 是调和的. 并且由于 $(Y, X; A, C) \stackrel{B}{=} (Y, P; A', B')$, 我们知道 $(Y, X; A, C)$ 也是调和的.

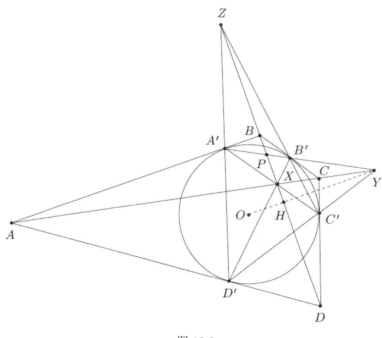

图 12.6

此外, 根据布洛卡定理有 $YO \perp BD$ 和 $HO \perp BD$ 以及 $HY \perp HX$. 由于 $(Y, X; A, C)$ 是调和的, 意味着 HX 平分 $\angle AHC$. 又因为直线 HX 与 HB 重合, 证明完毕. □

定理 12.4.(布里昂雄定理) 设 $ABCDEF$ 是一个六边形, 其内切圆为 ω. 则直线 AD, BE, CF 相交于一点.

证明 如图 12.7 所示,所有的极点和极线都关于 ω 去作. 设 ω 分别与线段 AB, BC, CD, DE, EF, FA 在点 A', B', C', D', E', F' 处相切. 设 $X = A'B' \cap E'D'$, $Y = B'C' \cap F'E'$, 且 $Z = C'D' \cap A'F'$.

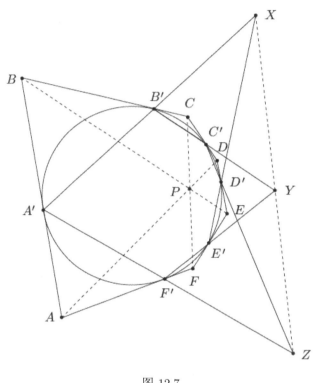

图 12.7

通过帕斯卡定理我们知道点 X, Y, Z 是共线的. 设 P 是由点 X, Y, Z 确定的直线上的极点. 由于 $A'B'$ 是 B 的极线并且 $D'E'$ 是 E 的极线, 通过拉盖尔定理我们知道点 B 和 E 在 X 的极线上, 所以直线 BE 是 X 的极线. 再次通过拉海尔定理, 得到点 P 在直线 BE 上. 同样点 P 在直线 AD 和 CF 上, 证明完毕. □

布里昂雄定理是正如我们所知道的帕斯卡定理的**投影对偶**. 考虑这两句话: 每两条不同的线决定一个点 (可能在无穷远处) 和每两个不同的点决定了一条线——这些是投射的对偶, 而在一个结构中切换这两条语句就得到了它的投影对偶. 另一种获得结构的投影对偶的方法是将每一极点与其极线交换, 反之亦然.

推论 12.2. 设 $\triangle ABC$ 的内切圆分别与边 BC, CA, AB 在点 D, E, F 处相

交. 证明: 直线 AD, BE, CF 相交于一点.

证明 应用布里昂雄定理到退化的六边形 $AFBDCE$. □

定理 12.5.(萨蒙定理) 设 ω 是一个以 O 为中心的圆, 并且设 P 和 Q 是 ω 的平面上的点. 设 ℓ_P 和 ℓ_Q 是 P 和 Q 关于 ω 的极线. 则

$$\frac{\delta(P, \ell_Q)}{\delta(Q, \ell_P)} = \frac{OP}{OQ}$$

证明 如图 12.8 所示, 设 $P' = OP \cap \ell_P$ 和 $Q' = OQ \cap \ell_Q$. 并且设 X, Y 分别是从 P, Q 到 ℓ_Q, ℓ_P 的投影. 如果 R 是 ω 的半径则很容易推导出 $OP \cdot OP' = OQ \cdot OQ' = R^2$, 并且

$$\frac{OP}{OQ} = \frac{OQ'}{OP'},$$

这意味着四边形 $OPXQ'$ 和 $OQYP'$ 是相似的, 证毕. □

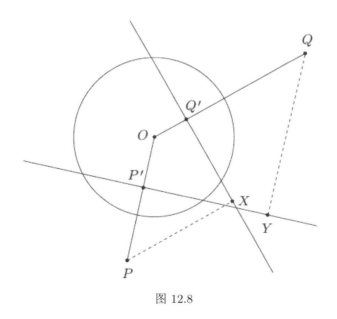

图 12.8

变形 12.5.(哈特考特定理) 设 $\triangle ABC$ 是一个内切圆为 ω 的三角形. 设 ℓ 与 ω 相切于点 P, 并且设 X, Y, Z 分别是 A, B, C 向 ℓ 的投影. 假定 B 和 C 在 ℓ 的同侧. 如果 $a = BC, b = CA, c = AB, x = AX, y = BY, z = CZ$, 那么我们就有 $by + cz - ax = 2[ABC]$.

证明 所有极点和极线都关于 ω 去作. 设 I 和 r 分别是 ω 的中心和半径, R 是 $\triangle ABC$ 的外接圆半径, 设 ω 分别与 BC, CA, AB 相交于点 D, E, F. 由

于 ℓ 是 P 的极线并且 EF, FD, DE 是在 A, B, C 的极线, 应用三次萨蒙定理在 P 和 A, B, C 处, 有

$$\frac{IP}{IA} = \frac{\delta(P, EF)}{AX} \Longrightarrow ax = \frac{a \cdot IA \cdot \delta(P, EF)}{r},$$

$$\frac{IP}{IB} = \frac{\delta(P, FD)}{BY} \Longrightarrow by = \frac{b \cdot IB \cdot \delta(P, FD)}{r},$$

$$\frac{IP}{IC} = \frac{\delta(P, DE)}{CZ} \Longrightarrow cz = \frac{c \cdot IC \cdot \delta(P, DE)}{r},$$

所以我们可以得到:

$$\begin{aligned} by + cz - ax &= \frac{b \cdot IB \cdot \delta(P, FD)}{r} + \frac{c \cdot IC \cdot \delta(P, DE)}{r} - \frac{a \cdot IA \cdot \delta(P, EF)}{r} \\ &= \frac{2R \cdot IB \sin B \cdot \delta(P, FD)}{r} + \frac{2R \cdot IC \sin C \cdot \delta(P, DE)}{r} \\ &\quad - \frac{2R \cdot IA \sin A \cdot \delta(P, EF)}{r} \\ &= \frac{2R \cdot FD \cdot \delta(P, FD)}{r} + \frac{2R \cdot DE \cdot \delta(P, DE)}{r} \\ &\quad - \frac{2R \cdot EF \cdot \delta(P, EF)}{r} \\ &= \frac{4R}{r}([PFD] + [PDE] - [PEF]) \\ &= \frac{4R}{r}[DEF]. \end{aligned}$$

因此证明了 $\dfrac{[DEF]}{[ABC]} = \dfrac{r}{2R}$, 但这是根据欧拉的垂足三角形定理和 $R^2 - OI^2 = 2Rr$ 的事实得出的, 其中 O 是 $\triangle ABC$ 的外接圆圆心. 因此证明是完整的. □

变形 12.6. 设四边形 $ABCD$ 有一个内切圆 ω. 设 O 是 ω 的中心并且 ℓ 是一条与 ω 相切的直线. 设 A', B', C', D' 分别是 A, B, C, D 在 ℓ 上的投影. 则

$$\frac{AO \cdot CO}{BO \cdot DO} = \frac{AA' \cdot CC'}{BB' \cdot DD'}.$$

证明 所有的极点和极线都关于 ω 去作. 设直线 ℓ 切圆 ω 于点 K, 圆 ω 分别交 DA, AB, BC, CD 于点 M, N, P, Q. 设 X, Y, Z, U 分别是点 K 在直线 MN, NP, PQ, QM 上的投影. 因为 ℓ 是 K 的极线, 并且 MN, NP, PQ, QM 分别是 A, B, C, D 的极线, 应用四次萨蒙定理在点 K 和 A, B, C, D 处, 得出

$$\frac{AA'}{AO} = \frac{KX}{r},$$
$$\frac{BB'}{BO} = \frac{KY}{r},$$
$$\frac{CC'}{CO} = \frac{KZ}{r},$$
$$\frac{DD'}{DO} = \frac{KU}{r}.$$

证明了 $KX \cdot KZ = KY \cdot KU$. 很容易看出,$KX = KN\sin\angle KNM$,$KY = KN\sin\angle KNP$,$KZ = KQ\sin\angle KQP$ 和 $KU = KQ\sin\angle KQM$,且由 $\angle KNM = \angle KQM$ 和 $\angle KNP = \angle KQP$ 可得 $KX \cdot KZ = KY \cdot KU$. 这就完成了证明. □

我们用这些强大的工具来解决奥林匹克的一些问题.

变形 12.7.(2002 年伊朗国家队选拔赛) 设在 $\triangle ABC$ 中它的内切圆与边 BC 相交于点 A',且直线 AA' 与内切圆交于点 P. 设直线 CP 与直线 BP 分别交 $\triangle ABC$ 的内切圆于点 N 和点 M. 证明:直线 AA',BN 和 CM 交于一点.

证明 如图 12.9 所示,所有的极点和极线都关于 $\triangle ABC$ 的内切圆去作. 设 N' 是 CP 上的点,使直线 AA',BN',CM 相交. 设 $X = AA' \cap MN'$ 且 $\triangle ABC$ 的内切圆分别与边 CA,AB 切于点 E,F,令 $T = EF \cap BC$ 和 $T' = MN' \cap BC$. 因为直线 AA',BE,CF 交于 $\triangle ABC$ 的热尔岗点,所以 $(B, C; A', T)$ 是调和的. 此外,由于直线 PA',BN',CM 相交于一点,因此 $(B, C; A', T')$ 是调和的,所以 $T = T'$. 因为 $(M, N'; X, T) \stackrel{P}{=} (B, C; A', T)$,这意

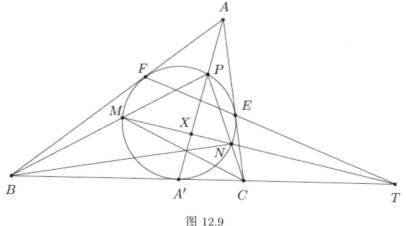

图 12.9

味着 $(M, N'; X, T)$ 也是调和的. 现在由于 TA' 与 $\triangle ABC$ 的内切圆相切于点 A', 所以 A' 位于 T 的极线上. EF 也是 A 的极线, 然而由于 T 在 EF 上, A 位于 T 的极线上, 所以直线 AA' 是 T 的极线. 但由于 $(M, N'; X, T)$ 是调和的, 这意味着 N' 必须位于 $\triangle ABC$ 的内切圆上. 因此 $N = N'$, 这便完成了证明. □

变形 12.8. 设 P 是 $\triangle ABC$ 的内部的一个点, 并设过点 P 的直线垂直于 PA 与直线 BC 的交于点 A_1. 同样定义点 B_1 和点 C_1. 证明: 点 A_1, B_1, C_1 是共线的.

证明 考虑一个以点 P 为圆心的任意圆 ω. 所有的极点和极线都与 ω 有关. 设直线 a, b, c, a_1, b_1, c_1 分别是点 A, B, C, A_1, B_1, C_1 的极线. 因为 A_1 在直线 BC 上, 所以 $b \cap c$ 的交点在直线 a_1 上. 此外, 由于 $AP \perp a$, $A_1P \perp a_1$, $AP \perp A_1P$, 故我们得到了 $a_1 \perp a$. 这意味着 a_1 是由直线 a, b, c 构成的三角形的高, 类似地, b_1 和 c_1 也是这个三角形的高. 因此, 直线 a_1, b_1, c_1 交于由直线 a, b, c 构成的三角形的垂心, 因此它们的极点一定是共线的. 所以点 A_1, B_1, C_1 是共线的. □

我们可以更多地介绍这种结构. 下面这个结论是路易斯冈萨雷斯发现的, 保留下来作为练习:

变形 12.9. 用变形 12.8 的表示法, 设 A', B', C' 分别为直线 AP, BP, CP 与直线 BC, CA, AB 的交点. 设 X, Y, Z 是点 P 向直线 $B'C', C'A', A'B'$ 作的投影. 证明: 由 A_1, B_1, C_1 点确定的直线是 P 关于 $\triangle XYZ$ 外接圆的极线.

最后得出了一个漂亮的结果, 这个问题是 2012 年罗马尼亚数学大师竞赛的最后一题.

变形 12.10.(2012 年罗马尼亚数学大师竞赛) 在 $\triangle ABC$ 中, 设点 I 和点 O 分别表示它的内切圆圆心和外接圆圆心. 设圆 ω_A 经过点 B 和点 C 且内切于 $\triangle ABC$ 的内切圆; 类似地定义圆 ω_B 和 ω_C. 圆 ω_B 和 ω_C 在不同于点 A' 的点 A 上相遇; 类似地定义点 B' 和点 C'. 证明: 直线 AA', BB' 与 CC' 的交点在直线 IO 上.

证明 如图 12.10 所示, 所有的极点和极线都关于 $\triangle ABC$ 的内切圆 ω 去作. 另外, 圆 ω 切于点 P 的直线将用 "直线 PP" 来表示. 设 ω 分别交 BC, CA, AB 于点 D, E, F. 设 ω 分别交 $\omega_a, \omega_b, \omega_c$ 于点 D', E', F'. 现在设直线 $D'D', E'E', F'F'$ 分别交直线 BC, AC, BA 于点 X, Y, Z. 很明显, X 是 ω,

ω_a 和 Ω 的根心,Ω 是 $\triangle ABC$ 的外接圆. 因此,X 位于 ω 和 Ω 的根轴上,类似地 Y 和 Z 也位于这个根轴上. 因此,布洛卡定理与拉盖尔定理的简单应用使得 $\triangle DEF$ 和 $\triangle D'E'F'$ 的透视轴是由点 X,Y,Z 决定的,是 ω 和 Ω 的根轴. 现在,直线 AA',$E'E'$,$F'F'$ 交于 ω,ω_b,ω_c 的根心 X_1. 设 a,b,c 关于 A',B',C' 的极线是相交的,所以它们的极线,即直线 EF,$E'F'$,a 交于一点. 类似地,直线 FD,$F'D'$,b 交于一点,直线 DE,$D'E'$,c 也是交于一点的. 因此,$\triangle DEF$ 和由直线 a,b,c 构成的三角形是透视的,具有与 $\triangle DEF$ 和 $\triangle D'E'F'$ 一样的透视轴,这就是 ω 和 Ω 的根轴. 也可以改写为: 由 A',B',C' 的极线构成的三角形和 A,B,C 的极线构成的三角形是透视的,且 ω 和 Ω 的根轴是它们的透视轴. 因此,作这种结构的投影对偶,可知直线 AA',BB',CC' 交于 ω 和 Ω 根轴的极点明显位于直线 OI 上,这就完成了证明. □

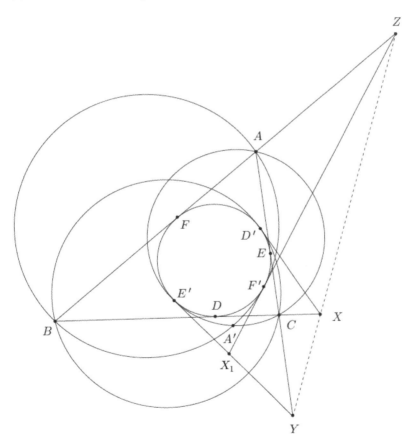

图 12.10

习题

12.1. 设 ω 是以 CD 为直径和以 O 为圆心的半圆. 设 E, F 是 ω 上的两个任意点, 使得切点为 E, F 的 ω 的两切线在点 Q 处相交. 设直线 ED 和 FC 在 P 相交. 证明: $PQ \perp CD$.

12.2.(2006 年中国) 在以 AB 为直径, 以 O 为圆心的圆 Γ 中, C 是 AB 上的一个点, 使得 B 在 A 和 C 之间, 过点 C 的直线与 Γ 相交于点 D 和点 E. 设 F 是 $\triangle BOD$ 外接圆的直径 OF 上的点, 设 CF 与 $\triangle BOD$ 的外接圆相交于点 G. 证明: 点 O, E, A, G 是共圆的.

12.3. 在 $\triangle ABC$ 中, 设 A_1, B_1, C_1 分别是 A, B, C 的垂足, H 是 $\triangle ABC$ 的垂心, 并且 M 是 BC 边的中点. 此外, 假设 MH 交直线 B_1C_1 于点 T, 并且设 $\triangle ABC$ 外接圆在点 B 和 C 的切线交于点 P. 证明: 点 P, A_1, T 是共线的.

12.4. 设 ω 是 $\triangle ABC$ 的内切圆. 点 P 和点 Q 在直线 AB 和 AC 上, 使得直线 PQ 与直线 BC 平行且与 ω 相切. AB, AC 交 ω 于点 F, E. 证明: 如果 M 是 PQ 的中点, T 是直线 EF 与 BC 的交点, 则 TM 与 ω 相切.

12.5. 在 $\triangle ABC$ 中, 设圆 ω 交 BC 于点 A_1 和点 A_2, 交 CA 于点 B_1 和 B_2, 交 AB 于点 C_1 和点 C_2. ω 在 A_1 和 A_2 处的切线相交于点 X, 类似地定义 Y 和 Z. 证明: 直线 AX, BY, CZ 相交于一点.

12.6. 设 $\triangle ABC$ 有圆心为 I 的内切圆 ω. 设 M, N 分别为线段 CA, AB 的中点. 证明: 直线 MN 是 $\triangle BIC$ 关于圆 Ω 的垂心的极线.

12.7. 设 A_1, B_1, C_1 分别为锐角 $\triangle ABC$ 中从 A, B, C 所引垂线的垂足. 一个圆过点 B_1 和 C_1, 交 $\triangle ABC$ 圆周上的劣弧 $\overarc{BC}$ 于点 A_2. 点 B_2 和 C_2 的定义类似. 证明: A_1A_2, B_1B_2, C_1C_2 在 $\triangle ABC$ 的欧拉线上是相交于一点的.

第十三章 附录 B: 与内切圆相关的垂直问题

下面的问题在许多其他竞赛问题中都是作为引理出现, 所以我们决定它应该有自己的一小部分位置. 你可以把这看作是第十二章的附录.

定理 13.1. 如图 13.1, 设 $\triangle ABC$ 有圆心为点 I 的内切圆, 且内切圆分别与边 BC, CA, AB 在点 D, E, F 处相切. 设 $P = BI \cap EF$, 则直线 PB 和直线 PC 是垂直的.

证明 如图 13.1 所示, 设 $T = FE \cap BC$. 因为直线 AD, BE, CF 交于 $\triangle ABC$ 的热尔岗点, 所以我们得到 $(B, C; D, T)$ 是调和的. 因为四边形 $BFPD$ 是风筝形的, 所以 $\angle PDB = \angle PFB = 180° - \angle AFE = 180° - \angle AEF = \angle CEP$, 所以四边形 $PECD$ 是共圆的. 但由于 $CD = CE$, 这意味着直线 PC 平分角 $\angle DPT$, 因此由于 $(B, C; D, T)$ 是调和的, 我们有 $PB \perp PC$.

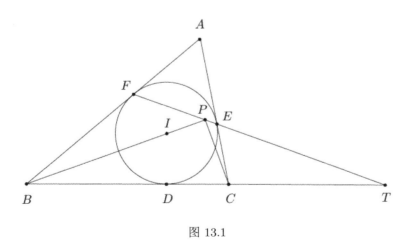

图 13.1

我们可以利用这个结果导出另一个常见的结论:

定理 13.2. 如图 13.2, 设 $\triangle ABC$ 有圆心为点 I 的内切圆, 且内切圆分别与边

BC, CA, AB 在点 D, E, F 处相切, M, N 分别为 BC, CA 的中点. 证明: EF, MN, BI 交于一点.

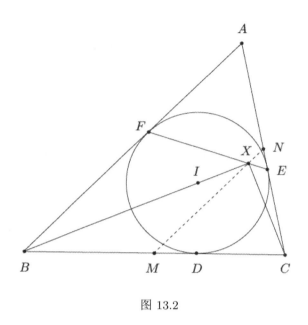

图 13.2

证明 设 $X = BI \cap EF$. 我们由**定理 13.1** 得知 $\angle BXC = 90°$, 所以 M 是 $\triangle BXC$ 的外接圆圆心. 因此 $\angle XMC = 2\angle XBC = \angle ABC$, 所以 $MX \parallel BC$, 所以 X 位于 $\triangle ABC$ 的 C-中线上. □

以下两个结果也是与内切圆相关的垂直关系, 涉及中间线和中线, 因此我们把它们写在下面. 然而, 它们几乎没有**定理 13.1** 或**定理 13.2** 那么有用.

变形 13.1. 如图 13.3, 设 $\triangle ABC$ 有圆心为 I 的内切圆, 且内切圆分别与边 BC, CA, AB 在点 D, E, F 处相切. 设点 M, N 分别为 CA, AB 的中点, $X = BI \cap MN, Y = CI \cap MN$. 证明: 点 A, E, F, X, Y 在同一个圆上.

证明 显然, 点 A, E, F 都在直径为 AI 的圆上. 由于 $MN \parallel BC$ 且 BI 平分 $\angle ABC$, 我们得到 $\angle NXB = \angle XBC = \angle FBX$, 所以 $BN = NX = AN$.

因此, $\angle AXI = 90°$, 所以 X 也位于直径为 AI 的圆上. 类似地, Y 也位于这个圆上, 因此证明完成. □

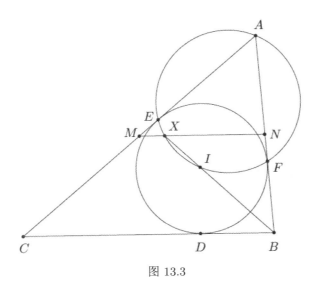

图 13.3

变形 13.2.(变形 12.2 的提示) 设 $\triangle ABC$ 有圆心为 I 的内切圆, 内切圆分别与 BC, CA, AB 在点 D, E, F 处相切. 证明: 直线 DI 和 EF 相交于 $\triangle ABC$ 中的 A - 中线.

现在, 让我们来谈谈奥林匹克竞赛中的一些问题吧!

变形 13.3.(2005 年英国数学奥林匹克竞赛) 如图 1.4 所示, 设 $\triangle ABC$ 是一个锐角三角形, 它的内切圆分别与直线 BC 和 AC 相切于点 D 和 E. 设点 X 和 Y 分别是 $\angle ACB$ 和 $\angle ABC$ 的平分线与直线 EF 的交点, 点 Z 是直线 BC 的中点. 证明: $\triangle XYZ$ 是等边三角形当且仅当 $\angle BAC = 60°$.

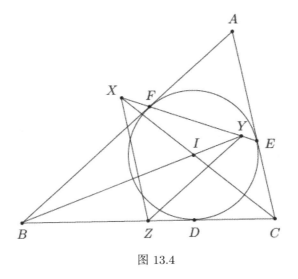

图 13.4

证明 通过**定理 13.1**, 我们知道了 $BY \perp CY$ 和 $BX \perp CX$, 因此我们有 $ZX = ZY$, 因为点 Z 是四边形 $BCYX$ 的外接圆圆心. 此外, 根据**定理 13.2**, 我们得到了直线 YZ 和 XZ 分别是 $\triangle ABC$ 中 C 和 B-中线; 因此, $\angle YZX = \angle BAC$. 因此我们得到了 $\triangle XYZ$ 是等边的当且仅当 $\angle YZX = \angle BAC = 60°$.
□

变形 13.4.(2007 年秘鲁国家队选拔考试) 如图 13.5 所示, 设点 P 是直径为 AB 的半圆的内切圆圆心. $\triangle ABP$ 的内切圆与 AP 和 BP 切于点 M 和 N. 直线 MN 与半圆相交于 X, Y. 证明: $\widehat{XY} = \angle APB$.

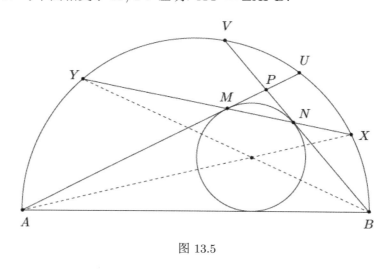

图 13.5

证明 由于点 X, Y 是 MN 与半圆的交点, 我们知道 $AX \perp BX$ 且 $AY \perp BY$, 因此, 由**定理 13.1** 可知, AX 和 BY 分别是 $\angle PAB$ 和 $\angle PBA$ 的内角平分线. 现在, 设直线 AP 和 BP 分别在点 U 和 V 处再次与半圆相交. 由于 X, Y 是 $\widehat{BU}$ 和 $\widehat{AV}$ 的中点, 因此

$$2\widehat{XY} = 2\widehat{UV} + \widehat{AY} + \widehat{YV} + \widehat{UX} + \widehat{XB} = 180° + \widehat{UV} = 2\angle APB.$$

得证. □

现在给出一些更复杂的应用. 下面的问题是维吉尔尼库拉于 2008 年在解决问题的艺术论坛中发的帖子, 在当时并没有得到解决. 下面我们给出一个简单的解决方案.

变形 13.5. 如图 13.6 所示, $\triangle ABC$ 的内切圆分别与边 BC, CA, AB 在点 D, E, F 相交. 设 I 为 $\triangle ABC$ 内切圆心的圆心. 设 $X = CI \cap DE$ 且 Y 是 EF 上的点使得 $IY \perp IC$. 证明: 若 Z 是直线 XY 与 ID 的交点, 则 $CZ \perp BI$.

第十三章 附录 B: 与内切圆相关的垂直问题

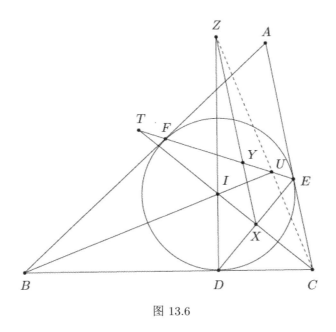

图 13.6

证明 设 T 和 U 是分别是 EF 与 CI 和 BI 的交点. 通过**定理 13.1**, 我们得到 $TB \perp TC$ 和 $UB \perp UC$. 所以直线 DX, IY, BT 是都垂直于 CI 的, 它们相交于一个无穷远的点. 因此, $\triangle BID$ 和 $\triangle TYX$ 是透视的. 那么, 通过笛沙格定理, 点 U, Z, C 是共线的且 $CU \perp BI$, 那么 $CZ \perp BI$, 得证. □

变形 13.6.(2004 年国际数学奥林匹克竞赛预选题) 给出一个 $\triangle ABC$, 设 X 是直线 BC 上的一个动点, 使得 C 位于 B 和 X 之间, 并且 $\triangle ABX$ 和 $\triangle ACX$ 的内切圆相交于两个不同的点 P 和 Q. 证明: 直线 PQ 经过一个区别于 X 的点.

证明 如图 13.7 所示, 设 BX, AX 分别与 $\triangle ABX$, $\triangle ACX$ 的内切圆相交于点 D 和 F, 点 E 和 G, 明显地, $DE \parallel FG$. 如果直线 PQ 与 BX 在点 M 相交, 与直线 AX 在点 N 相交, 则 $MD^2 = MP \cdot MQ = MF^2$, 也就是 $MD = MF$, 类似地, 有 $NE = NG$. 说明直线 PQ 就是在直线 DE 和 FG 之间.

现在, 设 ℓ 是通过线段 AB, AC 和 AX 中点的直线, 注意, 无论我们如何选择 X, ℓ 都是确定的. 设 $U = DE \cap \ell$ 且 $V = FG \cap \ell$. 通过**定理 13.2**, 点 U 在 $\angle ABC$ 的内角平分线上且 V 在 $\angle ACB$ 的外角平分线上. 因此不论我们如何选择点 X, 点 U 和 V 都是确定的. 所以, 不论我们如何选择点 X, 线段 UV 的中点都是确定的, 因为直线 PQ 在直线 DE 和直线 FG 中间, 所以中点也在

直线 PQ 上. 证明完毕. □

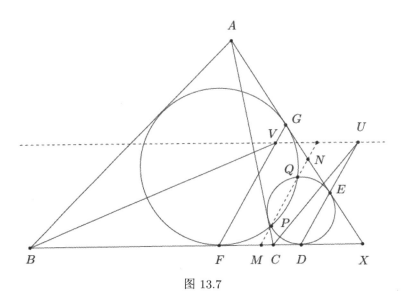

图 13.7

变形 13.7.(2007 年罗马尼亚国家队选拔考试) 设 $\triangle ABC$ 的三边 BC, CA, AB 和它的内切圆 ω 分别交于 D, E, F 三点. 设 I 是 ω 的圆心且 M 是 BC 的中点. 设 $N = AM \cap EF$ 且 Γ 是以 BC 为直径的圆. 设 X, Y 分别是直线 BI, CI 与 Γ 相交的第二个交点. 证明:

$$\frac{NX}{NY} = \frac{AC}{AB}.$$

证明 如图 13.8 所示, 我们有 $\angle BXC = \angle BYC = 90°$, 所以通过定理 13.1 我们能得到点 X 和 Y 在直线 EF 上. 同样, 变形 13.2 确定了点 N 在直线 DI 上. 现在我们也有 $\angle XIN = \angle BID = 90° - \dfrac{B}{2}$ 同样地 $\angle YIN = 90° - \dfrac{C}{2}$. 通过圆幂定理我们得到 $IX \cdot IB = IY \cdot IC$.

把所有等式联立在一起我们通过比值引理有

$$\frac{NX}{NY} = \frac{IX}{IY} \cdot \frac{\sin \angle XIN}{\sin \angle YIN} = \frac{IC}{IB} \cdot \frac{\cos \dfrac{B}{2}}{\cos \dfrac{C}{2}} = \frac{\sin \dfrac{B}{2}}{\sin \dfrac{C}{2}} \cdot \frac{\cos \dfrac{B}{2}}{\cos \dfrac{C}{2}} = \frac{\sin B}{\sin C} = \frac{AC}{AB},$$

得证. □

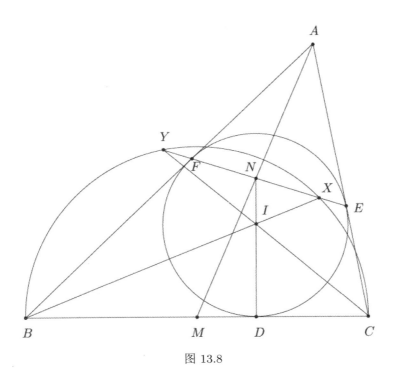

图 13.8

变形 13.8.(2014 年美国少年数学奥林匹克竞赛) 设 $\triangle ABC$ 有内切圆心 I, 内切圆 γ 和外接圆 Γ. 设 M, N, P 分别是线段 BC, CA, AB 的中点, 设 E, F 分别是 CA 和 AB 关于 γ 的切点. 设点 U, V 分别是直线 EF 与直线 MN 和 MP 的交点, 设 X 是圆 Γ 中 $\overset{\frown}{BAC}$ 的中点.

(a) 证明: 点 I 在射线 CV 上.

(b) 证明: 直线 XI 平分线段 UV.

证明 如图 13.9 所示, 问题 (a) 是**定理 13.2** 的直接结论. 现在, 为了证明问题 (b), 设 Y 是 Γ 中不包含点 A 的 $\overset{\frown}{BC}$ 的中点. 我们得到 $YB = YI = YC$, 所以 Y 是 $\triangle BIC$ 外接圆的圆心.

而且, 由于 XY 是圆 Γ 的直径, 我们有 $\angle XBY = \angle XCY = 90°$ 所以 X 是 $\triangle BIC$ 在 B 和 C 上的切线的交点. 因此直线 IX 是 I 关于 $\triangle BIC$ 的类似中线. 根据**定理 13.1** 我们知道点 B, C, U, V 在以 BC 为直径的圆上, 所以 UV 是关于 $\triangle BIC$ 反平行于 BC 的. 因此直线 IX 平分直线 UV 得证. $\square$

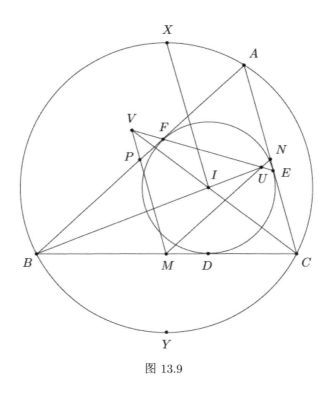

图 13.9

变形 13.9.(2015 年美国国家队选拔赛) 设 $\triangle ABC$ 的内切圆圆心为 I 并且内切圆与三角形的三边 BC, CA, AB 分别相切于点 D, E, F. 用点 M 表示 BC 的中点. 设 Q 是内切圆上一点使得 $\angle AQD = 90°$. 设 P 为三角形内直线 AI 上一点使得 $MD = MP$. 证明: 如果 $AC > AB$, 那么 $\angle PQE = 90°$.

证明 如图 13.10 所示, 设 $P' = AI \cap DE$. 我们根据**定理 13.2** 得到 $MP' \parallel CA$, 所以 $\triangle DMP'$ 与 $\triangle DCE$ 是相似的. 但由于 $CD = CE$, 我们有 $MD = MP'$, 因此 $P' = P$. 所以点 P 在直线 DE 上. 由于 $\angle AQD = 90°$, 直线 AQ 经过点 D', 与 D 相对的点在 $\triangle ABC$ 的内切圆上. 设 $X = AQ \cap BC$.

考虑以点 A 为中心的位似把 $\triangle ABC$ 的内切圆位似为 $\triangle ABC$ 的外接圆. 位似显然把点 D' 位似为点 X, 所以 X 是 $\triangle ABC$ 中 A 所对的旁切圆与三角形的边 BC 相交的点. 因此, $BD = CX$, M 是 DX 的中点. 由于 $AQ \perp DQ$, 点 Q 在以 DX 为直径的圆上. 这意味着 D, P, Q, X 都在以 M 为圆心, 半径为 MD 的圆上. 又因为 $\angle DQD' = 90°$, 因此 $\angle DQP = \angle D'QE$. 因为 DD' 是以 M 为圆心, MD 为半径的圆的切线, 我们得到 $\angle DQP = \angle D'DP$. 我们也得到 $\angle D'QE = \angle D'DE = \angle D'DP$, 所以 $\angle DQP = \angle D'QE$, 得证. □

第十三章 附录 B: 与内切圆相关的垂直问题

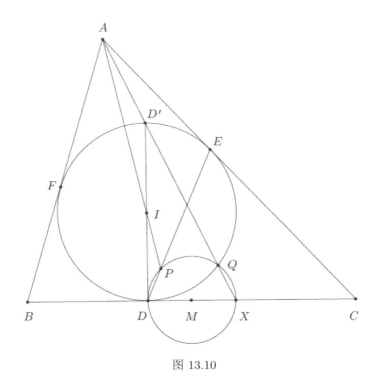

图 13.10

变形 13.10.(Eric Daneels, *Forum Geometricorum*) 设 $\triangle ABC$ 的内切圆圆心为 I 且分别于三角形的三边 BC, CA, AB 交于 D, E, F 三点. 设 M, N, P 分别是边 BC, CA, AB 的中点. 设 X, Y, Z 分别在直线 AI, BI, CI 上. 证明: 当且仅当直线 XM, YN, ZP 相交时, 直线 XD, YE, ZF 相交.

证明 由**定理 13.2** 知, 直线 AI, DE, MP 相交, 所以有
$$\frac{\delta(X, DE)}{\delta(X, MP)} = \frac{\delta(I, DE)}{\delta(I, MP)}.$$

考虑根据**定理 13.2** 给出的五条相交线, 可得到的表达式相乘得

$$\left(\frac{\delta(X, DE)}{\delta(X, DF)} \cdot \frac{\delta(Y, EF)}{\delta(Y, ED)} \cdot \frac{\delta(Z, FD)}{\delta(Z, FE)}\right) \cdot \left(\frac{\delta(X, MN)}{\delta(X, MP)} \cdot \frac{\delta(Y, NP)}{\delta(Y, NM)} \cdot \frac{\delta(Z, PM)}{\delta(Z, PN)}\right) = 1,$$

因此
$$\frac{\delta(X, DE)}{\delta(X, DF)} \cdot \frac{\delta(Y, EF)}{\delta(Y, ED)} \cdot \frac{\delta(Z, FD)}{\delta(Z, FE)} = 1,$$

当且仅当
$$\frac{\delta(X, MN)}{\delta(X, MP)} \cdot \frac{\delta(Y, NP)}{\delta(Y, NM)} \cdot \frac{\delta(Z, PM)}{\delta(Z, PN)} = 1,$$

在应用了塞瓦定理和角的塞瓦定理后得到了我们想要证明的东西. □

第十四章 位似

定义 14.1. 考虑点 P 和一个点的集合 $\mathcal{S}$, 对于每个点 $X \in \mathcal{S}$, 设点 X' 在直线 PX 上使得 $\dfrac{PX'}{PX} = k$ 为实数 (其中我们使用向量表示). 设 $\mathcal{S}'$ 是点 X' 的集合. 则我们称在点 P 的**位似**中心使得 $\mathcal{S}$ 到 $\mathcal{S}'$ 的比例为 k. 通俗来说, 以 P 为位似中心就是点 P 向它自己位似. 位似的作用非常大, 因为它保留了大量的结构; 即方向与图形之间的相似性. 事实上, 如果任何两个图形是相似的, 并且方向相同, 则存在一个位似中心使这两个图形位似.

我们可以通过这个新的工具开始一些有趣的应用:

变形 14.1. 如图 14.1 所示, 设 $\triangle ABC$ 的内切圆分别与三条边 BC, CA, AB 在点 D, E, F 相交. 设 I 是 $\triangle ABC$ 的内切圆圆心, 设直线 AI, BI, CI 与 $\triangle ABC$ 的外接圆分别在点 A', B', C' 相交. 证明: 直线 $A'D, B'E, C'F$ 相交.

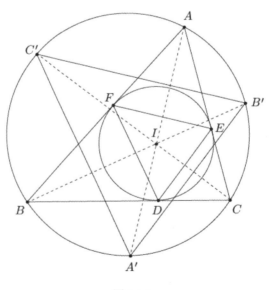

图 14.1

证明 通过一个快速证明表明 $AA' \perp EF$ 且 $AA' \perp B'C'$, 所以我们有 $EF \parallel B'C'$, 类似地, $\triangle DEF$ 的边平行于 $\triangle A'B'C'$ 对应的边. 因此这两个三角形是相似的且方向是相同的, 所以存在一个位似中心点 P 使得 $\triangle DEF$ 转换为 $\triangle A'B'C'$, 因此, 直线 $A'D, B'E, C'F$ 相交于 P. 证明完毕. □

变形 14.2. 设 $ABCD$ 是一个梯形且 $AB > CD$, $AB \parallel CD$. 点 K, L 分别在线段 AB, CD 上使得 $\dfrac{AK}{KB} = \dfrac{DL}{LC}$. 设有点 P, Q 在直线 KL 满足 $\angle APB = \angle BCD, \angle CQD = \angle ABC$. 证明: 点 P, Q, B, C 共圆.

证明 如图 14.2 所示, 设 $X = AD \cap BC$. 显然 X 作为一个位似中心使得线段 DC 位似于线段 AB, 且 $\dfrac{AK}{KB} = \dfrac{DL}{LC}$, 这个位似也使得 L 到 K. 因此点 X 在直线 KL 上. 设点 Q' 是直线 KL 和 $\triangle PBC$ 外接圆的第二个交点. 设位似中心为点 X 使得线段 AB 位似于 DC 的位似使得 P 位似于 P'. 由于四边形 $PQ'BC$ 是共圆的, 我们有 $\angle Q'CB = \angle Q'PB$, 通过定义 $\angle APB = \angle BCD$ 我们得到 $\angle Q'CD = \angle Q'PA$. 因为 $\angle Q'PA = \angle Q'P'D$, 所以四边形 $Q'CP'D$ 是共圆的. 因此 $\angle P'Q'D = \angle P'CD = \angle PBA$, 且因为四边形 $PQ'BC$ 是共圆的我们也有 $\angle PQ'C = \angle PBC$. 所以将两个等式相加我们就得到了 $\angle CQ'D = \angle ABC$. 因此 $Q' = Q$ 得证. □

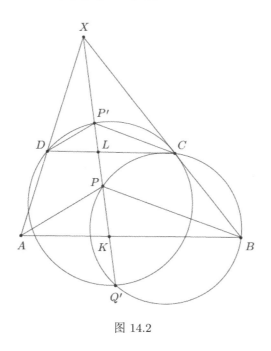

图 14.2

现在, 让我们尝试一些更复杂的问题, 来自国际奥林匹克数学竞赛的同类型的最困难的题目之一.

变形 14.3. (2011 年国际数学奥林匹克竞赛) 设 $\triangle ABC$ 是一个锐角三角形且有外接圆 Γ. 设 ℓ 是一条 Γ 的切线, 设 ℓ_a, ℓ_b 和 ℓ_c 分别为 ℓ 关于直线 BC, CA 和 AB 的对称直线. 证明: 由直线 ℓ_a, ℓ_b 和 ℓ_c 所确定的三角形的外接圆与圆 Γ 相切.

证明 如图 14.3 所示, 设直线 ℓ 与圆 Γ 相切于点 T, 使 $A_1 = \ell_b \cap \ell_c$, $B_1 = \ell_c \cap \ell_a$, $C_1 = \ell_a \cap \ell_b$. 使 $A_2 = \ell \cap \ell_a$, $B_2 = \ell \cap \ell_b$ 和 $C_2 = \ell \cap \ell_c$. 在不失一般性的前提下假设直线 ℓ 上的顺序是 C_2, T, B_2, A_2 (以避免出现结构问题). 设 I 是 $\triangle A_1 B_1 C_1$ 内切圆的圆心, 考虑 $\triangle A_2 B_1 C_2$. 显然直线 AB 是 $\angle B_1 C_2 A_2$ 的内角平分线, BC 也是 $\angle B_1 A_2 C_2$ 的内角平分线. 因此点 B 是三角形的内切圆圆心; 直线 BB_1 平分 $\angle A_1 B_1 C_1$. 同样, 直线 AA_1 平分 $\angle B_1 A_1 C_1$, 直线 CC_1 平分 $\angle AC_1 B_1$, 所以根据对称性我们能得到直线 AA_1, BB_1, CC_1 相交于点 I. 现在, 于是有

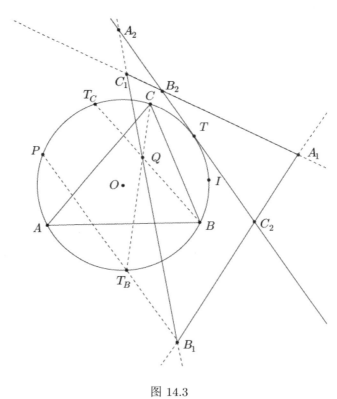

图 14.3

$$\begin{aligned}\angle BIC &= \angle B_1IC_1 = 90° + \frac{\angle B_1A_1C_1}{2} = 180° - \frac{\angle A_1C_2B_2}{2} - \frac{\angle A_1B_2C_2}{2}\\ &= \angle AC_2B_2 + \angle AB_2C_2 = 180° - \angle BAC,\end{aligned}$$

这意味着点 I 在圆 Γ 上.

现在, 设 O 是圆 Γ 的圆心, T_B 和 T_C 是 T 关于直线 OB 和 OC 的对称点. 显然 T_B 和 T_C 在圆 Γ 上. 因为 $\angle C_1A_2T = \angle BOT - \angle COT$, 所以 $T_BT_C \parallel B_1C_1$. 设 T_A 是 T 关于 OA 的对称点, 我们得到 $T_AT_B \parallel A_1B_1$, $T_CT_A \parallel C_1A_1$. 因此存在位似使得 $\triangle T_AT_BT_C$ 位似于 $\triangle A_1B_1C_1$. 因为圆 Γ 与 $\triangle A_1B_1C_1$ 的外接圆的位似中心在圆 Γ 上, 所以两个圆之间会存在切点.

现在设点 Q 是点 T 关于 BC 的对称点. 显然点 Q 在直线 B_1C_1 上. 由于 $\angle TBQ = 2\angle TBC = \angle TBT_C$, 我们有点 Q 在直线 BT_C 上, 同样的点 Q 在直线 CT_B 上. 现在设点 P 是直线 B_1T_B 与圆 Γ 的第二个交点, $X = PT_C \cap IC_1$. 这足以证明 $X = C_1$. 但是通过帕斯卡定理知, 在共圆六角形 T_CBICT_BP 中我们有点 Q, B_1, X 是共线的, 所以点 X 在直线 B_1C_1 上, 这意味着 $X = C_1$, 所以 P 是一个切点得证. $\square$

我们继续下一个出现在许多奥林匹克问题中的著名结论.

定理 14.1.(阿基米德引理) 如图 14.4 所示, 设圆 ω_2 与更大的圆 ω_1 内切于点 A, XY 为圆 ω_1 中与圆 ω_2 相切于点 B 的一条弦, C 为 $\overset{\frown}{XY}$(不含 A) 的中点, 有:

(a) 点 A, B 和 C 共线.

(b) $CA \cdot CB = CX^2$.

证明 设以点 A 为中心的位似使得 ω_2 位似于 ω_1, 则线段 XY 的位似是平行于 XY 且与 ω_1 相切的直线 ℓ. 如果直线 ℓ 与 ω_1 相切于点 C, 直线 XY 与 ω_2 相切于点 B, 我们可以得到 B 和 C 位似, 因此点 A, B, C 共线,(a) 得证. 则意味着 AC 平分 $\angle XAY$, 所以 $\angle CAY = \angle CAX = \angle CYB$, 故 $\triangle CYB$ 与 $\triangle CAY$ 相似,(b) 得证. 证明结束. $\square$

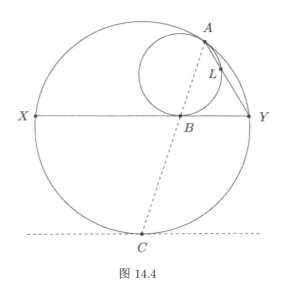

图 14.4

结论 (a) 有许多证明方法. 在作者看来, 最漂亮的方法是利用蒙日–达朗贝尔圆定理; 在接下来的部分我们会遇到, 现在来看一些应用!

变形 14.4. (2001 年俄罗斯北方数学奥林匹克邀请赛) 利用**定理 14.1** 的图示, 证明: $\triangle CBY$ 的外接圆的半径与点 B 的位置无关.

证明 如图 14.4, 设 L 为直线 AY 与 ω_2 的第二个交点, 由阿基米德引理可知, 以 A 为位似中心使得 ω_2 与 ω_1 位似, 点 B 与 C 位似, L 与 Y 位似, 所以 $BL \parallel CY$. 设 R 为 ω_1 的半径, r 为 ω_2 的半径, r_1 为 $\triangle CBY$ 的外接圆半径, 由 $\triangle CYB$ 与 $\triangle CAY$ 相似可得 $\dfrac{BY}{AY} = \dfrac{r_1}{R}$, 由位似得 $\dfrac{AL}{AY} = \dfrac{r}{R}$. 又因为 YB 与 ω_2 相切, 所以 $YB^2 = YL \cdot YA$. 因此,

$$\left(\frac{r_1}{R}\right)^2 = \left(\frac{BY}{AY}\right)^2 = \frac{LY}{AY} = 1 - \frac{AL}{AY} = 1 - \frac{r}{R},$$

r_1 是定值, 与点 B 的位置无关. 证明完毕. □

变形 14.5. (2013 年罗马尼亚国家队选拔赛) 如图 14.5 所示, 圆 Ω 与 ω 相切于点 $P(\omega$ 在 Ω 内部), Ω 的一条弦 AB 与 ω 相切于点 C; 直线 PC 与 Ω 相交于另一点 Q. Ω 的弦 QR 和 QS 与 ω 相切. I, X, Y 分别为 $\triangle APB, \triangle ARB, \triangle ASB$ 的内切圆圆心. 证明: $\angle PXI + \angle PYI = 90°$.

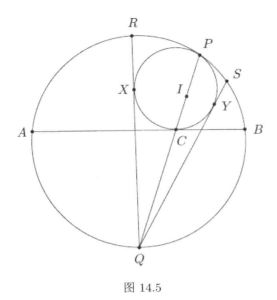

图 14.5

证明 令 $T = \omega \cap QR, U = \omega \cap QS$. 当 Q 为 $\overset{\frown}{AB}$(不含 P) 的中点时，$QA = QX$. 由阿基米德引理中的 (b) 和圆幂定理可知 $QT^2 = QC \cdot QP = QA^2$，所以 $QT = QA = QX$. 又因为直线 RQ 平分 $\angle ARB$，所以当 X 是 $\triangle ARB$ 的内切圆圆心时，X 在直线 RQ 上，因此 $X = T$，同理 $Y = U$. 现在已经知道了 $QA = QI$，所以 Q 是 $\triangle XIY$ 的外接圆圆心，因此 $\angle XIY = 180° - \dfrac{\angle RQS}{2}$，由阿基米德引理可得直线 PX 平分 $\angle RPQ$，同理直线 PY 平分 $\angle SPQ$，所以 $\angle XPY = \dfrac{\angle RPS}{2} = 90° - \dfrac{\angle RQS}{2}$. 因此 $\angle PXI + \angle PYI = \angle XIY - \angle XPY = \left(180° - \dfrac{\angle RQS}{2}\right) - \left(90° - \dfrac{\angle RQS}{2}\right) = 90°$，问题得证. □

现在，我们已经介绍了奥林匹克几何中最常见的内容，它出现在**变式 13.9** 的证明中!

定理 14.2. 如图 14.6 所示，设 ω 为 $\triangle ABC$ 的内切圆，ω_a 为 A 所对的旁切圆，ω 与 BC 交于点 D，设 D' 为 ω 上 D 的对径点，$X = AD' \cap BC$，则 X 是 BC 与 ω_a 的切点.

证明 ω 关于点 A 的位似为 ω_a，因为 $DD' \perp BC$，很明显 D' 与 ω_a 和 BC 的交点位似，又因为 D' 与 X 位似，所以问题得证. □

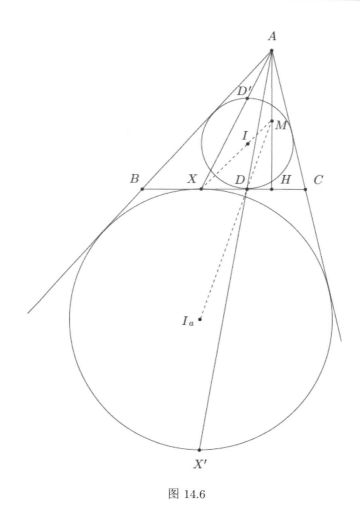

图 14.6

注意 $BD = CX$, 即 BC 的中点也是 DX 的中点.

推论 14.1.(纳格尔引理) 使用**定理 14.2** 的图示, I 和 I_a 分别为 ω 和 ω_a 的圆心, 过 A 作 $\triangle ABC$ 的高, 垂足为 H, M 为 AH 中点, 直线 XI 与 DI_a 交于 M.

证明 设 X' 是 ω_a 上与 X 的对径点, 由**定理 14.2** 可知, 以点 A 为中心的位似使 ω 到 ω_a, D' 到 X, 同理 D 与 X' 位似, 所以点 A, D, X' 共线, A, D', X 共线, 由 $DD' \parallel HA$ 得线段 DD' 以 X 为中心的位似是线段 HA, 所以线段 DD' 中点的位似为 HA 的中点, 因此点 X, I, M 共线. 又因为 $XX' \parallel HA$, 存在一个位似中心在点 D 使得线段 XX' 与线段 HA 位似. 因此线段 XX' 的中点与线段 HA 的中点位似, 所以点 D, I_a, M 共线. 问题得证. □

变形 14.6. (纳格尔线) 在 $\triangle ABC$ 中, A 所对的旁切圆交 BC 于点 X, B 所对的旁切圆交 AC 于 Y, C 所对的旁切圆交 AB 于 Z. AX, BY, CZ 交于点 N($\triangle ABC$ 的**纳格尔点**), 设 G 为 $\triangle ABC$ 的质心, I 为 $\triangle ABC$ 的内切圆圆心, 证明: I, G, N 共线且 $GN = 2IG$.

证明 如图 14.7 所示, 设 $\triangle ABC$ 内切圆交 BC 于 D, 设 DD' 为内切圆的直径, 由**定理 14.2** 可知, 点 A, D', X 共线. 设 M 为 BC 中点, 因为 M 是 DX 中点, MI 是 $\triangle XDD'$ 的中线, 所以 $IM \parallel AX$. M 以 G 为中心, 比值为 -2 与 A 位似, 所以直线 IM 与经过点 A 且平行于 IM 的直线 AX 位似. 因此 I 在位似下的射影在直线 AD 上, 同理, 也一定在直线 BE 和 CF 上, 所以 I 的射影是 N, 说明 I, G, N 共线且 $GN = 2IG$, 问题得证. □

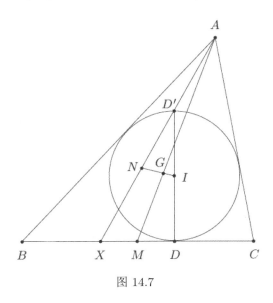

图 14.7

现在, 让我们看看一些应用程序, 我们从 $Mathematical\ Reflections$ 的尺规作图开始.

变形 14.7. 已知 $\triangle ABC$ 内切圆圆心为 I, 边 BC 的中点和从 A 所引垂线的垂足, 利用尺规作出 $\triangle ABC$.

证明 已知从 A 所引的垂线的垂足和 BC 中点 M, 过这两点的直线恰好是直线 BC. 已知内切圆圆心可画出过 I 与 BC 垂直的线, 得到 $\triangle ABC$ 的内切圆. 由**定理 14.2** 可知, 若 D 为内切圆与边 BC 的切点, D' 为内切圆上 D 的对径点, 则 A, D', X 共线, 此时 X 是 A 所对的旁切圆与 BC 的切点, 现在只需找到 X. 由 $MD = MX$ 可以确定 X 的位置, 作直线 XD' 和过 A 的高, 它

们交于顶点 A, 过 A 作内切圆的切线交这两条直线于 BC, 所以得到了顶点 B 和 C, 因此 $\triangle ABC$ 就画出来了. □

尺规作图已经过时了, 对应的竞赛题不是很多, 但是不能否认它的美, 现在举一个简单的国际奥林匹克数学竞赛问题.

变形 14.8. (1992 年国际数学奥林匹克竞赛) 设直线 ℓ 与圆 C 相切, M 是 ℓ 上一点, 找到满足以下条件的所有点 P 的位置: 直线 ℓ 上有两点 Q, R. M 是 QR 中点, 圆 C 是 $\triangle PQR$ 的内切圆.

证明 如图 14.8 所示, 圆 C 与直线 ℓ 交于点 D, DE 为圆 C 的直径, 对于任意 P, Q, R, 直线 PE 与 ℓ 交于点 F, 由**定理 14.2** 可得 $MD = MF$, 点 F 取决于 M, ℓ, C. 所以 P 一定在射线 FE 上且超过 E.

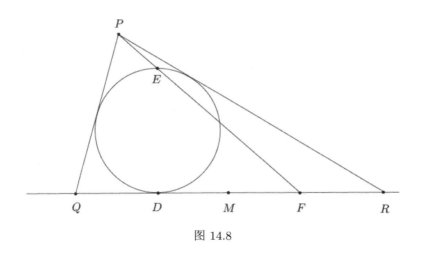

图 14.8

相反地, 点 P 在射线 FE 上且超过 E, 过 P 作圆 C 的切线, 分别与直线 ℓ 交于点 Q, R. 所以 $QF = RD$, 由此可得 M 是 QR 的中点, 因此, 点 P 在射线 FE 上且超过 E. □

习题

14.1. 在 $\triangle ABC$ 中, 圆 k_1 与直线 AB, AC 相切, 圆 k_2 与 BC, BA 相切, 圆 k_3 与 CA, CB 相切, 这三个圆交点为 P 且半径相等, 证明: 当 I, O 分别为 $\triangle ABC$ 的内切圆圆心和外接圆圆心时, P 在直线 IO 上.

14.2. (2000 年俄罗斯北方数学奥林匹克数学邀请赛) 设两个圆内切于点 N, AB 和 BC 分别为外圆的两条弦且与内圆相切于点 K 和 M, Q 和 P 分别为 $\overarc{AB}$ 和 $\overarc{BC}$ (含 N 的一支) 的中点. $\triangle BQK$ 和 $\triangle BPM$ 的外接圆交于点 B, B_1. 证明: 四边形 BPB_1Q 是平行四边形.

14.3. (1999 年国际数学奥林匹克竞赛) 设两个相交的圆 $\varGamma_1$, $\varGamma_2$ 分别与圆 $\varGamma$ 内切于点 $M, N(M \neq N)$. 经过 $\varGamma_2$ 圆心的 $\varGamma_1$ 与 $\varGamma_2$ 的两个交点所在直线圆 $\varGamma$ 交于点 A 和 B. 如果 C 和 D 分别为直线 MA 和 MB 与 $\varGamma_1$ 的交点, 证明: CD 与 $\varGamma_2$ 相切.

14.4. (2012 年沙雷金) 圆心为 I 的圆 ω 内切于由 $\overarc{AB}$ 和弦 AB 所围成的图形, M 为 $\overarc{AB}$ 中点, N 为另一段弧的中点, 过点 N 的切线与 ω 交于 C 和 D, 四边形 $ABCD$ 的对角线 AC 和 BD 交于点 X, 且与四边形 $ABCD$ 的对角线交于点 Y. 证明: 点 X, Y, I, M 四点共线.

14.5. (1999 年美国数学奥林匹克竞赛) 设 $ABCD$ 为等腰梯形, $AB \| CD$, $\triangle BCD$ 的内切圆 ω 与 CD 交于点 E, 设 F 为 $\angle DAC$ 平分线上的点且 $EF \| CD$, 设 $\triangle ACF$ 的外接圆与直线 CD 交于点 C 和 G, 证明: $\triangle AFG$ 是等腰三角形.

14.6. 设 $\triangle ABC$ 的内切圆与 BC 交于点 T_a, 过 A 作 $\triangle ABC$ 的垂线, 中点为 M_a, 同理, 可得到 T_b, T_c, M_b, M_c. 证明: 直线 T_aM_a, T_bM_b, T_cM_c 相交.

14.7. (2003 年城市锦标赛) 设 $\triangle ABC$ 的内切圆与 BC 交于点 K. 证明: 若 $\triangle ABC$ 的外接圆圆心和内切圆圆心所在直线 OI 与 BC 平行, 则 $AO \| HK$, 此时 H 为 $\triangle ABC$ 的垂心.

14.8. (2005 年国际数学奥林匹克竞赛预选题) 设在 $\triangle ABC$ 中, $AB + BC = 3AC$, 以 I 为心的内切圆分别与边 AB, BC 交于点 D, E. K 和 L 分别为 D 和 E 关于 I 的对称点. 证明: 点 A, C, K, L 共圆.

14.9. (2001 年美国数学奥林匹克竞赛) 设 ω 为 $\triangle ABC$ 的内切圆, 与边 BC 和 AC 切于点 D_1, E_1. D_2, E_2 是边 BC, AC 上两点, 满足 $CD_2 = BD_1$, $CE_2 = AE_1$. 线段 AD_2 与 BE_2 的交点为 P, 圆 ω 与 AD_2 交于两点, 距离顶点 A 最近的为 Q. 证明: $AQ = D_2P$.

14.10. (2006 年国际数学奥林匹克竞赛预选题) 设圆心为 O_1, O_2 的两圆 w_1, w_2 外切于点 D, 分别与圆 w 内切于点 E, F. 直线 t 是圆 w_1 和 w_2 在 D 处的公切线, AB 是 w 内垂直于 t 的直径, 满足 A, E, O_1 在 t 的同一侧. 证明: 直线 AO_1, BO_2, EF, t 相交.

第十五章 反演

定义 15.1. 圆心为 O, 半径为 r 的圆的**反演**是指在射线 OP 上, 每一个点 P 对应一个点 P', 使得 $OP \cdot OP' = r^2$. 通常点 O 的反演是本身. 在这个部分中, 给一个点加个撇代表圆的反演. 反演作用非常大, 因为通过反演可以将许多杂乱的圆变成漂亮的线条, 我们很快就会明白其中的道理.

圆心为 O, 半径为 r 的圆 ω, P 和 Q 是平面上的两点, 由 $\angle POQ = \angle P'OQ'$ 和 $OP \cdot OP' = OQ \cdot OQ' = r^2$ 可得 $\triangle POQ$ 与 $\triangle Q'OP'$ 相似, 所以 $\angle OPQ = \angle OQ'P'$, 类似地, 可以得出 $P'Q' = \dfrac{r^2}{OP \cdot OQ} \cdot PQ$.

那么直线和圆的反演是什么呢? 显然, 经过点 O 的直线的反演是它本身. 若直线 ℓ 不经过点 O, 反演是什么样的呢? 针对这种情况, 令点 O 在直线 ℓ 上的投影为 P, Q 为直线 ℓ 上异于点 P 的点, 由 $\angle OQ'P' = \angle OPQ = 90°$ 可得直线 ℓ 反演成直径为 OP' 的圆. 反过来, 若圆 ω 是直径为 OP 且经过点 O 的圆, 则它的反演是经过点 P' 且与直线 OP' 垂直的一条直线. 如果圆 Γ 不经过点 O, 它的反演是怎样的呢? 这时, 设 A, B, C, D 为圆 Γ 上任意四点, 利用有向角可得 $\angle A'C'B' = \angle OC'B' - \angle OC'A' = \angle OBC - \angle OAC$, 同理有 $\angle A'D'B' = \angle OBD - \angle OAD$, 所以 $\angle A'C'B' - \angle A'D'B' = \angle CBD - \angle CAD = 0$, 所以点 A', B', C', D' 四点共圆. 因此, 圆 Γ 的反演是一个圆.

结论:

(a) 经过点 O 的直线的反演是本身.

(b) 不经过点 O 的直线的反演是经过点 O 的圆, 反之亦然.

(c) 不经过点 O 的圆的反演是不经过点 O 的圆.

现在让我们来看一下应用, 下面的四个问题不用画图, 根据利用反演的基本特点就可得到解决.

变形 15.1. 若圆 ω 与圆 Γ 正交, 证明: 圆 ω 关于圆 Γ 的反演是它本身.

证明 设圆 ω 与圆 Γ 相交于 A, B. 设 O_1, O_2 分别为 ω, Γ 的圆心, 直线

O_1O_2 交圆 Γ 于 C, D. 要证 Γ 的反演是圆和 A, B 的反演是本身，即证 D 的反演是 C. 因为 ω 和 Γ 是正交的，$\angle O_1AO_2 = 90°$，由圆幂定理和勾股定理可得

$$O_1C \cdot O_1D = O_1O_2^2 - O_2A^2 = O_1A^2,$$

这就证得 D 的反演是 C. □

变形 15.2. (托勒密不等式) 对于任意凸四边形 $ABCD$，证明：$AB \cdot CD + DA \cdot BC \geqslant AC \cdot BD$.

证明 作圆心为 A，半径为 1 的圆的反演，则 $AB = \dfrac{1}{AB'}$，$AC = \dfrac{1}{AC'}$，$AD = \dfrac{1}{AD'}$，$BC = B'C' \cdot AB' \cdot AC'$，$BD = B'D' \cdot AB' \cdot AD'$，$CD = C'D' \cdot AC' \cdot AD'$. 所以不等式等价于 $B'C' + C'D' \geqslant B'D'$，由三角形不等式知，这是恒成立的. 当且仅当 B', C', D' 共线即凸四边形 $ABCD$ 内接于圆时取等号. □

变形 15.3. (2003 年国际数学奥林匹克竞赛预选题) 设 $\Gamma_1, \Gamma_2, \Gamma_3, \Gamma_4$ 是四个不同的圆，其中 Γ_1, Γ_3 外切于点 P，Γ_2, Γ_4 也外切于点 P. 设 Γ_1 与 Γ_2，Γ_2 与 Γ_3，Γ_3 与 Γ_4，Γ_4 与 Γ_1 分别交于 A, B, C, D 不同于点 P 的四点. 证明：

$$\frac{AB \cdot BC}{AD \cdot DC} = \frac{PB^2}{PD^2}.$$

证明 圆心为 P 半径为 1 的圆的反演. 圆 $\Gamma_1, \Gamma_2, \Gamma_3, \Gamma_4$ 反演到直线 $\ell_1, \ell_2, \ell_3, \ell_4$. 显然，由于反演保留了交点，我们也就能得到 $A' = \ell_1 \cap \ell_2$，$B' = \ell_2 \cap \ell_3$，$C' = \ell_3 \cap \ell_4$，$D' = \ell_4 \cap \ell_1$. 现在由于 Γ_1, Γ_3 相切于点 P 能得出 $\ell_1 \parallel \ell_3$. 同样地，$\ell_2 \parallel \ell_4$. 这样四边形 $A'B'C'D'$ 为平行四边形. 因此 $A'B' = C'D'$，由于 $A'B' = \dfrac{AB}{PA \cdot PB}$，$C'D' = \dfrac{CD}{PC \cdot PD}$，通过划分我们可以得到

$$\frac{AB}{CD} = \frac{PA \cdot PB}{PC \cdot PD}.$$

同样，我们也可以得出

$$\frac{BC}{DA} = \frac{PB \cdot PC}{PD \cdot PA}.$$

作乘法得出最终结果. □

变形 15.4. (1996 年国际数学奥林匹克竞赛) 设 P 为 $\triangle ABC$ 内一点使得 $\angle APB - \angle ACB = \angle APC - \angle ABC$. 设 D, E 分别为 $\triangle APB, \triangle APC$ 的内切圆圆心，则直线 AP, BD, CE 交于一点.

证明 设 $X = BD \cap AP, Y = CE \cap AP$. 由角平分线定理可得 $\dfrac{AX}{PX} = \dfrac{AB}{PB}, \dfrac{AY}{PY} = \dfrac{AC}{PC}$, 由此 $X = Y$, 当且仅当 $\dfrac{AB}{PB} = \dfrac{AC}{PC}$ 时成立. 作圆心为 A, 半径为 1 的圆的反演. 设 $\angle AB'P' - \angle AB'C' = \angle AC'P' - \angle AC'B'$ 也就等同于 $\angle C'B'P' = \angle B'C'P'$. 因此 $\triangle B'C'P'$ 为等腰三角形, $B'P' = C'P'$. 但 $B'P' = \dfrac{BP}{AB \cdot AP}, C'P' = \dfrac{CP}{AC \cdot AP}$, 由此我们可以得到 $\dfrac{AB}{PB} = \dfrac{AC}{PC}$. 问题得证. □

变形 15.5. 设 $\triangle ABC$ 的内切圆分别交 BC, CA, AB 于点 D, E, F. 设 I, O 分别为 $\triangle ABC$ 的内切圆和外接圆圆心. 证明: $\triangle DEF$ 的垂心在直线 IO 上.

证明 如图 15.1 所示, 设点 M, N, P 分别为线段 EF, FD, DE 的中点, r 为 $\triangle ABC$ 内切圆的半径. 作关于 $\triangle ABC$ 的内切圆的反演: 显然, 点 I, M, A 三点共线, 还能计算出 $IA = \dfrac{r}{\sin \dfrac{A}{2}}, IM = r \sin \dfrac{A}{2}$. 故由于 $IA \cdot IM = r^2$, 由此可以得到由 A 到 M 的反演, 把 B 和 C 反演到 N 和 P 亦是如此.

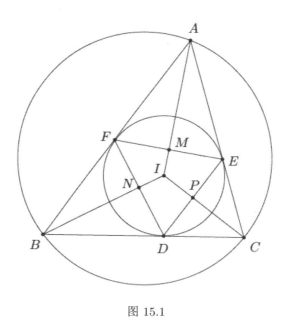

图 15.1

由此可得, 所考虑的反演将 $\triangle ABC$ 的外接圆取为 $\triangle MNP$ 的外接圆, 即 $\triangle DEF$ 的九点圆. 因此 $\triangle DEF$ 的九点圆中心及 I, O 三点共线. 但 $\triangle DEF$ 的垂心显然是点 I 关于在 $\triangle DEF$ 的九点圆的圆心的对称点. 因此可以得出共线性, 也就是三点都在 $\triangle DEF$ 的欧拉线上. □

变形 15.6. 设 $\triangle ABC, \triangle XYZ$ 为两个三角形, 使得 $\triangle BCX, \triangle CAY, \triangle ABZ$ 的外接圆在点 P 相交. 证明: $\triangle YZA, \triangle ZXB, \triangle XYC$ 的外接圆也相交.

证明 作关于以点 P 为圆心任意长为半径的圆的反演. $\triangle BCX, \triangle CAY$, $\triangle ABZ$ 的外接圆映射到 $\triangle A'B'C'$, 使得 X', Y', Z' 分别位于 $B'C', C'A', A'B'$ 边上. $\triangle YZA$, $\triangle ZXB$, $\triangle XYC$ 的外接圆映射到 $\triangle Y'Z'A'$, $\triangle Z'X'B'$, $\triangle X'Y'C'$ 的外接圆上, 这足以表明这些圆是相交的. 但这就是在杜洛斯—凡利直线定理证明中介绍的密克尔枢轴定理 (**变形 8.8**) 因此, 证明成立. □

变形 15.7. (2006 年中国国家队选拔赛) 如图 15.2 所示, 设 ω 作为 $\triangle ABC$ 的外接圆, 点 P 作为 $\triangle ABC$ 的内切圆圆心. A_1, B_1, C_1 分别是直线 AP, BP, CP 与 ω 的另一个交点, A_2, B_2, C_2 分别为点 A_1, B_1, C_1 在 BC, CA, AB 另一侧的对称点. 这表明 $\triangle A_2 B_2 C_2$ 的外接圆经过 $\triangle ABC$ 的垂心 H.

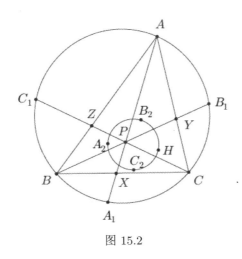

图 15.2

证明 设 $X = AA_1 \cap BC$, $Y = BB_1 \cap CA$, $Z = CC_1 \cap AB$. 首先注意的是, 通过比值引理的多重应用, 最后由塞瓦定理可得

$$\frac{A_2 B}{A_2 C} \cdot \frac{B_2 C}{B_2 A} \cdot \frac{C_2 A}{C_2 B} = \frac{A_1 B}{A_1 C} \cdot \frac{B_1 C}{B_1 A} \cdot \frac{C_1 A}{C_1 B}$$
$$= \left(\frac{XB}{XC} \cdot \frac{\sin \angle CA_1 A}{\sin \angle BA_1 A} \right) \cdot \left(\frac{YC}{YA} \cdot \frac{\sin \angle AB_1 B}{\sin \angle C \angle B_1 B} \right) \cdot \left(\frac{ZA}{ZB} \cdot \frac{\sin \angle BC_1 C}{\sin \angle AC_1 C} \right)$$
$$= \left(\frac{XB}{XC} \cdot \frac{YC}{YA} \cdot \frac{ZA}{ZB} \right) \cdot \left(\frac{\sin B}{\sin C} \cdot \frac{\sin C}{\sin A} \cdot \frac{\sin A}{\sin B} \right)$$
$$= 1,$$

现在, 将作以 H 为圆心, 1 为半径的圆的反演. 如图 15.3 所示, 注意点

B, C, H, A_2 均在圆上, 射影穿过线 BC, 就成了 ω. 因此点 B', C', A_2' 共线, 同样, 点 C', A', B_2' 和点 A', B', C_2' 也共线. 故得到

$$\frac{A_2'B'}{A_2'C'} \cdot \frac{B_2'C'}{B_2'A'} \cdot \frac{C_2'A'}{C_2'B'} = \left(\frac{A_2B}{A_2C} \cdot \frac{HC}{HB}\right) \cdot \left(\frac{B_2C}{B_2A} \cdot \frac{HA}{HC}\right) \cdot \left(\frac{C_2A}{C_2B} \cdot \frac{HB}{HA}\right) = 1$$

因此由梅涅劳斯定理得, 在 $\triangle A'B'C'$ 上点 A_2', B_2', C_2' 共线. 这意味着 H, A_2, B_2, C_2 共圆. □

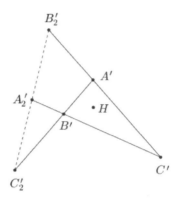

图 15.3

$\triangle A_2B_2C_2$ 的外接圆也称为 $\triangle ABC$ 的 P-哈格圆.

变形 15.8. (2015 年中国国家队选拔赛) 如图 15.4 所示, $\triangle ABC$ 为等腰三角形, $AB = AC > BC$. 设点 D 为其内切圆圆心使得 $DA = DB + DC$. 假设线段 AB 的垂直平分线与 $\angle ADB$ 的外角平分线交于点 P, 线段 AC 的垂直平分线与 $\angle ADC$ 的外角平分线交于点 Q. 证明: B, C, P, Q 共圆.

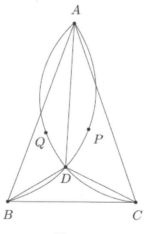

图 15.4

证明 如图 15.5 所示, 显然, 点 P 为 $\triangle BDA$ 的外接圆上的 $\overparen{BDA}$ 的中点, 同样点 Q 为 $\triangle CDA$ 的外接圆上的 $\overparen{CDA}$ 的中点. 考虑到以 D 为圆心, 1 为半径的圆的反演. 由第一次观测可以得到点 C', A', Q' 共线, 点 B', A', P' 共线 (由其他观测得到). 现在继续进行度量观测:

(1): $\dfrac{1}{A'D} = \dfrac{1}{B'D} + \dfrac{1}{C'D}$ —— 由已知条件可得.

(2): $\dfrac{A'B'}{A'C'} = \dfrac{B'D}{C'D}$ —— 由 $\triangle ABC$ 为等腰三角形可得.

(3): $\dfrac{A'P'}{B'P'} = \dfrac{A'D}{B'D}$ —— 由 $\triangle APB$ 为等腰三角形可得.

(4): $\dfrac{A'Q'}{C'Q'} = \dfrac{A'D}{C'D}$ —— 由 $\triangle AQC$ 为等腰三角形可得.

显然, 四边形 $B'C'P'Q'$ 是共圆的, 也就是说 $A'C' \cdot A'Q' = A'B' \cdot A'P'$. 但是通过分析 (3) 和 (4) 再运用 (2) 可以得到 $\dfrac{A'Q'}{A'P'} = \dfrac{A'B' \cdot C'Q'}{A'C' \cdot B'P'}$, 这足够表明 $C'Q' = B'P'$. 但是再由 (3)(4), $A'C' + A'Q' = C'Q'$ 和 $A'B' + A'P' = B'P'$ 则可以得到 $C'Q' = \dfrac{A'B'}{1 - \dfrac{A'D}{C'D}}$ 和 $B'P' = \dfrac{A'C'}{1 - \dfrac{A'D}{B'D}}$, 由 (1) 和 (2) 能够很容易得到结果. □

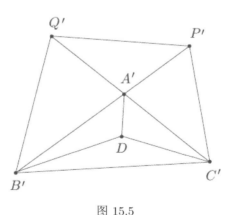

图 15.5

变形 15.9. (**2014 上半年国际数学奥林匹克竞赛**) 设四边形 $ABCD$ 为以 O 为圆心 ω 为外接圆的共圆四边形, 假设 $\triangle AOB$ 和 $\triangle COD$ 的外接圆相交于点 G, 同时 $\triangle AOD$ 和 $\triangle BOC$ 的外接圆相交于点 H. 用 ω_1 表示穿过 G 也过从点 G 到 AB 和 CD 的垂足的圆. 将 ω_2 类比作为穿过 H 也过从 H 到 BC 和 DA 的垂足的圆. 这表明 GH 的中点位于 ω_1 和 ω_2 的根轴上.

证明 如图 15.6 所示,首先,设 $E = AB \cap DC$, $F = BC \cap AD$. 设 O_1, O_2 分别为 ω_1, ω_2 的圆心. 设 M 为线段 GH 的中点. 考虑到关于 ω 的反演. 显然直线 AB 反演到 $\triangle AOB$ 的外接圆,直线 CD 反演到 $\triangle COD$ 的外接圆,所以 E 反演到 G. 同样有 F 反演到 H. 而且,注意 ω_1, ω_2 是分别是以 EG, FH 为直径的圆. 由于 M 为 GH 的中点,O_1 为 GE 的中点. 可以得到 $O_1M \parallel HE$, 同样可得 $O_2M \parallel GF$.

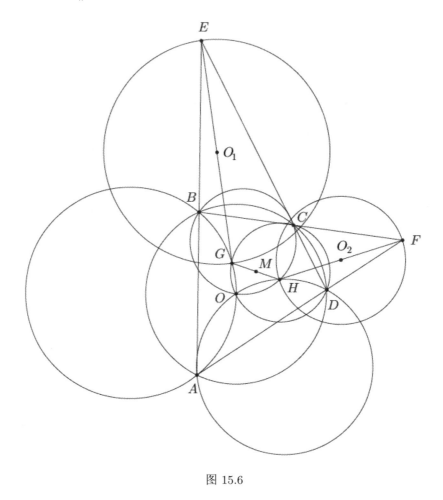

图 15.6

由布洛卡定理可得 GF 为 E 关于圆 ω 的极线,由此可以得出 $GF \perp OE$, 因此 $O_2M \perp OE$, 这意味着 $O_2M \perp OO_1$. 同样地,$O_1M \perp OO_2$, 因此 M 为 $\triangle OO_1O_2$ 的垂心. 这意味着 $OM \perp O_1O_2$, 也表明 M 在 ω_1 和 ω_2 的根轴上,只要表明 O 在这个根轴上就足够了. 但回想 ω 的反演,G 反演到 E,H 反演到 F, 则当 R 为 ω 的半径时可得到 $OG \cdot OE = OH \cdot OF = R^2$, 因此 O 相对于

ω_1 和 ω_2 的幂是相等的, 因此 O 在 ω_1 和 ω_2 的根轴上, 即可证明. □

事实上, 即使 O 被替换成 OQ 上的任意的点, 问题仍然成立. 此时 $Q = AC \cap BD$.

我们以 1822 年首次由卡尔·费尔巴哈发现的惊人结果结束了这一部分.

定理 15.1.(费尔巴哈定理) 证明 $\triangle ABC$ 的九点圆与 $\triangle ABC$ 的内切圆相切.

证明 如图 15.7 所示, 设点 A' 为线段 BC 的中点. 设 X 和 X' 分别为 $\triangle ABC$ 的内切圆与 A 所对的旁切圆和 BC 的交点. 设 I, J 分别为 $\triangle ABC$ 的内切圆和 A 所对的旁切圆的中心. 设 D 为 $\triangle ABC$ 中 AD 的垂足, $L = AI \cap BC$. 注意到 $A'X = A'X'$. 考虑到以 XX' 为直径的圆的反演. 由于 $\angle IXA' = \angle JX'A' = 90°$, 可以得出以 XX' 为直径的圆与 $\triangle ABC$ 的内切圆

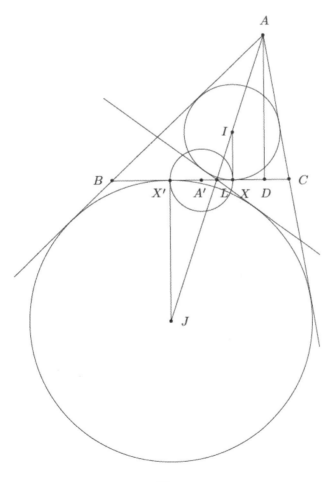

图 15.7

和 A 所对的旁切圆正交. 因此由**变形 15.1** 可以得出 $\triangle ABC$ 的内切圆和 A 所对的旁切圆都反演到它们本身. 又由于 A,I,L,J 共线，$AD \parallel IX \parallel JX'$, 则可以很容易得到
$$\frac{DX}{DX'} = \frac{LX}{LX'}.$$
因此 $(D,L;X,X')$ 是调和的. 但由于 A' 为 XX' 的中点, 也就是 $AL \cdot AD = AX^2$. 故由 D 反演到 L. 由于 A' 和 D 均在 $\triangle ABC$ 的九点圆上, 则可以得出九点圆反演到一条经过 L 的直线上.

考虑到直线 ℓ 与 $\triangle ABC$ 的九点圆在 A' 相切. 很容易得出 $\angle(\ell,BC) = \angle(\ell,B'C') = |\angle B - \angle C|$, 由于 $\triangle ABC$ 的九点圆一定反演成一条平行于 ℓ 的直线, 也就是 $\triangle ABC$ 的九点圆反演到一条经过 L 的直线, 作一个大小为 $|\angle B - \angle C|$ 的角和直线 BC. 一个简单的证明恰好是 BC 关于 IJ 的对称的直线. 因此 $\triangle ABC$ 的九点圆就反演成 $\triangle ABC$ 的内切圆和 A 所对的旁切圆的公切线, 由于反演保留相切性, 故证毕. □

事实上, 还可以得出更多证明: $\triangle ABC$ 的九点圆切于 $\triangle ABC$ 的旁切圆.

习题

15.1. 设 $\omega_1, \omega_2, \omega_3, \omega_4$ 为四个圆, ω_2, ω_4 分别与 ω_1, ω_4 相切于点 A, B 和 C, D. 证明: A, B, C, D 四点共圆.

15.2. 设点 A,B,C 按照顺序排在一条直线上. 半圆 $\omega, \omega_1, \omega_2$ 分别作在 AB 同侧的线段 AC, AB, BC 上. 圆的顺序 (k_n) 的构造如下, k_0 是由 ω_2 确定的圆, k_n 是与圆 ω, ω_1 外切的圆, k_{n-1} 适用于 $n \geqslant 1$ 的全体整数. 证明: 从 k_n 的圆心到直线 AB 的距离是 k_n 的半径的 $2n$ 倍, 其中 n 为非负整数.

15.3. 设 s 为 $\triangle ABC$ 的半周长, E 和 F 为直线 AB 上的点, 使得 $CE = CF = s$. 证明: $\triangle CEF$ 的外接圆和 $\triangle ABC$ 的 C 所对的旁切圆相切.

15.4. 设 ω 为 $\triangle ABC$ 的内切圆, 使得 ω 分别与 BC, CA, AB 交于 D, E, F. 设 I 为 $\triangle ABC$ 的内切圆圆心. 证明: $\triangle AID$, $\triangle BIE$, $\triangle CIF$ 和 $\triangle DEF$ 的欧拉线再次相交.

15.5. 设 ω 为以 PQ 为直径的半圆. 一个和 ω 内切的圆 k 与线段 PQ 交于点 C. 设 AB 与圆 k 相切使得 $AB \perp PQ$, A 在 k 上, B 在线段 CQ 上, 显然 AC 平分 $\angle PAB$.

15.6. (2012 年中国国家队选拔赛) 设两圆为 ω_1, ω_2, $\mathcal{S}$ 表示 $\triangle ABC$, ω_1 为 $\triangle ABC$ 的外接圆, ω_2 为 $\triangle ABC$ 中 A 所对的旁切圆. 对于 $\triangle ABC$ 而言, 设 ω_2 分别与 BC, CA, AB 交于 D, E, F. 如果 $\mathcal{S}$ 不为空, 证明: 无论 $\triangle ABC$ 的形状如何, $\triangle DEF$ 的质心都是一定的.

15.7. (2013 上半年国际数学奥林匹克竞赛预选题) 在 $\triangle ABC$ 中, 点 D 在直线 BC 上, $\triangle ABD$ 的外接圆与 AC 相交于点 F(点 A 除外), $\triangle ADC$ 的外接圆交 AB 于点 E(点 A 除外). 证明: 随着 D 的变化, $\triangle AEF$ 的外接圆总是经过除点 A 之外的一个定点, 这个点位于 A 到 BC 的中线上.

15.8. (2015 年国际数学奥林匹克竞赛) 设 $\triangle ABC$ 为锐角三角形, $AB > AC$. 设 Γ 为它的外接圆, H 为垂心, F 为 A 的垂足. 设 M 为 BC 的中点, Q 为 Γ 上的一点, 使得 $\angle HQA = 90°$, K 为 Γ 上的一点使得 $\angle HKQ = 90°$. 假设点 A, B, C, K, Q 均不同且按一定顺序排在圆 Γ 上. 证明: $\triangle KQH$ 和 $\triangle FKM$ 的外接圆互切.

15.9. (1994 年亚太数学奥林匹克竞赛) 是否有无穷多的共圆点使得任意两点间的距离是相等的?(评论: 有的, 这是一个数论问题. 但是把线 $x = 1$ 反演到单位圆会发生什么? 特别是, 组成 $\left(1, \dfrac{2s}{s^2 - 1}\right)$ 的点 $s \in \mathbb{Q}$ 会怎样?

第十六章 蒙日-达朗贝尔圆定理

定义 16.1. 分别考虑两个圆 ω_1 和 ω_2,圆心为 O_1 和 O_2 并且半径为 r_1 和 r_2. 那么 ω_1 和 ω_2 的**外相似中心** 是直线 O_1O_2 上的点 E,且满足

$$\frac{EO_1}{EO_2} = \frac{r_1}{r_2},$$

并且它们的**内相似中心** 是直线 O_1O_2 上的点 I,且满足

$$\frac{IO_1}{IO_2} = -\frac{r_1}{r_2},$$

在这里我们使用的是向量.

变形 16.1. 如果两个圆 ω_1 和 ω_2 的公共外切线相交在点 E,并且两个圆 ω_1 和 ω_2 的公共内切线相交于点 I,证明:E 和 I 分别是 ω_1 和 ω_2 的外相似中心和内相似中心.

在众多美丽的几何学定理中,有些因其在各种问题中的简单性和广泛适用性脱颖而出,在这些问题中,往往很难用其他技术以同样优雅的方式获得相同的结果. 其中一个结果是**蒙日-达朗贝尔圆定理** (我们将简称蒙日定理),以法国著名的几何学家加斯帕尔·蒙日和让·勒朗·达朗贝尔命名.

定理 16.1.(蒙日-达朗贝尔圆定理) 位于同一平面上的三个不同的圆,它们的成对外相似中心是共线的. 特别地,对于三个非相交圆,每两个成对圆有一个公共外切线的交点,这三个交点是共线的.

证法一 如图 16.1 所示,我们用 $\omega_1, \omega_2, \omega_3$ 表示三个圆,分别设它们的圆心为 O_1, O_2, O_3,半径为 r_1, r_2, r_3. 圆 ω_2 和 ω_3 的外相似中心用 E_1 表示,并用同样的方法定义 E_2 和 E_3. 那么点 E_1, E_2, E_3 分别位于直线 O_3O_2, O_1O_3, O_1O_2 上,且有

$$\frac{E_1O_2}{E_1O_3} = \frac{r_2}{r_3}, \quad \frac{E_2O_3}{E_2O_1} = \frac{r_3}{r_1}, \quad \frac{E_3O_1}{E_3O_2} = \frac{r_1}{r_2}.$$

因此, 根据梅涅劳斯定理, 点 E_1, E_2, E_3 共线得证. □

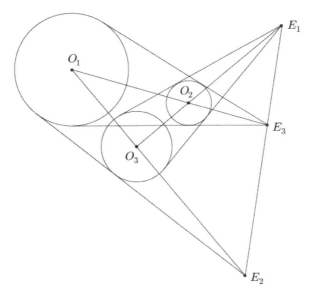

图 16.1

证法二 假设没有一个圆在其他圆的内部. 使用与第一个证明相同的方法, 考虑分别由圆 $\omega_1, \omega_2, \omega_3$ 确定的球 $\Omega_1, \Omega_2, \Omega_3$. 将由圆 $\omega_1, \omega_2, \omega_3$ 确定的平面表示为 P_1, 将与三个球 $\Omega_1, \Omega_2, \Omega_3$ 相切的平面表示为 P_2, 且三个球在该平面的一侧. 这些平面相交于一条直线 ℓ. E_1, E_2, E_3 也是球的成对的外相似中心 (用明显的方式, 我们把相似中心的定义扩展到球体上), 并且很明显, 这些点都在直线 ℓ 上. 这就完成了证明. □

请注意, 第一个证明可以很容易地用于显示以下变化, 我们也将它 (简而言之) 称为蒙日定理:

定理 16.2. 由位于同一平面上的三个不同的圆所决定的两个内相似中心, 都位于同一平面上, 与最后一对圆的外相似中心是共线的.

让我们讨论一下这个定理的一些应用! 我们从保罗·尤的主要结果开始 [37].

变形 16.2. 设 Ω 为 $\triangle ABC$ 的外接圆, ω_a 为与线段 CA, 线段 AB, 和 Ω 相切的圆. 同样定义 ω_b 和 ω_c. 设 $\omega_a, \omega_b, \omega_c$ 分别与 Ω 交于点 A', B', C'. 直线 AA', BB', CC' 交在直线 OI 上, 其中 O 和 I 分别是 $\triangle ABC$ 的外接圆圆心和内切圆圆心.

证明 如图 16.2 所示，设 ω 是 $\triangle ABC$ 的内切圆，K 是 ω 和 Ω 的外相似中心. 请注意，直线 CA 和 AB 是圆 ω 和 ω_a 的外公切线，所以通过**变形 16.1**，A 是这两个圆的外相似中心. 而且，由于 ω_a 和 Ω 相切于 A'，很明显 A' 是这两个圆的外相似中心. 因此，根据蒙日定理在 Ω, ω 和 ω_a 上，我们可以知道 K 位于直线 AA' 上. 类似地，K 位于直线 BB' 和 CC' 上，又根据定义知 K 位于直线 IO 上，因此我们得到了期望的结果. □

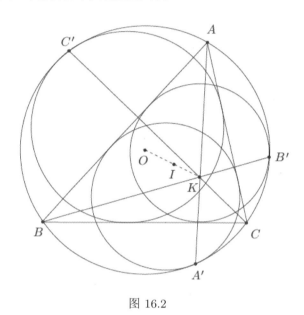

图 16.2

我们将在后面的材料中回到这个结构，在这里我们将利用反演来展示一些更有趣和有难度的特性. 我们现在转到蒙日定理的另一个快速应用：阿基米德引理！现在看看这一结果的第二个证明方法.

变形 16.3. (**阿基米德引理**) 设 ω_2 是较大圆 ω_1 的内切圆，且两圆相切于点 A，设 XY 成为 ω_1 和 ω_2 在点 B 的公共弦，C 是圆 ω_1 上的不包含 A 的 $\overset{\frown}{XY}$ 的中点. 那么点 A，B 和 C 是共线的.

证明 考虑三个圆 ω_1, ω_2 和退化圆线 XY. ω_1 和 ω_2 的相似中心是 A，ω_2 和直线 XY 的相似中心是 B，最后，重要的是，直线 XY 和 ω_1 的外相似中心是 C (这很难想象，试着说服自己它的意义). 从而得出了蒙日定理的结论. □

现在，解决一个困难的问题：2007 年罗马尼亚队选拔考试中的一个问题.

变形 16.4. (**2007 年罗马尼亚国家队选拔赛**) 在 $\triangle ABC$ 中，设 Γ_A 是与边 AB 和 AC 相切的圆，Γ_B 是与边 BC 和 BA 相切的圆，Γ_C 是与边 CA 和

CB 相切的圆. 假设 $\Gamma_A, \Gamma_B, \Gamma_C$ 都是两两相切的. 设 D 是 Γ_B 和 Γ_C 之间的切点, E 是 Γ_C 和 Γ_A 之间的切点, F 是 Γ_A 和 Γ_B 之间的切点. 证明: 直线 AD, BE, CF 是相交的.

证明 设 X 是 Γ_B 和 Γ_C 的外相似中心. 由于 E 是 Γ_C 和 Γ_A 的内相似中心, F 是 Γ_C 和 Γ_A 的内相似中心, 由蒙日定理关于圆 $\Gamma_A, \Gamma_B, \Gamma_C$ 可知 $X = EF \cap BC$. 同理可得 $Y = FD \cap CA$ 和 $Z = DE \cap AB$, 则 Y 是 Γ_C 和 Γ_A 的外相似中心, Z 是 Γ_A 和 Γ_B 的外相似中心. 因此, 根据蒙日定理, 在 $\Gamma_A, \Gamma_B, \Gamma_C$ 上又有点 X, Y, Z 是共线的. 因此, 通过笛沙格定理, 对于 $\triangle ABC$ 和 $\triangle DEF$, 我们得到了所需的相交性. □

这三个圆被称为 $\triangle ABC$ 的**玛法蒂圆**. 虽然这是 2007 年罗马尼亚国际海事组织的选拔测试的结果, 这一结果在文献中是更加知名的. AD, BE 和 CF 的公共点用 X_{179}[23] 表示, 使用三线坐标

$$\left(\sec^4 \frac{A}{4} : \sec^4 \frac{B}{4} : \sec^4 \frac{A}{4}\right),$$

并且被称为第一个阿吉玛-玛法蒂点.

下一个练习是波兰于 2007 年由越南主办的第 48 届国际海事组织提出的一项困难的建议. 这一问题是 Waldemar Pompe 提出的, 并作为问题 G8 出现在海事组织的入围名单上. 同样, 利用蒙日定理, 使得一个非常优雅的解决方案是可能的. 也就是说, 让我们再一次扩大 G8 的规模!

变形 16.5. (2007 年国际数学奥林匹克竞赛预选题) 设点 P 位于凸四边形 $ABCD$ 中的 AB 上. 设 ω 是 $\triangle CPD$ 的内切圆, 并设 I 为它的圆心. 假设 ω 分别与 $\triangle APD$ 和 $\triangle BPC$ 的内切圆相切于点 K 和 L. 设直线 AC 和 BD 相交于点 E, 设直线 AK 和 BL 相交于点 F. 则 E, I 和 F 三点共线.

证明 我们从一个重要的引理开始.

引理 16.1. (**Pithot 定理**) 凸四边形 $ABCD$ 中当且仅当 $AB + CD = AD + BC$ 时, 有内切圆.

证明 这个证明很简洁. 假设 $ABCD$ 有一个内切圆, 设 X, Y, Z, T 分别是该内切圆与 AB, BC, CD, DA 边的切点. 通过相等的切线, 我们得到了 $AX = AT, BX = BY, CY = CZ, DZ = DT$; 因此, 我们即可得到了 $AB + CD = AD + BC$, 证毕.

相反, 找出矛盾, 假设 $ABCD$ 没有内切圆, 并设 Γ 是与 DA, AB, BC 边相切的圆. 根据我们的假设, 这个圆与 CD 不相切, 因此, 如果我们取 D 到 Γ

的切线与 DA 不同, 并与 BC 相交于点 C', 则 $C' \neq C$. 但四边形 $ABC'D$ 有一个内切圆, 意味着, 我们得到了 $AB + C'D = AD + BC'$; 因此, 就可以得出 $CD - C'D = CC'$, 这意味着, 通过三角形不等式知, 点 C, D 和 C' 是共线的. 然而, 通过构造, 表明 $C' = C$, 这是一个矛盾. 因此, Γ 需要成为四边形 $ABCD$ 的内切圆. 这证明了矛盾.

再回到问题上, 如图 16.3 所示, 考虑圆心是 O 的圆 Γ 切于四边形 $ABCD$ 的边 AB, BC, AD, 并用 $\omega_1, \omega_2, \omega$ 分别表示 $\triangle APD, \triangle BPC$ 和 $\triangle CPD$ 的内切圆. 由**变形 16.1** 知, A 是 ω_1 的外相似中心, Γ 和 K 是 ω_1 和 ω 的内相似中心, 根据蒙日定理在 Γ, ω, ω_1 上可知, 直线 AK 与 OI 相交于 Γ 和 ω 的内相似中心. 类似地, 我们得到直线 BL 与 OI 相交于 Γ 和 ω 的内相似中心. 因此 F 是 Γ 和 ω 的内相似中心, 故仍然需要证明 E 位于直线 OI 上.

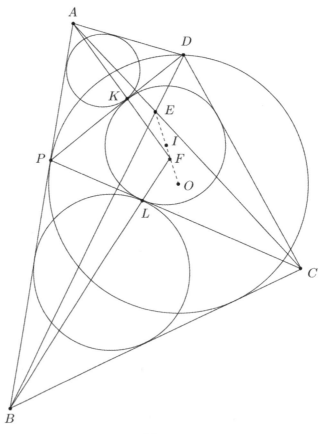

图 16.3

显然, 从一点到圆的切线长度相等, 根据 Pithot 定理, 快速计算得出若 $BC + PD = BP + CD$ 和 $AD + PC = AP + CD$, 则四边形 $APCD$ 和 $PBCD$ 有内切圆. 用 ω_a 和 ω_b 表示它们各自的内切圆. 现在 A 是 ω_a 和 Γ 的内相似中心, C 是 ω_a 和 ω 的外相似中心, 因此, 由蒙日定理, 在 Γ, ω, ω_a 中, 直线 AC 与直线 OI 相交于圆 ω 和 Γ 的外相似中心. 类似地, 直线 BD 与直线 OI 相交于 ω 和 Γ 的外相似中心. 因此, 我们得出结论 E 和 F 分别是圆 Γ 和 ω 的内相似中心和外相似中心. 这就完成了证明, 并且表明 $(O, I; E, F)$ 是调和的. □

作为蒙日定理的最终应用, 我们选择了有史以来最困难的问题之一: 2008 年的最后一个问题, 它是由弗拉基米尔·什马罗夫提出的, 并在竞赛中被选为第 6 题, 这个问题由极少数学生解决了. 535 名参赛选手中只有 12 人能给出完美的解决方案!

变形 16.6. (2008 年国际数学奥林匹克竞赛) 设 $ABCD$ 为一个 $BA \neq BC$ 的凸四边形. 分别用 k_1 和 k_2 表示 $\triangle ABC$ 和 $\triangle ADC$ 的内切圆. 假设存在一个圆 k 与过点 A 的射线 BA 相切, 与过点 C 的射线 BC 相切, 它也与直线 AD 和 CD 相切. 证明: k_1 和 k_2 的外公切线在 k 上相交.

证明 如图 16.4 所示, 设 K 为 R_1, R_2 外公切线的交点. 设 I_1, I_2 和 I 分别是 k_1, k_2 和 k 的圆心. 设 k_1 和 k_2 分别交 AC 于点 E 和点 F. 设 E' 和 F' 分别是 k_1 和 k_2 上与 E 和 F 的对径点. 设 BC, BA, DC 和 DA 交 k 分别于点 W, X, Y 和 Z. 于是有

$$2CE = CA + CB - AB = CA + AX - CW = CA + AD - DC = 2AF$$

故 $CE = AF$. 因此, 点 B, E', F 是共线的, 点 D, F', E 是共线的, 所以 $I_1 E' \parallel I_2 F$ 和 $I_2 F' \parallel I_1 E$, 我们得到 $BF \cap DE = K$. 现在画一条线 ℓ 过 K 平行于 AC, 并设它与 BA, BC, DA, DC 分别在 A_1, C_1, A_2, C_2 相交. 线段 AC 与 $A_1 C_1$ 是以点 B 为中心的位似. 我们知道它使 F 位似于 K, 因为 F 是 $\triangle ABC$ 中 B 所对的旁切圆与 AC 的交点, 我们可以得出结论: K 是 $\triangle BA_1 C_1$ 中 B 所对的旁切圆与 ℓ 的交点. 同样, K 是 $\triangle DA_2 C_2$ 中 D 所对的旁切圆与 ℓ 的交点. 用 ω_1 和 ω_2 分别表示这些旁切圆. 由蒙日定理关于圆 k, ω_1 和 ω_2 可知, 点 B, D 和 K 一定共线, 除非有两个圆共用它们的圆心 (在这种情况下我们不能使用蒙日定理). 但易看出如果点 B, D, K 是共线的, 则 $BA = BC$, 矛盾. 所以立即可得到 $k = \omega_1 = \omega_2$, 证明完毕. □

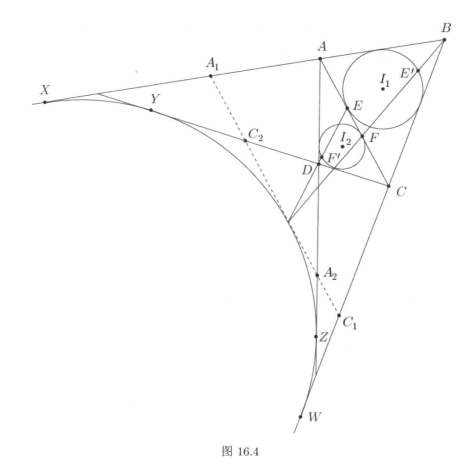

图 16.4

习题

16.1. 设 k_1 和 k_2 为两个给定的圆. 考虑所有与它们的外部都相切的圆 k, 并用 T_1 和 T_2 分别表示切点. 证明: 直线 T_1T_2 通过一个定点.

16.2. (2011 年埃尔莫预选题) 在 $\triangle ABC$ 中, 作圆 ω_A, ω_B 和 ω_C 使得 ω_A 相切于 AB 和 AC, 类似地, 定义 ω_B 和 ω_C, 设 P_A 为 ω_B 和 ω_C 的内相似中心, 类似地定义 P_B 和 P_C. 证明: AP_A, BP_B 和 CP_C 是相交的.

16.3. (2013 年中国) 设非相交圆 $\omega_1, \omega_2, \omega_3$ 分别与圆 Ω 相切于点 A, B, C. 设 ℓ_1, ℓ_2 和 ℓ_3 是圆 ω_2, ω_3 和 ω_3, ω_1 及 ω_1, ω_2 的外公切线, 设 $X = \ell_2 \cap \ell_3$, $Y = \ell_3 \cap \ell_1, Z = \ell_1 \cap \ell_2$. 证明: 直线 AX, BY, CZ 相交于直线 IO 上, 其中 I 是 $\triangle XYZ$ 的内切圆圆心, O 是圆 Ω 的圆心.

16.4. 给定一个 $\triangle ABC$, 设 Γ_A 为一个与边 AB 和 AC 相切的圆, 设 Γ_B 为一个与边 BC 和 BA 相切的圆, 设 Γ_C 为一个与边 CA 和 CB 相切的圆. 假设 $\Gamma_A, \Gamma_B, \Gamma_C$ 两两相切, 设 E 为 Γ_C 和 Γ_A 之间的切点, F 为 Γ_A 和 Γ_B 之间的切点. 证明: 直线 BF 和 CE 在 $\triangle ABC$ 的 $\angle A$ 的内角平分线上相交.

16.5. 给定一个圆 ω. 设 ω_1 和 ω_2 是在 ω 内部分别相交于 A 和 B 的圆; d_1, d_2 是 ω_2 上过点 A 的两条切线, d_3, d_4 是 ω_1 上过点 B 的两条切线. 证明: 直线 d_1, d_2, d_3, d_4 确定了一个有内切圆的四边形.

16.6. 设 k_1, k_2 为两个圆, ω 为一个分别切圆 k_1 和 k_2 于 A, B 的圆. 设圆 Ω 是一个与 k_1 和 k_2 都正交的圆, C 是 Ω 和 k_1 的交点之一, 设 D 是 Ω 和 k_2 的交点之一. 则 k_1 和 k_2 的外相似中心 X 就在 ω 和 Ω 的根轴上.

16.7. 一条外公切线与圆 k_1 和 k_2 分别切于点 T_1 和 T_2, 一个圆 k 与 k_1 和 k_2 的切点分别为 L_1, L_2. 证明: 直线 $L_1 T_1$ 和 $L_2 T_2$ 在 k 上相交.

16.8. (2011 年美国数学奥林匹克竞赛预选题) 设 $\omega, \omega_1, \omega_2$ 是三个互切的圆, 使得 ω_1, ω_2 外切于点 P, ω_1, ω 内切于点 A, ω, ω_2 内切于点 B, 设 O, O_1, O_2 分别是 $\omega, \omega_1, \omega_2$ 的圆心. 给定 X 是 P 到 AB 的垂足, 证明: $\angle O_1 XP = \angle O_2 XP$.

第十七章 伪内切圆与曲线内圆

本章我们从三角形的伪内切圆开始. 几何结构、性质和它们之间的关系 (连同它们悠久的历史) 可以在 [28] 和 [37] 中找到. 注意, 这一部分是书中最困难的部分之一. 尽管如此, 我们保证花时间在这上面肯定会得到极大的回报.

定义 17.1. $\triangle ABC$ 的 A-伪内切圆是与 $\triangle ABC$ 的外接圆内切且与线段 AB, AC 相切的圆. 请注意, 我们已经遇到过类似于伪内切圆的问题, 比如**变形 16.2**.

变形 17.1. 设 Ω 是 $\triangle ABC$ 的外接圆, 这个三角形的 A-伪内切圆分别与 Ω, AB, AC 切于点 T, K, L. 如果 I 是 $\triangle ABC$ 的内切圆圆心, 那么 I 是线段 KL 的中点.

证明　如图 17.1 所示, 设 B' 是圆 Ω 上的不包含点 B 的 $\stackrel{\frown}{AC}$ 的中点, 设

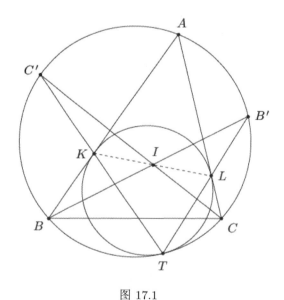

图 17.1

C' 是圆 Ω 上的不包含点 C 的 $\overparen{AB}$ 的中点. 很明显 $I = BB' \cap CC'$, 通过阿基米德引理的两次应用, 我们也得到了 $T = B'L \cap C'K$. 因此在共圆六边形 $BB'TC'CA$ 中由帕斯卡定理得, 点 I, K, L 是共线的. 并且, 由于 AK 和 AL 是 $\triangle ABC$ 的 A-伪内切圆的切线, 则我们可知 $AK = AL$. 但是因为在 $\triangle AKL$ 中 AI 是 $\angle A$ 的平分线, 所以我们可以得出结论 I 是 KL 的中点. □

推论 17.1. 使用与**变形 17.1** 证明中相同的方法, 我们有 $\angle KTI = \angle LTA$.

证明 注意, $\triangle KTL$ 的外接圆 ($\triangle ABC$ 中 A-伪内切圆) 在点 K 和 L 的切线相交于点 A, 故直线 TA 是 $\triangle KTL$ 的 T-类似中线. 但从**变形 17.1** 知: TI 是 $\triangle KLT$ 的中线, 所以 $KL = LI$ 得证. □

变形 17.2. 使用与**变形 17.1** 相同的方法, 那么直线 TI 平分 $\angle BTC$.

证明 由于 $AI \perp KL$, 一个简单的证明显示 $KL \parallel B'C'$. 现在, 请注意

$$\angle TKI = \angle TKL = \angle TC'B' = \angle TBB' = \angle TBI,$$

所以四边形 $TBKI$ 是共圆的. 同样, 四边形 $TCLI$ 是共圆的, 所以我们有

$$\angle BTI = \angle AKL = \angle ALK = \angle CTI.$$

这意味着期望的结果得证. □

下一个解决方法是奥林匹克几何中罕见的财富. 别忘了它!

变形 17.3. (2013 年欧洲女子数学奥林匹克竞赛) 设 Ω 是 $\triangle ABC$ 的外接圆. 圆 ω 与边 AB 和 AC 相切, 它与 Ω 内切于点 T. 一条平行于 BC 的直线 ℓ 在 Ω 内部与 $\triangle ABC$ 相交并与 ω 相切于 Q. 证明: $\angle BAT = \angle CAQ$.

证明 如图 17.2 所示, 设 ω 与边 AB 交于点 K. 考虑以 A 为圆心, 半径为 AK 的圆的反演和 $\triangle ABC$ 中 $\angle A$ 的内平分线的对称直线的组合. 很明显, ω 映射到它自己. 此外, 相对于 $\triangle ABC$, Ω 反演为与边 BC 反平行的直线, 因此在对称后, 它映射为与 BC 平行的线. 但是反演和对称都保持相切, 所以 Ω 一定映射到直线 ℓ. 因此, 点 T 映射到 Q, 证毕. □

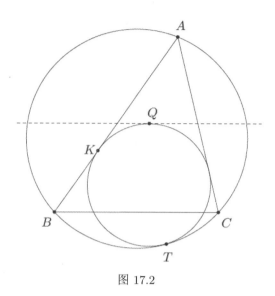

图 17.2

通过以点 A 为位似中心, 使 ω 与 $\triangle ABC$ 的外接圆位似, 我们可以发现直线 AQ 通过 $\triangle ABC$ 中 A 所对的旁切圆与 BC 边相交的点. 因此, 利用**变形 16.2** 的结果, 我们可以得出这样的结论: 关于 $\triangle ABC$, 内切圆和外接圆的纳格尔点和外相似中心是等角共轭的.

变形 17.4. 设 ω 和 I 分别是 $\triangle ABC$ 的外接圆和内切圆圆心, 且设 ω 和 BC 的交点为 D. 设 A' 是 $\triangle ABC$ 的外接圆上不包含点 A 的 $\overarc{BC}$ 的中点. 如果 M 是线段 ID 的中点, 那么 $A'M$ 是 B 和 C 关于 $\triangle ABC$ 的伪内切圆的根轴.

证明 如图 17.3 所示, 设 Ω 是 $\triangle ABC$ 的外接圆, 又设 ω_b, ω_c 分别是 $\triangle ABC$ 中 B-伪内切圆与 C-伪内切圆. 设 ω_b 与 Ω, BC, BA 分别在 T_b, A_b, C_b 相切, 并且设 ω_c 与 Ω, CA, CB 在 T_c, B_c, A_c 相切. 我们从阿基米德引理中知道, $A' = A_b T_b \cap A_c T_c$ 而且 $A'A_b \cdot A'T_b = A'B^2 = A'C^2 = A'A_c \cdot A'T_c$. 因此 A' 关于 ω_b 和 ω_c 的幂是一样的. 现在, 设 ω 和 AC 与 AB 相交于点 E 和 F. 由于 ω_b 与 BC 和 BA 相交于点 A_b 和 C_b, 又由于 ω 和边 BC 与 AB 在点 D 和 F 分别相交. 我们有 $DF \parallel A_b C_b$, 因此用**变形 17.1** 有 $DF \parallel IC_b$. 很明显, ω 和 ω_b 的根轴是 DF 和 IC_b 的中线. 所以它通过线段 DI 的中点; 相同地, 通过 M. 类似地, ω 和 ω_c 的根轴也通过 M, 所以 M 是 $\omega, \omega_b, \omega_c$ 的根心. 因此 M 位于 ω_b 和 ω_c 的根轴上, 于是我们就得到了预期的结果.

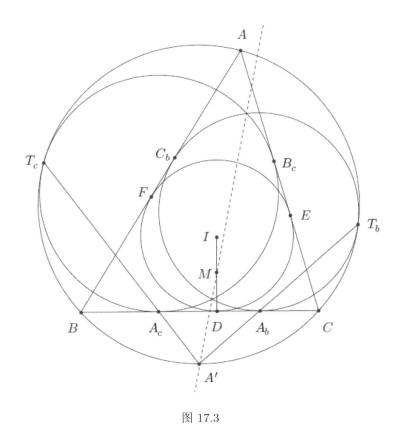

图 17.3

我们继续讨论作者最喜欢的一个问题——事实上,为了下面的解决方案,我们给了其中一位作者一些经济鼓励.

变形 17.5. (2015 年美国数学奥林匹克竞赛) 设 $\triangle ABC$ 是一个以 I 为内切圆圆心和以 ω 为内切圆的的三角形. 假设 E 和 F 分别位于 AB 和 AC 上, 使得 $EF \parallel BC$ 且 EF 与 ω 相切于点 D'. 设 ω' 是 $\triangle AEF$ 的内切圆, 与 EF 相切于点 G. 证明: 当 GI 再次与 ω' 相交于点 T 时, 则有一条直线穿过 T 与 ω' 和 $\triangle ABC$ 的 B-伪内切圆和 C-伪内切圆相切.

证明 如图 17.4 所示, 设 ω_B 和 ω_C 是 $\triangle ABC$ 的 B, C-伪内切圆, 并设它们与 BC 分别相交于点 Y, Z. 设它们的圆心是 O_B 和 O_C. 设 K 为它们的外相似中心, 并设 M 为 $\triangle ABC$ 的外接圆上不包括点 A 的 $\overset{\frown}{BC}$ 的中点. 设圆 ω 与 BC 相切于点 D. 设 I' 是圆 ω' 的中心. 考虑圆的中心 K 的反演与 $\triangle ABC$ 的外接圆正交. 此反演将 ω_B 和 ω_C 反演到点 B 和 C. 因此, 反演将直径为 BY 的圆反演为直径为 CZ 的圆. 由于 $\angle BIY = \angle CIZ = 90°$, 由**变形 17.1** 知, 这意味着点 I 自反. 因此, 直线 KI 一定与 $\triangle BIC$ 的外接圆相切.

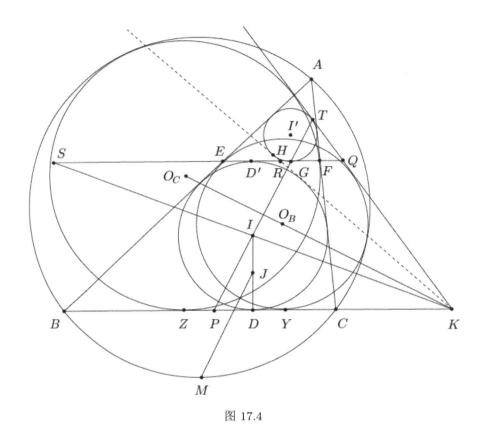

图 17.4

因为这个圆的圆心为 M, 我们有 $KI \perp IM$, 因此 $KI \perp II'$. 现在设 $R = II' \cap EF$ 和 $S = KI \cap EF$. 因为 $EF \parallel BC$ 和 $ID = ID'$, $\triangle KID$ 和 $\triangle SID'$ 是全等的, 所以 $IS = IK$. 但是 $RI \perp SK$, 所以 $\triangle KRS$ 是等腰三角形. 因此 $\angle RKI = \angle RSI = \angle DKI$, 又因为直线 KR 是与 ω 与 ω' 相切的内公共切线. 现在设 KR 与 ω' 相切于点 H. 因为 $\angle KII' = \angle KHI' = 90°$, 所以我们得出四边形 $KIHI'$ 是共圆的, 因此

$$\angle I'KI = 180° - \angle I'HI = 180° - \angle I'GI = \angle TGI' = \angle I'TI'.$$

我们通过上面最后一个等式得到 $\triangle TI'G$ 是等腰三角形. 因此四边形 $KITI'$ 是圆内接四边形, $\angle KTI' = \angle KII' = 90°$, 所以 KT 切于圆 ω'.

现在, 设 J 是线段 ID 的中点, 并且设 E_a 是 $\triangle ABC$ 的 A 所对的旁切圆的圆心. 注意, 以点 A 为位似中心, 点 G 与 D 位似, 且 I 与 E_a 位似, 所以我们得到 $GI \parallel DE_a$. 由于点 J 是 DI 的中点, M 是 E_aI 的中点, 故我们可以得到 $MJ \parallel DE_a$. 由**变形 17.4** 得知, ω_B 和 ω_C 的根轴是直线 MJ, 于是可以得

出 $GI \perp O_B O_C$.

现在，设 $P = IG \cap BC$. 为了解决这个问题，有必要证明直线 KP 关于直线 $O_B O_C$ 的对称直线为直线 KT. 由于 $PT \perp O_B O_C$, 证明了 $\angle KPT = \angle KTP$. 设点 Q 是直线 EF 与 ω' 在 T 的切线的交点，证明了 $\angle QGT = \angle QTG$, 由于 QG 和 QT 都与 ω' 相切. 因此，证明是完整的! $\square$

变形 17.6. (2014 年美国数学奥林匹克竞赛预选题) 在以 I 为内切圆圆心，以 O 为圆心的 $\triangle ABC$ 中，设 A', B', C' 是和 A-伪内切圆、B-伪内切圆、C-伪内切圆的外接圆相切的点. 设 ω_A 是经过点 A' 的圆且与 AI, I 相切，类似地，定义 ω_B, ω_C. 证明: $\omega_A, \omega_B, \omega_C$ 除 I 外还有一个公共点 X, 且 $\angle AXO = \angle OXA'$.

证明 如图 17.5 所示，设 A_1 是 $\triangle ABC$ 的外接圆弧 $\widehat{BAC}$ 的中点. 同样地，定义 B_1 和 C_1. 注意，根据**变形 17.2**，我们得出 $I = A'A_1 \cap B'B_1 \cap C'C_1$. 现在考虑半径为 I 的圆心

$$\sqrt{A'I \cdot A_1 I} = \sqrt{B'I \cdot B_1 I} = \sqrt{C'I \cdot C_1 I}.$$

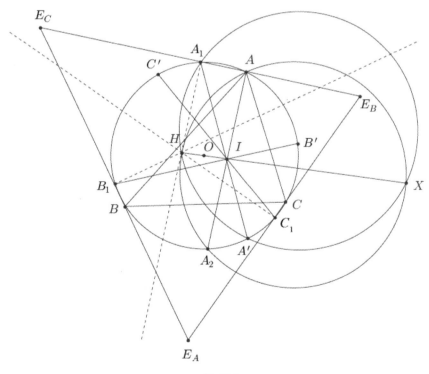

图 17.5

ω_A 反演为一条平行于 AI 的且过 A_1 关于 I 的对称点的直线, 所以 ω_A 反演为过 A 且平行于 AI 的直线. 设这条直线为 ℓ_A 且类似地定义 ℓ_B, ℓ_C. 现在设 E_A, E_B, E_C 是 $\triangle ABC$ 的 A, B, C 分别对的旁切圆圆心. 因为 $AI \perp E_B E_C$ 和 $CI \perp E_C E_A$, 我们有 I 是 $\triangle E_A E_B E_C$ 的垂心, $\triangle ABC$ 的外接圆是 $\triangle E_A E_B E_C$ 的九点圆. 但是因为 $AA_1 \perp AI$, 这就意味着 A_1 是线段 $E_B E_C$ 的中点, 并且 ℓ_A, ℓ_B, ℓ_C 在 $\triangle E_A E_B E_C$ 的外接圆圆心相交. 这证明了点 X 的存在, 并证明了点 X 位于直线 IO, 即 $\triangle E_A E_B E_C$ 的欧拉线上.

现在用 H 表示 $\triangle E_A E_B E_C$ 的外接圆圆心. 很明显, 点 H 是点 I 关于点 O 的对称点. 设 A_2 是 $\overset{\frown}{BC}$ 的中点, 不包含 $\triangle ABC$ 的圆心 A, 由于

$$IA \cdot IA_2 = IA' \cdot IA_1 = IH \cdot IX,$$

故点 A, A_2, H, X 是共圆的, 点 A', A_1, H, X 是共圆的. 而且, 由于直线 IH 和 $A_1 A_2$ 在点 O 处互相平分, 我们得到 $A_1 H A_2 X$ 是一个平行四边形. 由于

$$\angle AXO = \angle AXH = \angle AA_2 H = \angle A' A_1 H = \angle A' X H = \angle OXA',$$

故证明完成. □

变形 17.7. (2014 年中国台湾团队选拔测试) 设点 M 是 $\triangle ABC$ 外接圆上的任意一点. 假设 $\triangle ABC$ 内切圆的切线过 M 与直线 BC 交于 X_1, X_2 两点. 证明: $\triangle MX_1 X_2$ 的外接圆与 $\triangle ABC$ 的外接圆在 $\triangle ABC$ 中 A-伪内切圆与 $\triangle ABC$ 的外接圆的切点处再次相交.

证明 如图 17.6 所示, 设 ω 是 $\triangle ABC$ 的内切圆, ω 与 BC, CA, AB 相切于点 D, E, F. 设 MK_1 和 MK_2 与内切圆相切. 使 $\triangle ABC$ 的 A-伪内切圆在点 T 与 $\triangle ABC$ 的外接圆相交, 使 H 为 $\triangle DEF$ 的垂心. 关于 $\triangle ABC$ 的内切圆的反演-点的反演将用添加了撇号的原始点名称表示. 从**变形 15.5** 知, A' 是线段 EF 的中点, 因此 $\triangle A'B'C'$ 的外接圆是 $\triangle DEF$ 的九点圆. 设 N 是 $\triangle ABC$ 外接圆的 $\overset{\frown}{BAC}$ 的中点, 于是我们有 $\angle IN'A' = \angle IAN = 90°$. 但由**变形 17.2** 知, 点 N, I, T 共线, 这意味着 T' 在 $\triangle DEF$ 的九点圆上与 A' 完全相反. 因此, T' 是线段 DH 的中点. 此外, 很容易看出, M' 是线段 $K_1 K_2$ 的中点, X_1 是线段 DK_1 的中点, X'_2 是线段 DK_2 的中点. 现在, 设 D_1 和 H_1 分别是点 D 和 H 关于 M' 的对称点. K_1, K_2, D, H_1 均位于 $\triangle ABC$ 的内切圆上, 因此 K_1, K_2, D_1, H 均位于通过内切圆关于直线 $K_1 K_2$ 对称的圆上. 现在,

考虑以 D 为位似中心, 比率为 $\frac{1}{2}$ 的位似, 这分别是点 K_1, K_2, D_1, H 与 X'_1, X'_2, M', T' 的位似. 因此, 点 X'_1, X'_2, M', T' 是共圆的, 证明完毕.

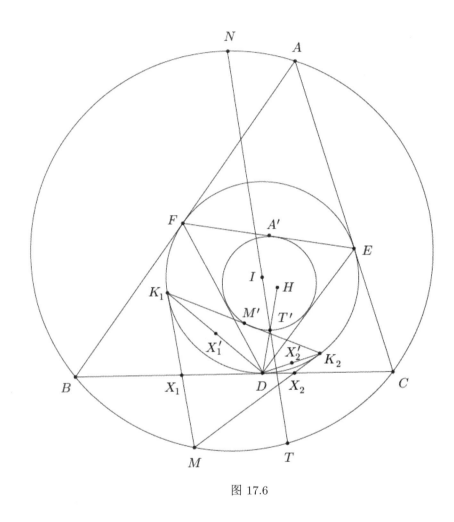

图 17.6

我们通过推广伪内切圆的概念, 也推广了本章已经给出的一些结论.

定义 17.2. 设 Ω 是 $\triangle ABC$ 的一个外接圆, 点 D 是线段 BC 上的一个点. 与 Ω 内切且与线段 AD 和 CD 相切的圆叫做**曲线内圆**. 正如我们在图 17.7 看到的, 这些曲线内圆满足许多有趣的特性.

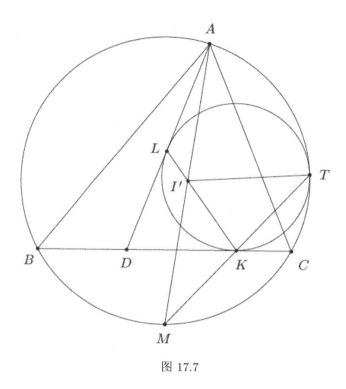

图 17.7

定理 17.1.(泽山定理) 设 $\triangle ABC$ 的内切圆圆心为 I, 外接圆为 Ω. 设 D 为线段 BC 上的点. 分别考虑点 T 处与 Ω 内切的圆和 K, L 处与线段 CD 和 AD 相切的圆. 则点 K, L, I 共线.

证明 设点 M 为圆 Ω 上的不含点 A 的 $\overset{\frown}{BC}$ 的中点, $I' = KL \cap AM$. 根据阿基米德的引理, 我们得到 M 在直线 TK 上. 注意, 通过位似, 在曲线内圆上不含点 L 的 $\overset{\frown}{TK}$ 在度量上与圆 Ω 上的 $\overset{\frown}{TCM}$ 相等, 所以 $\angle TLI' = \angle TAI'$, 所以四边形 $TALI'$ 是共圆的, 因此

$$\angle MKI' = 180° - \angle TKL = 180° - \angle TLA = 180° - \angle TI'A = \angle MI'T,$$

所以 $\triangle MI'K$ 和 $\triangle MTI'$ 相似. 因此根据阿基米德引理我们有 $MI'^2 = MK \cdot MT = MC^2$. 我们得到 $I' = I$. 证明完毕. □

注意**变形 17.1** 仅仅是泽山定理的退化情形! 我们继续证明相关结果, 是由法国数学家维克多·蒂伯特发现, 1905 年由泽山本人首次证明. 这个证明出人意料地利用了帕普斯定理, 再次成为奥林匹克几何中的一笔财富.

定理 17.2.(蒂伯特定理) 如图 17.8 所示, 设 $\triangle ABC$ 有内切圆心 I 和外接圆 Ω. 设 D 为线段 BC 上的一点. 设 k_1 是与 Ω 内切且与 DB, DA 边切于 E,

F 的圆, k_2 是与 Ω 内切且与 DC, DA 切于 G, H 的圆. 设 k_1 和 k_2 的圆心分别是点 P 和 Q, 则点 P, Q, I 是共线的.

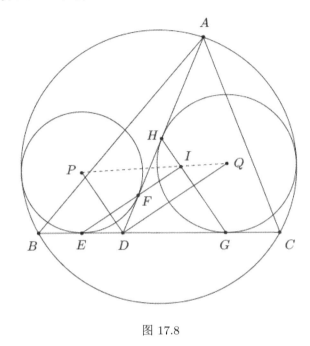

图 17.8

证明 因为 $EP \perp BC$ 且 $GQ \perp BC$, 所以我们得到 $EP \parallel GQ$. 又因为直线 DP 平分 $\angle BDA$, 直线 DQ 平分 $\angle CDA$, 于是我们有 $DP \perp DQ$, 从而立刻得到 $EF \parallel DQ$ 和 $GH \parallel DP$. 然而, 通过沢山定理, 我们得到 $EI \parallel DQ$ 和 $GI \parallel DP$. 现在, 考虑六边形 $PEDGQI$. 所有对边都是平行的, 因此它们的交点在无穷远处是共线的, 因此, 通过帕普斯定理的逆定理知, 点 P, Q, I 一定共线. □

帕普斯定理的逆定理的合理性来自于 5 点决定一个圆锥曲线 (在这种情况下是两条相交的线) 的事实.

习题

17.1. 设 $\triangle ABC$ 是不等边三角形. 如果 $\triangle ABC$ 的 B-伪内切圆与边 AB 切于点 M, 而 $\triangle ABC$ 的 C-伪内切圆与边 AC 切于点 N, 则证明 $\triangle AMN$ 的外接圆与 $\triangle ABC$ 的 A-伪内切圆相切.

17.2. 证明: $\triangle ABC$ 的三个伪内切圆的根心分别位于直线 IO 上, I, O 分别是 $\triangle ABC$ 的内切圆圆心和外接圆圆心.

17.3. (1997 年罗马尼亚国家队选拔赛) 设 I 为 $\triangle ABC$ 的内切圆圆心, 外接圆为 Γ, 设 D 是 $\angle A$ 的内角平分线与边 BC 的交点. 考虑圆 $\mathcal{T}_1$ 和 $\mathcal{T}_2$ 分别是与 AD, DB, Γ 和 AD, DC, Γ 相切的圆. 证明: $\mathcal{T}_1$ 和 $\mathcal{T}_2$ 相切于点 I.

17.4. (埃尔曼—波霍亚塔) 设 I 是 $\triangle ABC$ 的内切圆圆心, 外接圆为 Γ, 设 D 是 $\triangle ABC$ 的 A 所对的旁切圆与边 BC 的交点. 考虑圆 $\mathcal{T}_1$ 和 $\mathcal{T}_2$ 分别与 AD, DB, Γ 和 AD, DC, Γ 相切. 证明: $\mathcal{T}_1$ 和 $\mathcal{T}_2$ 是全等的.

17.5. (2006 年罗马尼亚国家队选拔赛) 设 $\triangle ABC$ 是锐角三角形且 $AB \neq AC$. 设 D 是 A 的垂足且 ω 是 $\triangle ABC$ 的外接圆, ω_1 是与 AD, BD 和 ω 相切的圆, ω_2 是与 AD, CD 和 ω 相切的圆. 设 ℓ 是 ω_1 和 ω_2 的公切线, 与 AD 不同. 证明: ℓ 通过 BC 的中点当且仅当 $2BC = AB + AC$.

17.6. D 是位于 $\triangle ABC$ 边 BC 上的任意一点. 圆 ω_1 与线段 AD, BD 和 $\triangle ABC$ 的外接圆相切, 圆 ω_2 与线段 AD, CD 和 $\triangle ABC$ 的外接圆相切. 设 X 和 Y 是圆 ω_1 和 ω_2 与 BC 相切的点, M 为线段 XY 的中点. 设 T 是 $\triangle ABC$ 的外接圆上不包含点 A 的 $\overset{\frown}{BC}$ 的中点. 如果 I 是 $\triangle ABC$ 的内切圆圆心, 那么证明: TM 通过线段 ID 的中点.

17.7. (数学报告) 设 $\triangle ABC$ 的内切圆为 ω 且外接圆为 Ω. 设 ω 与边 BC, CA, AB 分别交于点 D, E, F 并且直线 EF 与 Ω 交于点 X_1 和 X_2. 证明: $\triangle DX_1X_2$ 的外接圆与 Ω 上相交于 $\triangle ABC$ 中 A-伪内切圆与 Ω 相交的点上.

17.8. 设 $ABCD$ 是共圆四边形, 证明: 存在一条与 $\triangle DAB$, $\triangle DAC$, $\triangle DBC$ 的 D-伪内切圆相切的直线.

第十八章　托勒密定理和凯西定理

托勒密的经典定理 (公元 2 世纪希腊数学家克罗狄斯 · 托勒密用于计算, 但可能在他之前就已经存在了) 指出, 如果 A, B, C, D 是按此顺序的共圆四边形的顶点, 则
$$AB \cdot CD + AD \cdot BC = AC \cdot BD.$$

这个非常简单的恒等式不仅推广了毕达哥拉斯定理 (当 $ABCD$ 被选择为矩形时), 而且在特定的共圆四边形内也提供了许多有趣的恒等式. 此外, 这一结果也有相反的一面, 当试图简化证明时, 这可能是有价值的帮助. 我们在**第十五章**中证明了它 (以及更强的托勒密不等式), 但我们也在下面提供了一个更简单的证明:

定理 18.1.(**托勒密定理**) 如图 18.1 所示, 设 A, B, C, D 是按此顺序在平面上的四个点. 那么, 四边形 $ABCD$ 是共圆的当且仅当
$$AB \cdot CD + AD \cdot BC = AC \cdot BD.$$

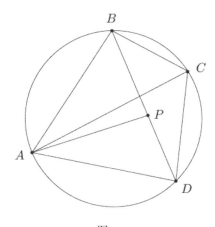

图 18.1

证明　在四边形 $ABCD$ 内构造一点 P 使得 $\triangle CAB$ 和 $\triangle DAP$ 相似. 我们就有
$$\frac{AB}{AP} = \frac{AC}{AD} = \frac{BC}{PD},$$
因此 $AC \cdot PD = AD \cdot BC$.

然而, $\angle BAC = \angle PAD$, 因此 $\angle BAP = \angle CAD$. 但是我们从上面得知 $\frac{AB}{AP} = \frac{AC}{AD}$; 因此, $\triangle BAP$ 和 $\triangle CAD$ 也是相似的. 我们可以得出这样的结论:
$$\frac{AB}{AC} = \frac{BP}{CD}, \text{ 或者 } AC \cdot BP = AB \cdot CD.$$

加上我们得到的两个等式, 我们推得
$$AC \cdot (BP + PD) = AD \cdot BC + AB \cdot CD.$$

现在, 如果我们假设 $ABCD$ 是共圆的, 那么 $\angle PDA = \angle BCA = \angle BDA$, 所以点 P 要位于对角线 BD 上. 在这种情况下, $BP + PD = BD$, 我们立刻如预期得到:
$$AB \cdot CD + AD \cdot BC = AC \cdot BD,$$

反之, 如果我们假设
$$AB \cdot CD + AD \cdot BC = AC \cdot BD$$

成立, 我们需要有 $BP + PD = BD$, 在这种情况下, 三角形上的三点 B, P, D 是共线的. 因此, $\angle BDA = \angle PDA = \angle BCA$, 所以 $ABCD$ 是共圆的. 这就完成了证明. □

现在让我们看看一些应用!

变形 18.1. 在锐角 $\triangle ABC$ 中, 设 h_b, h_c 表示从点 B 和 C 所作高线的长度. 证明:
$$\frac{h_b h_c}{a^2} = \cos A + \cos B \cos C.$$

证明　设 BE 和 CF 为 $\triangle ABC$ 中从点 B 和 C 作的高分别交 CA 和 AB 于 E 和 F. 我们知道四边形 $BCEF$ 是共圆的, 所以通过托勒密定理, 我们得到
$$h_b h_c = BC \cdot EF + BF \cdot CE.$$

又有 $BF = a\cos B$, $CE = a\cos C$ 和 $EF = HA\sin A$; 因此, 有 $HA = 2R\cos A$, 于是我们得到了

$$h_b h_c = 2aR\sin A\cos A + a^2\cos B\cos C.$$

除以 a^2 并使用正弦定理 (即 $a = 2R\sin A$), 我们得到了期望的结果. □

变形 18.2. (数学报告) 在 $\triangle ABC$ 中, 设 B' 和 C' 分别是 $\angle B$ 和 $\angle C$ 的平分线的点. 证明:

$$B'C' \geqslant \frac{2bc}{(a+b)(a+c)}\left[(a+b+c)\sin\frac{A}{2} - \frac{a}{2}\right].$$

证明 首先, 注意通过托勒密的不等式对于共圆四边形 $BCB'C'$,

$$B'C' \geqslant \frac{BB' \cdot CC' - BC' \cdot CB'}{BC}.$$

且有 $BB' = \dfrac{2ac}{a+c}\cos\dfrac{B}{2}$ 和 $\cos\dfrac{B}{2}\cos\dfrac{C}{2} = \dfrac{s}{a}\sin\dfrac{A}{2}$. 这些意味着

$$BB' \cdot CC' = \frac{4a^2bc}{(a+b)(a+c)}\cos\frac{B}{2}\cos\frac{C}{2} = \frac{2abc(a+b+c)}{(a+b)(a+c)}\sin\frac{A}{2}.$$

另外, $BC' = \dfrac{ac}{a+b}$ 和 $CB' = \dfrac{ab}{a+c}$, 相乘得到

$$BC' \cdot CB' = \frac{a^2bc}{(a+b)(a+c)}.$$

因此, 结合两个式子可以得到

$$B'C' \geqslant \frac{2bc}{(a+b)(a+c)}\left[(a+b+c)\sin\frac{A}{2} - \frac{a}{2}\right],$$

证明完成. □

我们从 1997 年的国际数学奥林匹克竞赛预选赛开始处理一个更像数学奥林匹克的问题.

变形 18.3. (1997 年国际数学奥林匹克竞赛预选题) 凸六边形 $ABCDEF$ 的长度满足 $AB = BC$, $CD = DE$, $EF = FA$. 证明:

$$\frac{BC}{BE} + \frac{DE}{DA} + \frac{FA}{FC} \geqslant \frac{3}{2}.$$

证明 考虑四边形 $ABCE$. 从托勒密不等式我们有

$$CE \cdot AB + AE \cdot BC \geqslant AC \cdot BE,$$

因此, 之后有 $AB = BC$, 我们有

$$\frac{BC}{BE} \geqslant \frac{AC}{CE + AE}.$$

类似地, 我们得到

$$\frac{DE}{DA} \geqslant \frac{CE}{EA + CA} \quad \text{与} \quad \frac{FA}{FC} \geqslant \frac{EA}{AC + EC}.$$

根据极其著名的内斯比特不等式, 这意味着

$$\frac{BC}{BE} + \frac{DE}{DA} + \frac{FA}{FC} \geqslant \frac{3}{2},$$

证明完毕. □

变形 18.4. (2009 年罗马尼亚) 证明: 四边形 $ABCD$ 是共圆的当且仅当

$$\delta(E, AB) \cdot \delta(E, CD) = \delta(E, AC) \cdot \delta(E, BD) = \delta(E, AD) \cdot \delta(E, BC),$$

对于平面中的任意一点 E, 其中 $\delta(X, YZ)$ 表示点 X 到直线 YZ 的距离.

证明 设

$$k = \delta(E, AB) \cdot \delta(E, CD) = \delta(E, AC) \cdot \delta(E, BD) = \delta(E, AD) \cdot \delta(E, BC).$$

点 A, B, C, D 共圆等价于

$$AC \cdot BD = AB \cdot CD + BC \cdot DA.$$

两边乘以 k, 这个等式可以改写为

$$[EAC] \cdot [EBD] = [EAB] \cdot [ECD] + [EBC] \cdot [EDA],$$

其中 $[\mathcal{P}]$ 是凸多边形 $\mathcal{P}$. 以不同的方式表示这些区域, 我们得到新的等价关系:

$$\sin \angle AEC \sin \angle BED = \sin \angle AEB \sin \angle CED + \sin \angle BEC \sin \angle DEA$$

(我们已经约去了两边的 $EA \cdot EB \cdot EC \cdot ED$). 现在令 $\angle AEB = x$, $\angle BEC = y$, $\angle CED = z$. 在这种情况下, 最后一个关系可以重写为

$$\sin(x+y)\sin(y+z) = \sin x \sin z + \sin y \sin(x+y+z),$$

能够简单的证明四边形 $ABCD$ 是共圆的. □

现在, 我们再来讨论凯西定理, 它代表了托勒密的一个非常强大的推广.

定理 18.2.(凯西定理) 设四个圆 $\alpha, \beta, \gamma, \delta$ 与第五个圆分别在点 A, B, C, D 内切, $ABCD$ 是凸四边形. 设 $t_{\alpha\beta}$ 为 α 和 β 的一个公共外切线的长度. 类似地定义 $t_{\beta\gamma}$. 那么,

$$t_{\alpha\beta}t_{\gamma\delta} + t_{\beta\gamma}t_{\delta\alpha} = t_{\alpha\gamma}t_{\beta\delta}.$$

然而, 相反的也成立! 更精确地说, 给定四个圆 $\alpha, \beta, \gamma, \delta$ 满足恒等式

$$\pm t_{\alpha\beta}t_{\gamma\delta} \pm t_{\beta\gamma}t_{\gamma\alpha} \pm t_{\alpha\gamma}t_{\beta\delta} = 0,$$

存在第五个圆与 α, β, γ 和 δ 全部相切.

这个结果是由约翰·凯西在 1881 年首次提出的. 我们不会在这里给出一个完整的证明, 因为相反过程的是相当乏味的, 并且违背了材料的目的 [尽管如此, 建议读者参考 R. A. 约翰逊,《先进的欧几里得几何》, 多佛,2007,(第 121-127 页, 供充分讨论)]. 然而, 在下面的部分中, 我们将直接陈述证明, 因为它涉及一个非常好的且有用的引理.

证明 我们从一个引理开始:

引理 18.1. 如图 18.2 所示, 设 ω_1 和 ω_2 是两个圆, 与圆 ω 分别内切于 A,B 两点. 设 R, r_1, r_2 分别是圆 $\omega, \omega_1, \omega_2$ 的半径, 并假设 $r_1 \geqslant r_2$. 同时设 O, O_1, O_2 分别是圆 $\omega, \omega_1, \omega_2$ 的圆心. 设 t 为 ω_1 和 ω_2 的一条外公切线的长度. 那么

$$t = \frac{AB}{R}\sqrt{(R-r_1)(R-r_2)}$$

证明 很容易得到

$$t^2 = (O_1O_2)^2 - (r_1 - r_2)^2.$$

根据余弦定理, 在 $\triangle OO_1O_2$ 中, 我们有

$$(O_1O_2)^2 = (R-r_1)^2 + (R-r_2)^2 - 2(R-r_1)(R-r_2)\cos\angle O_1OO_2$$

同样, 根据余弦定理, 在 $\triangle OAB$ 中, 我们有

$$(AB)^2 = 2R^2(1 - \cos\angle O_1OO_2)$$

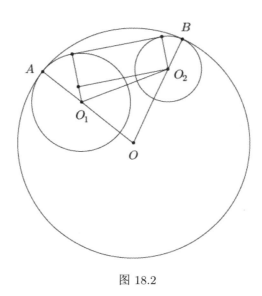

图 18.2

将这些结果结合起来简化,我们就得到了所期望的结果.

回到问题上,设 R 是更大的第五个圆的半径,圆 $\alpha,\beta,\gamma,\delta$ 内切于大圆并设 r_1,r_2,r_3,r_4 分别是圆 $\alpha,\beta,\gamma,\delta$ 的半径. 然后,使用引理两边乘以 R^2,并除以 $\sqrt{(R-r_1)(R-r_2)(R-r_3)(R-r_4)}$,我们有

$$t_{\alpha\beta}t_{\gamma\delta} + t_{\beta\gamma}t_{\delta\alpha} = t_{\alpha\gamma}t_{\beta\delta}$$

等价于

$$AB \cdot CD + DA \cdot BC = AC \cdot BD$$

这就是托勒密定理,证明完毕. □

如果某些圆也与较大的圆外切,那么我们也可以使用凯西定理. 在这种情况下,如果任何两个圆都与较大的圆内切或外切,那么我们取它们共同的外切线长度;如果一个与较大的圆外切,而一个与较大的圆内切,那么我们取它们共同的内切线长度. 关于不在条件中的同一性,如果半径为 r 的圆与半径为 R 的较大的圆外切,那么若我们使用该条件,则我们实际上会使用 $R+r$ 而不是 $R-r$ (自己思考——想想圆心之间的距离).

这个定理在奥林匹克几何问题中有惊人的用处,所以让我们来看看一些应用!记住,因为这个想法会经常出现,我们可以在退化的圆 (只是点) 上使用凯西定理.

变形 18.5. $\triangle ABC$ 是等腰三角形, 且 $AB = AC = \ell$. 一个圆 ω 与 BC 相切, 且 $\overset{\frown}{BC}$ 不包含 $\triangle ABC$ 中的点 A. 过点 A 作 ω 的切线交 ω 于点 P. 证明: 随着圆 ω 的变化, 点 P 的轨迹为圆.

证明 如图 18.3 所示, 我们在圆 ω 和退化圆 $(A),(B),(C)$ 上用凯西定理, 它们都与 $\triangle ABC$ 的外圆相切. 因此, 如果 ω 与 BC 相交于点 Q, 我们获得:

$$BQ \cdot \ell + CQ \cdot \ell = AP \cdot BC \Longrightarrow AP = \ell$$

因此, 点 P 的轨迹是一个以 ℓ 为半径, A 为中心的圆的圆弧. 证明成立. $\square$

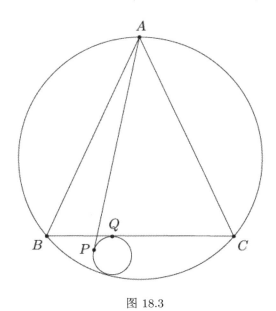

图 18.3

变形 18.6. 如图 18.4 所示, 设 ω 是一个直径为 AB 的圆. 设 ω 上的点 P 和点 Q 在直线 AB 的两侧, 并且点 T 是 Q 到 AB 的投影. 分别以 TA 和 TB 为直径作圆 ω_1, ω_2, 过点 P 分别作 ω_1 和 ω_2 的切线 PC 和 PD. 证明: $PC + PD = PQ$.

证明 设 t 为 ω_1 和 ω_2 外公切线的长度. 我们在 ω_1, ω_2 和退化圆 $(P),(Q)$ 上运用凯西定理, 它们都与 ω 内切. 这表明

$$PC \cdot QT + PD \cdot QT = PQ \cdot t \Longrightarrow PC + PD = \frac{t}{QT} \cdot PQ$$

所以可以看出 $t = QT$. 且很容易看出,

$$QT = \sqrt{TA \cdot TB}$$

并且由凯西定理的条件，我们也可以验证

$$t = \sqrt{TA \cdot TB},$$

因此，我们得到了预期的结果. □

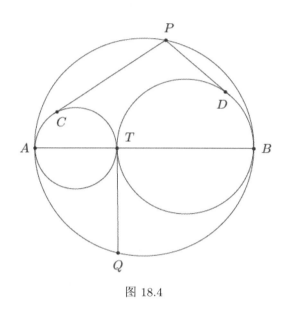

图 18.4

变形 18.7. 在 $\triangle ABC$ 的外接圆 Ω 中，设 ω_A 与圆 Ω 内切并且在边 BC 的中点处与 BC 相切. ω_B 和 ω_C 的定义相同. 设 t_{BC}, t_{CA}, t_{AB} 分别表示 ω_B 与 ω_C，ω_C 与 ω_A，ω_A 与 ω_B 外公切线的长度. 证明:

$$t_{BC} = t_{CA} = t_{AB} = \frac{a+b+c}{4}$$

证明 如图 18.5 所示，设 D, E, F 分别是边 BC, CA, AB 的中点. 也设 t_A, t_B, t_C 分别是在点 A, B, C 作圆 $\omega_A, \omega_B, \omega_C$ 的外公切线的长度. 在 ω_A 和退化圆 $(A), (B), (C)$ 上应用凯西定理，它们都内切于圆 Ω，我们得到

$$a \cdot t_A = b \cdot BD + c \cdot CD \Longrightarrow t_A = \frac{b+c}{2}.$$

同样地可以得出，

$$t_B = \frac{c+a}{2}, \ t_C = \frac{a+b}{2}.$$

现在，通过在圆 ω_B, ω_C 和退化圆 $(B), (C)$ 上应用凯西定理，知它们都内切于

Ω, 我们得到

$$t_B t_C = a \cdot t_{BC} + BF \cdot CE \Longrightarrow t_{BC} = \frac{\left(\frac{a+c}{2}\right)\left(\frac{a+b}{2}\right) - \frac{bc}{4}}{a} = \frac{a+b+c}{4}$$

并且因为我们可以对 t_{CA} 和 t_{AB} 得出同样的结论, 证明完毕. □

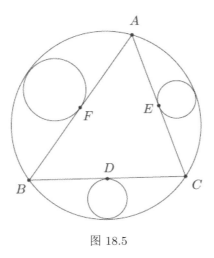

图 18.5

变形 18.8. 在 $\triangle ABC$ 中, 作一个通过在 $\triangle ABC$ 顶点 B 和 C 的圆 Ω, 设圆 ω 在点 P 和点 Q 分别与线段 AB 和 AC 相切, 在点 T 处与 Ω 外切. 设 M 为圆 Ω 的 $\widehat{BTC}$ 的中点. 证明: 直线 BC, PQ, MT 相交.

证明 如图 18.6 所示, 设圆 Ω, ω 的半径分别为 R, r. 对 ω 和退化圆 (B) 使用凯西定理中引理的证明, 知它们都与圆 Ω 外切, 我们得到

$$BP = \frac{TB}{R}\sqrt{R(R+r)}.$$

同样, 我们有

$$CQ = \frac{TC}{R}\sqrt{R(R+r)}.$$

因此, 由这两个表达式, 我们得到

$$\frac{TB}{TC} = \frac{BP}{CQ}.$$

现在设 $X = BC \cap PQ$. 由梅涅劳斯定理, 对 $\triangle ABC$ 中点 P, Q, X 我们有

$$\frac{PB}{PA} \cdot \frac{QA}{QC} \cdot \frac{XC}{XB} = 1$$

并且由于 $AP = AQ$ 且都是从点 A 到 ω 的切线, 这意味着

$$\frac{XC}{XB} = \frac{QC}{PB} = \frac{TC}{TB}.$$

因此, 根据 $\triangle BTC$ 的角平分线定理, X 位于 $\angle BTC$ 外角平分线 TM 上, 证明完毕. $\square$

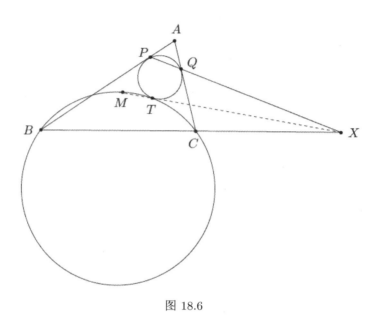

图 18.6

变形 18.9. 如图 18.7 所示, 设 ω 是 $\triangle ABC$ 的内切圆. 设 S 和 T 分别是 AB 和 AC 上的点使得直线 ST 与 ω 相切并平行于 BC. 设 ω' 是 $\triangle AST$ 的内切圆. 证明: 经过点 B 和 C, 且与圆 ω 相切的圆与 ω' 也相切.

证明 不失一般性, 假设 $CA \geqslant AB$. 设圆 ω 分别与 BC, CA, AB, ST 在 D, E, F, X 相交, 圆 ω' 分别与 ST, AT, AS 在 D', E', F' 相交. 对圆 ω 与 ω' 和退化圆 $(B)(C)$ 应用凯西定理的逆定理, 可得到

$$BF' \cdot CE = a \cdot D'X + BF \cdot CE'.$$

注意, ω 与 ω' 以点 A 为位似中心, 比例为 $\dfrac{s-a}{s}$ 位似, 因此我们得到

$$AE' = \frac{s-a}{s} \cdot AE = \frac{(s-a)^2}{s} \implies CE' = b - \frac{(s-a)^2}{s}$$

同样地,

$$BF' = c - \frac{(s-a)^2}{s}.$$

现在, 设 Y 是 $\triangle ABC$ 中 A 所对的旁切圆与 BC 的交点. 我们有

$$D'X = \frac{s-a}{s} \cdot DY = \frac{(b-c)(s-a)}{s}$$

并且因为 $BF = s-b$ 和 $CE = s-c$, 我们可以很容易地验证. □

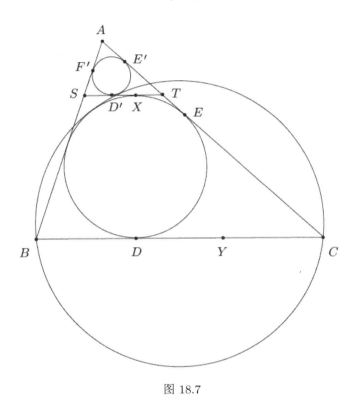

图 18.7

习题

18.1. (庞培定理) 设 $\triangle ABC$ 是一个满足 $AB = AC$ 的三角形, 并设 P 是位于 $\triangle ABC$ 的 $\overset{\frown}{BC}$ 上的一点, 不包含顶点 A. 证明:

$$2PA \sin \frac{A}{2} = PB + PC.$$

18.2. 设 $ABCD$ 为共圆四边形. 证明:

$$\frac{AC}{BD} = \frac{AB \cdot AD + CB \cdot CD}{BA \cdot BC + DA \cdot DC}.$$

18.3. (1997 年数学奥林匹克夏令营) 设 Q 为四边形, 其边长按该顺序为 a, b, c, d. 证明: Q 的面积最大为 $(ac+bd)/2$.

18.4. (2001 年国际数学奥林匹克竞赛预选题) 设 $\triangle ABC$ 是以质心为 G 的三角形. 通过证明确定 $\triangle ABC$ 平面中点 P 的位置满足 $AP \cdot AG + BP \cdot BG + CP \cdot CG$ 是最小值, 并且用 $\triangle ABC$ 的边长表达式来表示这个最小值.

18.5. (1997 年国际数学奥林匹克竞赛) 已知 $\angle BAC$ 是 $\triangle ABC$ 中最小的角. 点 B 和点 C 将三角形的圆周分成两个弧. 设 U 为 B 与 C 之间圆弧的内点, 其中不包含点 A. AB 和 AC 的垂直平分线分别交直线 AU 于点 V 和 W. 直线 BV 和 CW 相交于点 T. 证明: $AU = TB + TC$.

18.6. 利用凯西定理和墨涅拉俄斯证明萨韦亚马定理 (**定理 17.1**).

18.7. (弗拉基米尔·扎吉克) 设 $\triangle ABC$ 的质心为 G, 中心为 I, 内切圆为 ω, 九点圆为 Γ. 设直线 IG 与 BC 在点 P 相交, 设 ω 和 Γ 的公切线与 BC 相交于点 Q. 证明: BC 的中点也是 PQ 的中点.

18.8. 用凯西定理证明费尔巴哈定理 (**定理 15.1**). (提示: 在三角形的边的中点 (它们是退化的圆) 和三角形的内切圆上使用凯西定理的逆定理.)

18.9. (Lev Emelyanov, 几何论坛) 设 D, E, F 分别是 $\triangle ABC$ 的边 BC, CA, AB 上的点, 使得直线 AD, BE, CF 相交. 设 Ω 为 $\triangle ABC$ 的外接圆, 并且设 ω_A 是 Ω 的内切圆且与 BC 相切于点 D. 用同样的方法定义圆 ω_B 和 ω_C. 证明: 存在一个圆相切于 $\omega_A, \omega_B, \omega_C$ 并与 $\triangle ABC$ 内切.

第十九章 完全四边形

我们从定义什么是完全四边形开始——你已经在墨涅拉俄斯定理和布洛卡定理的构型中见过无数次了！

定义 19.1. 一个**完全四边形**是由四条线决定的图形, 其中三条线不相交. 当有四边形 $ABCD$ 并且有交点 $E = AB \cap CD$ 和 $F = DA \cap BC$ 时, 你会看到一个完整的四边形, 这是最常见的四边形.

完整的四边形有许多惊人的特性, 我们将深入探讨. 首先, 我们将讨论旋转相似性, 和许多这些性质背后的想法.

定义 19.2. 考虑平面上的两个相似且方向相似的图形. 旋转相似变换是围绕一个点的旋转和以该点为中心将一个图形变换到另一个图形的位似变换的组合. 这一点被称为这两个图形的旋转相似中心, 并且是唯一的.

现在, 请注意, 任何两个线段都是相似的, 因此, 存在一个旋转相似, 使一个线段变换为另一个线段. 我们如何找到旋转中心？

变形 19.1. 如图 19.1 所示, 设 AB 和 CD 是同一平面上的两条线段. 设 P 是直线 AC 和 BD 的交点, 并且 Q 是 $\triangle PAB$ 和 $\triangle PCD$ 的外接圆的第二个交点. 证明: Q 是线段 AB 与线段 CD 的旋转相似中心.

证明 假设结构如图 19.1 所示 (其他的问题可以类似地处理), 那么我们可得

$$\angle QAB = 180° - \angle QPB = \angle QPD = \angle QCD$$

并且, 类似地,

$$\angle QBA = \angle QDC$$

所以 $\triangle QAB$ 和 $\triangle QCD$ 相似, 因此 Q 是它们的旋转相似中心. □

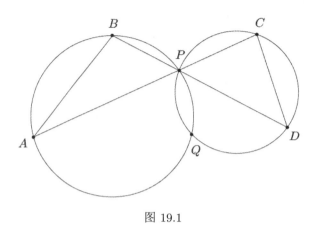

图 19.1

如果 Q 是线段 AB 到线段 CD 的旋转相似中心,证明它也是线段 AC 到段 BD 的旋转相似中心!

变形 19.2. (2006 美国数学奥林匹克竞赛) 设 $ABCD$ 为一个四边形,设 E 和 F 分别为边 AD 和 BC 上的点,满足 $\dfrac{AE}{ED} = \dfrac{BF}{FC}$. 射线 FE 与射线 BA 与 CD 分别交与点 S 和点 T. 证明:$\triangle SAE, \triangle SBF, \triangle TCF, \triangle TDE$ 的外接圆相交.

证明 假设如图 19.2 所示 (其他情况可以类似地处理). 设 P 为 $\triangle SAE$

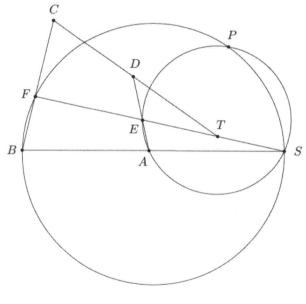

图 19.2

和 △SBF 的外切圆的第二个交点. 我们有 ∠APE = ∠ASE = ∠BPF, ∠PAE = ∠PSE = ∠PBF. 因此 △PAE 和 △PBF 相似, △PAB 和 △PDC 也相似. 因此 P 是旋转相似中心, 使线段 AD 与线段 BC 相似.

现在令 Q 为 △TCF 和 △TDE 的外接圆的第二个交点. 我们可以类似地得出 Q 是旋转相似中心, 使得线段 AD 与线段 BC 旋转相似, 所以 P = Q. 证明完毕. □

现在我们将讨论涉及完全四边形的最重要的定理之一——已经在桑达定理 (定理 8.6) 的证明中看到了这一点.

定理 19.1.(密克尔枢轴定理) 设 △ABC 中 D, E, F 分别为 BC, CA, AB 上的点, 则 △AEF, △BFD, △CDE 的外接圆相交.

证明 首先, 看着图 19.3, 试着自己掌握证明方法. 讨论通常应该如下: 设三角形的外接圆 BFD 和 CDE 在 P 处再次相交, 我们可以得到:

$$\angle EPF = 360° - \angle FPD - \angle DPE = 360° - (180° - \angle B) - (180° - \angle C)$$
$$= 180° - \angle A$$

所以四边形 AEPF 是共圆的, 证明完毕. □

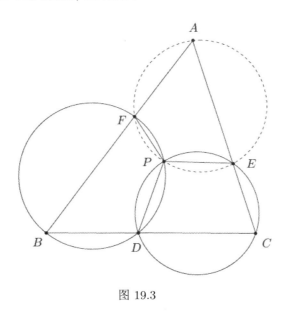

图 19.3

变形 19.3. (2013 年美国数学奥林匹克竞赛) 如图 19.4 所示, 在 △ABC 中, 点 P, Q, R 分别位于边 BC, CA, AB 上, 设 $\omega_A, \omega_B, \omega_C$ 分别表示 △AQR,

$\triangle BRP$, $\triangle CPQ$ 的外接圆. 假设线段 AP 再次与 $\omega_A, \omega_B, \omega_C$ 分别在点 X, Y, Z 相交, 证明:

$$\frac{YX}{XZ} = \frac{BP}{PC}.$$

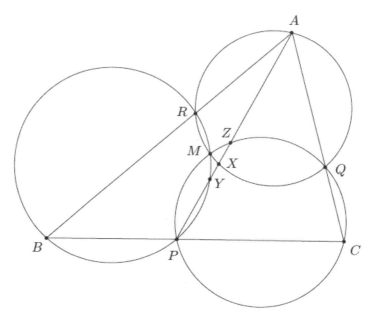

图 19.4

证明 首先请注意, 根据密克尔的枢轴定理, 圆 $\omega_A, \omega_B, \omega_C$ 在 M 处相交. 由于 $P = YZ \cap BC$ 并且由于 ω_B 是 $\triangle BPY$ 的外接圆, ω_C 是 $\triangle CPZ$ 的外接圆, 通过**变形 19.1** 我们得到 M 是 BY 与 CZ 的旋转相似中心. 因此, M 也是 YZ 与 BC 的旋转相似中心, 还要注意的是

$$\angle MXZ = \angle MQA = 180° - \angle MQC = \angle MPC$$

因此, X 与 P 也需要旋转相似. 所以 X 和 P 别是线段 YZ 和 BC 上的对应点, 所以我们得到了期望的比例相等的关系. □

变形 19.4. (2013 年国际数学奥林匹克竞赛) 设 $\triangle ABC$ 是一个垂心为 H 的锐角三角形, 设点 W 是 BC 边上的一个点, 且严格位于 B 和 C 之间. 点 M 和 N 分别是 B 和 C 的垂足. 用 ω_1 表示 $\triangle BWN$ 的外接圆, 设 X 为 ω_1 上的点, 使得 WX 为 ω_1 的直径. 类似地, 用 ω_2 表示 $\triangle CWM$ 的外接圆, 设 Y 为 ω_2 上的点使得 WY 为 ω_2 的直径. 证明: 点 X, Y 和 H 共线.

证明 回顾**变形 2.13** 的证明，思考密克尔的枢轴定理是如何简化论证的. □

定理 19.2. (密克尔定理) 设 $ABCD$ 为四边形，$E = AB \cap CD$，$F = DA \cap BC$. 则 $\triangle ABF$，$\triangle BCE$，$\triangle CDF$，$\triangle DAE$ 的外接圆在一个点 M 处重合，这个点被称为完全四边形 $ABCDEF$ 的**密克尔点**.

证法一 设 $\triangle CDF$ 和 $\triangle BCE$ 的外接圆在 M 处再次相交. 然后，通过**变形 19.1**，我们得到 M 是线段 FD 与线段 BE 的旋转相似中心. 因此，M 也是线段 FB 与 DE 的旋转相似中心，因此它位于 $\triangle DAE$ 和 $\triangle ABF$ 的外接圆上. □

证法二 将密克尔的枢轴定理应用于 $\triangle ABF$ 的点 C, D, E 上，我们发现 $\triangle DAE$，$\triangle BCE$ 和 $\triangle CDF$ 的外接圆是相交的. 以同样的方式再应用三次密克尔的枢轴定理，然后产生期望的结果. □

变形 19.5. (2015 年亚太地区数学奥林匹克竞赛) 如图 19.5 所示，设在 $\triangle ABC$ 中，D 为边 BC 上一点. 一条直线过 D 与边 AB 相交于点 X 并且与射线 AC 相交于点 Y. $\triangle BXD$ 的外接圆与 $\triangle ABC$ 的外接圆 ω 再次相交于不同于点 B 的点 Z. 直线 ZD 和 ZY 再次与 ω 在点 V 和 W 相交. 证明：$AB = VW$.

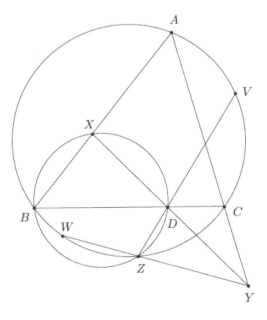

图 19.5

证明 假设题目如图 19.5 所示 (其他结构也可以类似地处理). 由于 Z 是完全四边形 $ACDXYB$ 的密克尔点, 因此 Z 位于 $\triangle CDY$ 的外接圆上. 因此

$$\angle WZV = 180° - \angle DZY = \angle DCY = 180° - \angle ACB$$

所以弦 AB 和 VW 在 ω 内对着相等的弧. 这意味着 $AB = VW$, 证明完毕. □

变形 19.6. (2014 年亚太地区数学奥林匹克竞赛) 圆 ω 和 Ω 相交于点 A 和点 B. 令 M 是圆 ω 中 $\overarc{AB}$ 的中点 (M 位于 Ω 内). 弦 MP 在 ω 内与 Ω 相交于点 Q (Q 位于 ω). 设 ℓ_P 是 ω 在点 P 的切线并且设 ℓ_Q 是圆 Ω 在点 Q 的切线. 证明: 由线 ℓ_P, ℓ_Q 和 AB 形成的三角形的外接圆与 Ω 相切.

证明 如图 19.6 所示, 设 O_1 为 ω 的圆心, $X = PM \cap AB$, $C = AB \cap \ell_Q$, $D = \ell_P \cap \ell_Q$, $E = AB \cap \ell_P$. 注意, $\angle MPE = 90° - \angle PMO_1 = \angle AXM = \angle PXE$, 因此 $EP = EX$. 这意味着 $EX^2 = EP^2 = EB \cdot EA$. 现在, 设 Y 为直线 PM 与 Ω 的第二个交点, T 为直线 EY 与 Ω 的第二个交点. 通过一个点

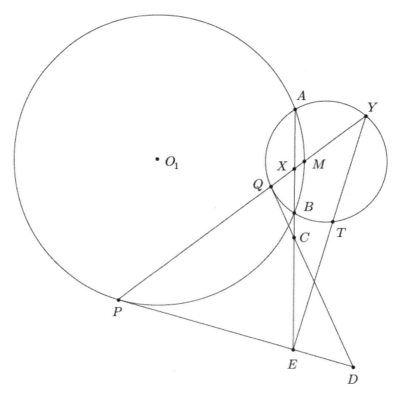

图 19.6

的圆弧, 我们得到 $EX^2 = EA \cdot EB = ET \cdot EY$, 所以直线 EX 与 $\triangle YXT$ 的外接圆相切. 因此 $\angle TQC = \angle TYX = \angle TXC$, 所以四边形 $TCQX$ 是共圆的. 同样, 我们有 $EP^2 = ET \cdot EY$, 所以线段 EP 与 $\triangle YPT$ 的外接圆相切. 因此 $\angle EXT = \angle TYP = \angle EPT$, 所以四边形 $EPXT$ 也是共圆的. 因此, T 是完全四边形 $ECQPXD$ 的密克尔点. 因此, T 位于 $\triangle DEC$ 的外接圆上. 我们现在有 $\angle EDT + \angle TYQ = \angle TCX + \angle TYQ = \angle TQX + \angle TYQ = \angle ETQ$, 这意味着我们得到了期望的相切. $\square$

变形 19.7. 设 $ABCD$ 为四边形, $E = AB \cap CD$, $F = DA \cap BC$. 假设 M 是完全四边形 $ABCDEF$ 的密克尔点, O_1, O_2, O_3, O_4 分别是 $\triangle ABF$, $\triangle BCE$, $\triangle CDF$, $\triangle DAE$ 的外接圆圆心. 点 M, O_1, O_2, O_3, O_4 是共圆的, 包含它们的圆被称为完全四边形 $ABCDEF$ 的斯坦纳圆.

下一个练习可以通过简单的角度来证明. 然而, 我们展示的证据是奥林匹亚几何学中的另一个财富——请记住它.

证明 设以 M 为圆心任意长度为半径的圆反演. $\triangle ABF$, $\triangle BCE$, $\triangle CDF$, $\triangle DAE$ 的外接圆反演为四条直线, 形成一个完全四边形 $XYZTUV$ 与密克尔点 M. 这些三角形的外接圆圆心反演为 M 关于直线 XY, YZ, ZT, TX 的对称点. 每三个对称点是共线的且它们位于 M 关于 $\triangle XYV$, $\triangle YZU$, $\triangle ZTV$, $\triangle TXU$ 的斯坦纳线上. 因此, 所有四个对称点都是共线的, 证明完毕.

变形 19.8. 设 $ABCD$ 是一个外接圆圆心为 O 的共圆四边形, $E = AB \cap CD$, $F = DA \cap BC$. 设 M 为完全四边形 $ABCDEF$ 的密克尔点. 证明: M 位于直线 EF 上且 $OM \perp EF$.

证明 假设题目如图 19.7 所示 (其他结构也可以类似地处理). 然后从我们所有的共圆四边形中发现

$$\angle EMA = \angle EDA = 180° - \angle ABF = 180° - \angle FMA$$

所以 M 位于直线 EF 上. 设 M_1, M_2 分别为线段 AB, CD 的中点. 因为 M 是线段 AB 到 DC 的旋转相似中心, 所以 M 也是线段 AM_1 到线段 DM_2 的旋转相似中心. 因此, M 位于 $\triangle EM_1M_2$ 的外接圆上. 但是由于 $\angle OM_1E = \angle OM_2E = 90°$, 这个外接圆的直径为 OE, 所以 $\angle OME = 90°$. 这就完成了证明. $\square$

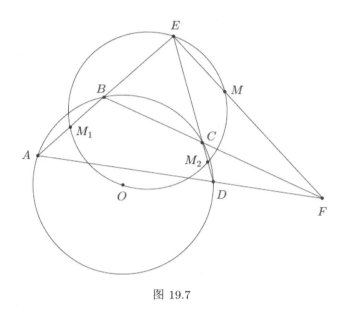

图 19.7

定理 19.3. (高斯-波登米勒定理) 设 $ABCD$ 为一个四边形,$E = AB \cap CD$,$F = DA \cap BC$,那么直径为 AC, BD 和 EF (完全四边形 $ABCDEF$ 的对角线) 的圆是同轴的,它们的公共根轴包含 $\triangle ABF$, $\triangle BCE$, $\triangle CDF$, $\triangle DAE$ 的垂心.

证明 我们从以下引理开始:

引理 19.1. 如图 19.8 所示,令 $\triangle ABC$ 中 M, N 分别为边 CA 和 AB 上的点,则 $\triangle ABC$ 的垂心 H 位于直径为 BM 和 CN 的圆的根轴上.

证明 设 E, F 为 $\triangle ABC$ 中 B, C 的垂足,则 $\angle BEM = \angle CFN = 90°$,所以 E 位于直径为 BM 的圆上,F 位于直径为 CN 圆上. 因此,它可以表示为 $HB \cdot HE = HC \cdot HF$ (因此 H 关于两个圆的的幂相等). 但是,由于 H 关于 $\triangle ABC$ 边所在的直线的对称点位于 $\triangle ABC$ 的外接圆上,我们得到的 $HB \cdot HE$ 和 $HC \cdot HF$ 都等于 H 关于 $\triangle ABC$ 外接圆的幂一半,这就完成了引理的证明.

设 H_1, H_2, H_3, H_4 分别为 $\triangle ABF$, $\triangle BCE$, $\triangle CDF$, $\triangle DAE$ 的垂心. 回到这个问题,注意,线段 AC, BD 和 FE 是 $\triangle ABF$ 中的塞瓦线,因此从这个引理中,我们知道 H_1 是直径为 AC, BD, EF 的圆的根心. 类似地,点 H_2, H_3, H_4 也是这些圆的根心. 因此,这些圆要么是同轴的,要么 $\triangle ABF$, $\triangle BCE$, $\triangle CDF$, $\triangle DAE$ 的垂心重合. 但是后一种情况显然是不可能的,所以这就完成了证明. □

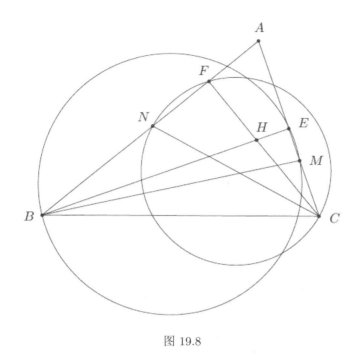

图 19.8

这概括了我们在**第五章**首次看到的一个完美的结果!

推论 19.1.(牛顿线) 设 $ABCD$ 为四边形, $E = AB \cap CD, F = DA \cap BC$. 那么线段 AC, BD, EF 的中点是共线的.

我们以 2009 年国际奥林匹克数学竞赛预选题中的难题结束这一部分.

变形 19.9. (2009 年国际数学奥林匹克竞赛预选题) 给定一个四边形 $ABCD$, 设对角线 AC 和 BD 相交于点 E, AD 和 BC 相交于点 F. AB 和 CD 的中点分别是 G 和 H. 证明: 直线 EF 与 $\triangle EGH$ 的外接圆相切.

证明 如图 19.9 所示, 设 M 为线段 EF 的中点, O 为四边形 $ABCD$ 的外接圆圆心. 那么点 G, H, M 都位于完全四边形 $ACBDEF$ 的牛顿线上, 因此共线. 设 $I = AB \cap DC$. 则点 I, G, O, H 都位于直径为 OI 的圆上, 因此是共圆的. 此外, 根据布洛卡定理, 我们知道 $IO \perp EF$, 因此直线 EF 与 GH 在 $\triangle GHI$ 中是反平行的. 设 $X = EF \cap AB, Y = EF \cap CD$, 这意味着四边形 $GHYX$ 是共圆的.

现在, 因为直线 AC, BD, FX 在 E 处相交, 我们就有了 $(A, B; X, I)$ 是调和的且因为 $(F, E; X, Y) \stackrel{D}{=} (A, B; X, I)$, 这意味着 $(F, E; X, Y)$ 也是调和的. 因此 $ME^2 = MX \cdot MY$. 根据圆幂定理我们得到 $MX \cdot MY = MG \cdot MH$, 我们发现 $ME^2 = MG \cdot MH$, 这意味着完成了相切的证明. □

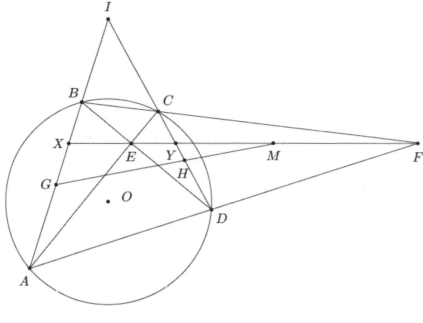

图 19.9

习题

19.1. (2015 年摩洛哥国家队选拔赛) 设 $ABA'B'$ 为凸四边形,$AA' \cap BB' = S$,设 T 为 $\triangle ABS$ 和 $\triangle A'B'S$ 的外接圆的交点. 设 C 和 C' 分别是直线 AB 和 $A'B'$ 上的点使得 B 在 A 和 C 之间,并且 B' 在 A' 和 C' 之间. 并且设 K 和 L 分别是线段 SB 和 SA 上的点,使得点 K,B,C,T 和点 A',C',T,L 都是共圆的. 证明: 点 C,C',K,L 是共线的当且仅当

$$\frac{CA}{BC} = \frac{C'A'}{C'B'}.$$

19.2. (1985 年国际数学奥林匹克竞赛) 设一个以 O 为圆心的圆穿过顶点为 A 和 C 的 $\triangle ABC$ 并与线段 AB 和 BC 在不同的点 K 和 N 相交. 设 M 是 $\triangle ABC$ 和 $\triangle KBN$ (B 除外) 外接圆的交点. 证明: $\angle OMB = 90°$.

19.3. (2014 年美国数学奥林匹克竞赛预选题) 设 $\triangle ABC$ 是一个以 O 为外接圆圆心的三角形. 设 P 为 $\triangle ABC$ 内的一个点,点 D,E,F 点分别位于 BC,AC,AB 上使得 $\triangle DEF$ 关于 $\triangle ABC$ 的密克尔点是 P. 设 D,E,F 关于

$\triangle ABC$ 边的中点的对称点分别是 R, S, T. 假设 Q 是 $\triangle RST$ 关于 $\triangle ABC$ 的密克尔点. 证明: $OP = OQ$.

19.4. (2006 年国际数学奥林匹克竞赛预选题) 点 A_1, B_1, C_1 分别是 $\triangle ABC$ 的边 BC, CA, AB 上一点. $\triangle AB_1C_1, \triangle BC_1A_1, \triangle CA_1B_1$ 的外接圆与 $\triangle ABC$ 的外接圆在 A_2, B_2, C_2 再次相交 ($A_2 \neq A, B_2 \neq B, C_2 \neq C$). 点 A_3, B_3, C_3 分别与边 BC, CA, AB 的中点 A_1, B_1, C_1 对称. 证明: $\triangle A_2B_2C_2$ 和 $\triangle A_3B_3C_3$ 相似.

19.5. (2009 年美国国家队选拔赛) 设 $\triangle ABC$ 为一个锐角三角形. 点 D 位于边 BC 上. 设 O_B, O_C 分别是 $\triangle ABD$ 和 $\triangle ACD$ 的外接圆圆心, 点 B, C, O_B, O_C 位于以 X 为圆心的圆上. 设 H 为 $\triangle ABC$ 的垂心. 证明: $\angle DAX = \angle DAH$.

19.6. (2006 年瑞士数学奥林匹克竞赛试题) 设 $\triangle ABC$ 是一个锐角三角形,$AB \neq AC$, H 为 $\triangle ABC$ 的垂心, M 为边 BC 的中点. 设 D 是边 AB 的一个点, E 是边 AC 的一个点, 使得 $AE = AD$ 并且 D, H, E 在同一条直线上. 证明: 直线 HM 垂直于 $\triangle ABC$ 和 $\triangle ADE$ 外接圆的公共弦.

19.7. (2011 年国际数学奥赛问题 6 的推广) 设 $\triangle ABC$ 中存在一个点 P. 一条经过点 P 的直线与 $\triangle PBC, \triangle PCA, \triangle PAB$ 的外接圆在 P_a, P_b, P_c 相交. 设 ℓ_a, ℓ_b, ℓ_c 分别是 $\triangle PBC, \triangle PCA, \triangle PAB$ 的外接圆在点 P_a, P_b, P_c 处的切线. 证明: 由直线 ℓ_a, ℓ_b, ℓ_c 所确定的三角形的外接圆与 $\triangle ABC$ 的外接圆相切.(提示: 求以 P 为圆心的圆的倒转, 在倒转图中, 切线点是一个完全四边形的密克尔点.)

第二十章　阿波罗尼奥斯圆和等力点

本章将介绍与一个重要结构相关的信息——阿波罗尼奥斯圆. 令人惊讶的是它在其他数学奥林匹克几何文本中不经常讨论. 我们先从定义开始.

定义 20.1. 设 AB 为一条线段, k 为正实数. 满足 $\dfrac{AP}{BP} = k$ 的点 P 的轨迹称为 **阿波罗尼奥斯圆**. 注意, 在 $k=1$ 的情况下, 我们的圆是退化的——也就是说, 它与线段 AB 的垂直平分线重合.

为什么这个轨迹是一个圆？设 R 为线段 AB 上的一点, 使 $\dfrac{AR}{BR} = k$. 设 S 为线段 AB 外的 AB 延长线上的点使得 $\dfrac{AS}{BS} = k$. 显然 $(A, B; R, S)$ 是调和的. 现在, 考虑满足 $\dfrac{AP}{BP} = k$ 的任意点 P. 由于 $\dfrac{AP}{BP} = \dfrac{AR}{BR}$, 根据角平分线定理, 我们得到直线 PR 平分角 $\angle APB$. 因此, $PR \perp PS$, 并且很容易看出所求轨迹是直径为 RS 的圆.

我们继续定义属于一个三角形的阿波罗尼奥斯圆. 在 $\triangle ABC$ 中, 我们表示点 P 的轨迹使得 $\dfrac{BP}{CP} = \dfrac{AB}{AC}$ 为 $\triangle ABC$ 的 A- 阿波罗尼奥斯圆. 很明显, 每一个 $\triangle ABC$ 都有三个与之相关的阿波罗尼奥斯圆——即 A- 阿波罗尼奥斯圆, B- 阿波罗尼奥斯圆和 C- 阿波罗尼奥斯圆. 现在, 让我们看看一些性质！

变形 20.1. 证明 $\triangle ABC$ 的外接圆和 $\triangle ABC$ 的 A- 阿波罗尼奥斯圆是正交的.

证明　如图 20.1 所示, 设 R 和 S 分别为 $\triangle ABC$ 中 A 的内角平分线和外角平分线上的点, M 为线段 RS 的中点 (M 为 $\triangle ABC$ 的 A- 阿波罗尼奥斯圆的中心). 现在假设在不失一般性的情况下, B 位于 S 和 C 之间.

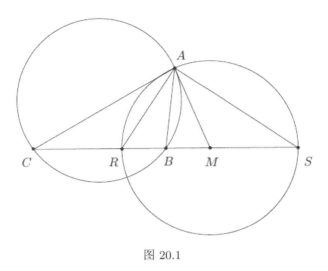

图 20.1

注意

$$\angle MAB + \frac{\angle BAC}{2} = \angle MAR = \angle MRA$$
$$= \angle ACB + \frac{\angle BAC}{2};$$

因此 $\angle MAB = \angle ACB$. 所以 MA 与 $\triangle ABC$ 的外接圆相切, 这就得到了期望的结果. □

变形 20.2. 设 D 为 $\triangle ABC$ 的外接圆与 $\triangle ABC$ 的 A - 阿波罗尼奥斯圆的第二个交点. 那么直线 AD 就是 $\triangle ABC$ 的 A - 类似中线.

我们给出了两个结果的证明——第一个将在以后的练习中帮助我们, 第二个真的很简洁!

证法一 设 M 为 $\triangle ABC$ 的 A - 阿波罗尼奥斯圆的圆心, 并且设 ω 是 $\triangle ABC$ 的外接圆. 设 ω 上过点 B 和 C 的切线相交于 X, 我们知道直线 AX 是 $\triangle ABC$ 的 A - 类似中线, 所以它足以证明 X 在直线 AD 上. 根据**变形 20.1** 我们得出线段 MA 和 MD 与 ω 相切, 因此直线 AD 是 M 关于 ω 的极线. 线段 XB 和 XC 也与 ω 相切, 因此线段 BC 是 X 关于 ω 的极线. 但是 M 在直线 BC 上, 所以根据拉盖尔定理, X 一定在 M 的极线上, 也就是直线 AD, 这就完成了证明. □

证法二 根据定义, 我们得到了 $\dfrac{DB}{DC} = \dfrac{AB}{AC}$. 因此, 四边形 $ABDC$ 是调和的, 因此直线 AD 是 $\triangle ABC$ 的 A - 类似中线. □

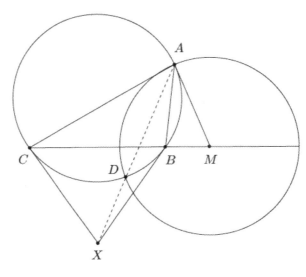

图 20.2

下一个练习可能是最著名的一个三角形的阿波罗尼奥斯圆的性质.

变形 20.3. 结果表明, 非等边三角形的三个阿波罗尼奥斯圆在两个点上相交, 一个点在三角形内, 称为三角形的**第一等力点**, 另一个点在三角形外, 称为三角形的**第二个等力点**.

证明 假设 J 是 $\triangle ABC$ 的 B-阿波罗尼奥斯圆和 C-阿波罗尼奥斯圆的交点 (很容易看到这些圆确实相交). 然后我们得到 $\dfrac{CJ}{AJ} = \dfrac{AB}{BC}$ 和 $\dfrac{AJ}{BJ} = \dfrac{BC}{CA}$, 相乘后我们得到 $\dfrac{BJ}{CJ} = \dfrac{AB}{CA}$, 因此 J 也位于 $\triangle ABC$ 的 A-阿波罗尼奥斯圆上. 这就完成了证明. □

变形 20.4. (2003 年塞尔维亚数学奥林匹克竞赛试题) 设 M 和 N 为 $\triangle ABC$ 所在平面上的不同的两点, 满足

$$AM : BM : CM = AN : BN : CN.$$

表示直线 MN 通过 $\triangle ABC$ 的外接圆圆心.

证明 很明显, N 位于 $\triangle MBC$, $\triangle MCA$ 和 $\triangle MAB$ 的 M-阿波罗尼奥斯圆上, 由于三个非重合圆在至多两个点上都可以相交, 我们得到 N 是由 M 唯一确定的. 现在, 设 O 和 R 分别是 $\triangle ABC$ 的外接圆圆心和外接圆半径. 考虑反演的 $\triangle ABC$ 的外接圆. 设 M 反演到一个点 M', 我们有

$$AM' = \dfrac{R^2}{OA \cdot OM} \cdot AM = \dfrac{R}{OM} \cdot AM.$$

同样地, $BM' = \dfrac{R}{OM} \cdot BM$, $CM' = \dfrac{R}{OM} \cdot CM$. 因此,
$$AM : BM : CM = AM' : BM' : CM',$$
所以 $N = M'$. 这也就意味着 M, N, O 共线得证. □

也可以注意到, $\triangle ABC$ 的外接圆是线段 MN 的阿波罗尼奥斯圆, 这也意味着期望的结果.

变形 20.5. (2009 年罗马尼亚数学锦标赛) 在平面上给定四个点 A_1, A_2, A_3, A_4, 任意三个点都不共线, 则有
$$A_1A_2 \cdot A_3A_4 = A_1A_3 \cdot A_2A_4 = A_1A_4 \cdot A_2A_3,$$
用 O_i 表示 $\triangle A_j A_k A_l$ 的外接圆圆心且 $\{i,j,k,l\} = \{1,2,3,4\}$. 假设 $\forall i, A_i \neq O_i$, 证明: 四条直线 $A_i O_i$ 是相交或平行的.

证明 我们引进投影平面 (这样我们可以去掉 "或平行" 的条件). 用 ω_{ij} 表示点 A_k 和 A_l 的阿波罗尼奥斯圆, 比值为 $\dfrac{A_i A_k}{A_i A_l} = \dfrac{A_j A_k}{A_j A_l}$ (明显经过点 A_i 和 A_j). 通过**变形 20.1** 和**变形 20.3**, 我们可以得到 ω_{ij}, ω_{il} 和 ω_{ik} 是同轴的, 都与 $\triangle A_j A_l A_k$ 的外接圆正交, 因此这三个圆的根轴 r_i 通过 O_i. 因此, r_i 实际上在直线 $A_i O_i$ 上. 所以直线 $A_i O_i, A_j O_j, A_k O_k$ 分别是 ω_{ij} 和 ω_{ik}, ω_{ij} 和 ω_{jk}, ω_{ik} 和 ω_{jk} 的根轴, 因此, 这三个圆的根心是相交的. 类似地, 直线 $A_i O_i, A_j O_j, A_l O_l$ 相交, 证明完毕. □

变形 20.6. 证明: $\triangle ABC$ 的外接圆圆心 O, 类似重心 K, 第一等力点 J 和第二等力点 J' 共线.

证明 如图 20.3 所示, 设 M, N, P 分别为 $\triangle ABC$ 的 A - 阿波罗尼奥斯圆, B - 阿波罗尼奥斯圆, C - 阿波罗尼奥斯圆的圆心. 我们从**变形 20.1** 知道 OB 与 $\triangle ABC$ 的 B - 阿波罗尼奥斯圆相切, 所以 O 关于 $\triangle ABC$ 的 B - 阿波罗尼奥斯圆的幂为 OB^2. 同样地, O 对 $\triangle ABC$ 的 C - 阿波罗尼奥斯圆的幂是 OC^2, 由于定义 $OB = OC$, 我们得出 O 位于 $\triangle ABC$ 的 B - 阿波罗尼奥斯圆和 C - 阿波罗尼奥斯圆的根轴上. 因此, O 位于直线 JJ' 上. 现在, 在**变形 20.2** 的证明中, 我们证明了 $\triangle ABC$ 的 A - 类似中线是 M 相对于 $\triangle ABC$ 的外接圆的极线. 同样, $\triangle ABC$ 的 B - 类似中线和 C - 类似中线分别是 N 和 P 关于 $\triangle ABC$ 的外接圆的极线. 因此, 根据拉盖尔定理, K 是由点 M, N, P 相对于外接圆确定的直线上的极点. 这意味着直线 OK 垂直于点 M, N, P 所确

定的直线, 并且由于 $\triangle ABC$ 的阿波罗尼奥斯圆的根轴也垂直于该直线, 由此我们得到所需的共线性. □

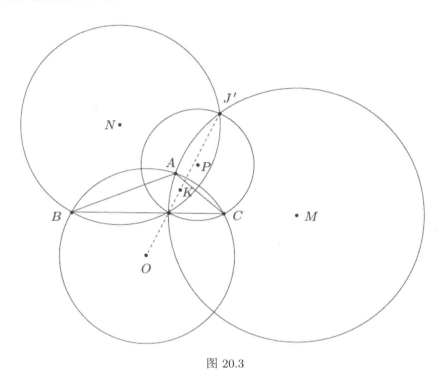

图 20.3

变形 20.7. 证明: 关于 $\triangle ABC$ 自身的第一等力点的垂足三角形是等边三角形.

证明 如图 20.4 所示, 设 J 为 $\triangle ABC$ 的第一等力点, 设 X, Y, Z 分别为边 BC, CA, AB 上 J 的投影. 由于点 J, Y, A, Z 位于直径为 AJ 的圆上, 我们

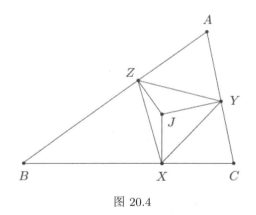

图 20.4

得到了 $YZ = AJ\sin A$. 同样, $ZX = BJ\sin B$, 所以

$$\frac{YZ}{ZX} = \frac{AJ}{BJ} \cdot \frac{\sin A}{\sin B} = \frac{AJ}{BJ} \cdot \frac{BC}{CA} = 1.$$

因此 $YZ = ZX$. 同样, 我们发现 $ZX = XY$, 所以 $\triangle XYZ$ 是等边三角形. □

变形 20.8. 证明: 所有的顶点都在 $\triangle ABC$ 的边 AB, AC, BC 上的等边三角形中, $\triangle ABC$ 第一等力点的垂足三角形面积最小.

证明 如图 20.5 所示, 设 L, M, N 分别为 BC, CA, AB 边的点, 使 $\triangle LMN$ 为等边三角形. 设 J 为 $\triangle AMN$, $\triangle BNL$, $\triangle CLM$ 的外接圆的交点 (根据密克尔点定理知该点存在), 设 L', M', N' 分别为 J 在 BC, CA, AB 上的投影. 然后用圆内接四边形进行证明, 得到 $\angle JLM = \angle JCM = \angle JL'M'$, 类似地, $\angle JLN = \angle JL'N'$. 因此, $\angle M'L'N' = \angle JL'M' + \angle JL'N' = \angle JLM + \angle JLN = 60°$, 对 $\angle L'M'N'$ 做同样的处理得到 $\triangle L'M'N'$ 是等边三角形. 因此, J 是 $\triangle ABC$ 的第一等力点 (现在你知道为什么我们称它为 J). 此外, J 是旋转相似中心且使 $\triangle LMN$ 与 $\triangle L'M'N'$ 的比值为 $\frac{JL'}{JL}$. 因为 $\frac{JL'}{JL} \leqslant 1$, 这意味着面积最小. □

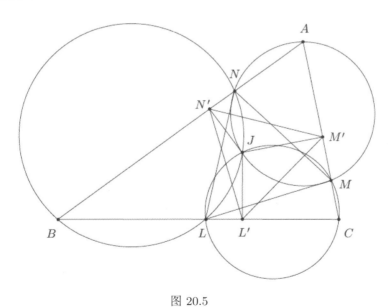

图 20.5

现在, 我们将讨论你在**第六章**中第一次看到的一对恰好与等力点紧密相连的点. 对于以下结果, 考虑内角均不大于 $120°$ 的 $\triangle ABC$.

定义 20.2. 设 X, Y, Z 为 $\triangle ABC$ 平面上的点, 使 $\triangle BCX, \triangle CAY, \triangle ABZ$ 为等边三角形且在 $\triangle ABC$ 内部不相交. $\triangle BCX, \triangle CAY, \triangle ABZ$ 的外接圆在点 F 相交, 点 F 被称为 $\triangle ABC$ 的**第一费马点**. 设 X', Y', Z' 为 $\triangle ABC$ 平面上的点使得 $\triangle BCX', \triangle CAY', \triangle ABZ'$ 为等边三角形, 且均与 $\triangle ABC$ 的内部相交. $\triangle BCX, \triangle CAY, \triangle ABZ$ 的外接圆交于点 F', 点 F' 称为 $\triangle ABC$ 的**第二费马点**.

我们是怎么知道这些圆相交的? 实际上, 这个证明类似于密克尔点定理的证明. 设 F 为 $\triangle CAY$ 和 $\triangle ABY$ 的外接圆的第二个交点. 那么

$$\angle BFC = 360° - \angle AFB - \angle CFA = 120° = 180° - \angle BXC.$$

因此 F 位于 $\triangle BCX$ 的外接圆上, 得证. 类似的证明适用于第二费马点的存在.

变形 20.9. 证明: 如图 20.6 所示, 直线 AX, BY, CZ 相交于点 F, 并且

$$AX = BY = CZ.$$

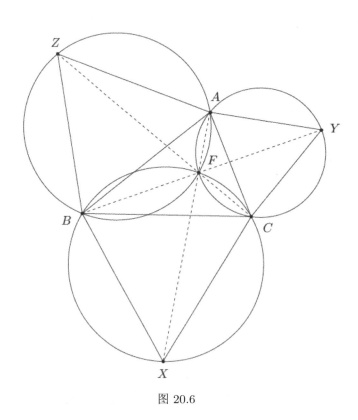

图 20.6

证明 我们有 $\angle XFB + \angle AFB = \angle XCB + 120° = 180°$, 因此 F 位于直线 AX 上. 类似地, F 位于直线 BY 和 CZ 上. 现在, 根据托勒密定理, 在共圆四边形 $XBFC$ 上, 我们知道
$$FX \cdot BC = BX \cdot CF + CX \cdot BF \Longrightarrow FX = BF + CF,$$
我们使用的 $\triangle XBC$ 是等边的. 因此
$$AX = AF + FX = AF + BF + CF.$$
并且类似地
$$BY = CZ = FA + FB + FC,$$
证明完毕. □

类似地, 我们可以看到直线 AX', BY', CZ' 在 F' 处是相交的, 并且 $AX' = BY' = CZ'$.

变形 20.10. 证明: 在 $\triangle ABC$ 内部使得 $AP + BP + CP$ 最小的点 P 是 $\triangle ABC$ 的第一费马点.

证明 如图 20.7 所示, 设 Z 是 $\triangle ABC$ 平面内的点, 使得 $\triangle ABZ$ 是等边三角形且在 $\triangle ABC$ 的内部不相交. 设 P 是 $\triangle ABC$ 内部的点并且 P' 是 $\triangle ABZ$ 内部, 使得 $\triangle APP'$ 是等边三角形的点. 注意, A 是 $\triangle APB$ 与 $\triangle AP'Z$ 的旋转中心, 因此 $BP = ZP'$. 所以我们有
$$AP + BP + CP = PP' + ZP' + CP \geqslant CZ,$$

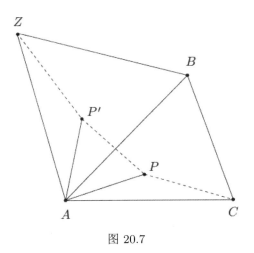

图 20.7

等号成立当且仅当 C, P, P', Z 是共线的. 因此

$$\angle AP'P = \angle APP' = 60°,$$

共线成立当且仅当

$$\angle CPA = 120°$$

且

$$\angle AP'Z = \angle APB = 120°,$$

等号成立当且仅当 P 是 $\triangle ABC$ 的第一费马点. □

为什么我们要把费马点带进阿波罗尼奥斯圆和等力点的讨论？这个问题的答案如下:

变形 20.11. $\triangle ABC$ 的第一费马点 F 和第一等力点 J 关于 $\triangle ABC$ 是等角共轭点.

证明 如图 20.8 所示, 设 X, Y, Z 分别是点 J 到边 BC, CA, AB 的投影. 我们从**变形 20.5** 得知 $\triangle XYZ$ 是等边的, 所以

$$\angle BJC = 180° - \angle JBC - \angle JCB = 180° - (\angle B - \angle JBA) - (\angle C - \angle JCA)$$
$$= 180° - (\angle B - \angle JXZ) - (\angle C - \angle JXY) = \angle A + 60°,$$

并且我们知道 $\angle BFC = 120°$, 所以 $\angle BFC + \angle BJC = 180° + \angle A$. 类似地, 我们有 $\angle CFA + \angle CJA = 180° + \angle B$ 和 $\angle AFB + \angle AJB = 180° + \angle C$.

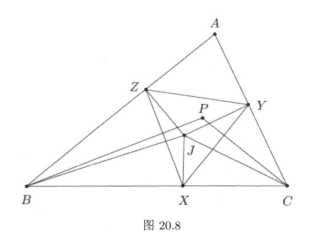

图 20.8

现在, 设 P 是 J 关于 $\triangle ABC$ 的等角共轭点. 我们有

$$
\begin{aligned}
\angle BJC + \angle BPC &= (180° - \angle JBC - \angle JCB) + (180° - \angle PBC - \angle PCB) \\
&= 360° - (\angle JBC + \angle PBC) - (\angle JCB + \angle PCB) \\
&= 360° - \angle B - \angle C = 180° + \angle A.
\end{aligned}
$$

类似地, 我们发现 $\angle CJA + \angle CPA = 180° + \angle B$ 和 $\angle AJB + \angle APB = 180° + \angle C$. 这表明 $P = F$, 得证. $\square$

类似地, 我们可以证明第二费马点和第二等力点是这个三角形的等角共轭点.

我们以一个巧妙的问题结合关于第一费马点和梅涅劳斯定理的有关三角形的性质来结束这一部分.

变形 20.12. 设 $\triangle XYZ$ 是一个内接于圆 ω 的等边三角形. 设 P 是 $\triangle XYZ$ 内部的一个点并且 A, B, C 是直线 XP, YP, ZP 和 ω 的第二个交点. 设 I, I_1, I_2, I_3 分别是 $\triangle ABC, \triangle PBC, \triangle PCA, \triangle PAB$ 的内切圆圆心. 证明: 直线 AI_1, BI_2, CI_3, PI 相交.

证明 如图 20.9 所示, 注意到 $\triangle XYZ$ 是 P 关于 $\triangle ABC$ 的外接切瓦三角形, 且根据引理**变形 7.4** 进行反推, 我们可得 P 关于 $\triangle ABC$ 的垂足三角形是等边三角形. 因此, 根据**定理 20.7**, P 是 $\triangle ABC$ 的一个等力点. 根据定义我们有 $AP \cdot BC = BP \cdot CA = CP \cdot AB$. 在 $\triangle ABC$ 中, $\angle BPC, \angle CPA, \angle APB$ 的内角平分线通过 $\angle BAC, \angle ABC, \angle BCA$ 的角平分线的点. 因此, 设 Q 是内角 $\angle BAC$ 和 $\angle BPC$ 平分线的交点, 设 $X = PI \cap AI_1$. 由 $\triangle PIQ$ 和梅涅劳斯定理及点 A, X, I_1, 我们有

$$\frac{XI}{PX} = \frac{AI}{AQ} \cdot \frac{QI_1}{I_1P} = \frac{AB + AC}{AB + BC + CA} \cdot \frac{BC}{PB + PC} = \frac{AC}{PC} \cdot \frac{BC}{AB + BC + CA}.$$

类似地, 如果 $X' = PI \cap BI_2$, 然后根据梅涅劳斯定理对由 P, I 构成的三角形和 $\triangle ABC$ 中 B-内角平分线的点和 B, X', I_2, 那么我们可得到等式

$$\frac{X'I}{PX'} = \frac{BC + AB}{AB + BC + CA} \cdot \frac{AC}{PA + PC} = \frac{AC}{PC} \cdot \frac{BC}{AB + BC + CA}.$$

因此可得到 $X = X'$, 所以直线 AI_1, BI_2, PI 相交于点 X. 由此, 我们得到 X 也在直线上 CI_3. 这就完成了证明. $\square$

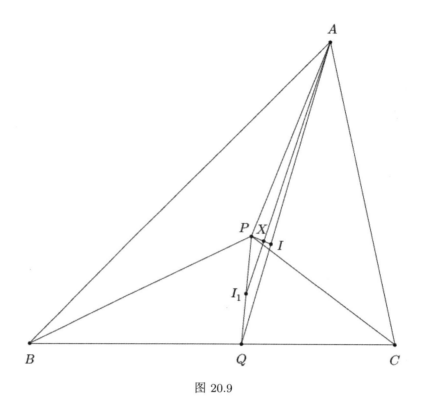

图 20.9

习题

20.1.(2014 年美国数学奥林匹克预选题) 设 $A_1A_2A_3\cdots A_{2\,014}$ 是一个共圆的 2 014 边形. 证明: 对于每个不是 2 014 边形外接圆圆心的点 P, 存在 $Q \neq P$ 使得 $\dfrac{A_iP}{A_iQ}$ 是常数, $i \in \{1, 2, 3, \cdots, 2\,014\}$.

20.2. 设 J 和 J' 分别是 $\triangle ABC$ 的第一和第二等力点. 证明: 点 J 和 J' 关于三角形的外接圆圆心是反演的.

20.3.(2008 年美国国家队选拔赛) 设 P, Q, R 分别是锐角 $\triangle ABC$ 的边 BC, CA, AB 上, 使得 $\triangle PQR$ 是等边三角形并且在所有等边三角形中面积最小的点. 证明: A 到直线 QR 的垂线, B 到直线 RP 的垂线, C 到直线 PQ 的垂线是相交的.

20.4. 设 $\triangle ABC$ 是一个三角形并且设 D, E, F 是 A, B, C-内角平分线上的点. 设点 X 是直线 BC 和线段 AD 垂直平分线的交点, 类似地, 定义点 Y 和 Z. 证明: X, Y, Z 是共线的.

20.5.(2004 年新加坡国家队选拔赛) 设 D 是 $\triangle ABC$ 内部的一个点使得 $AB = ab, AC = ac, AD = ad, BC = bc, BD = bd, CD = cd$, 且 a, b, c, d 都是实数. 证明: $\angle ABD + \angle ACD = 60°$.

20.6.(弗拉基米尔·扎吉克) 设 D, E, F 分别是 $\triangle ABC$ 的边 BC, CA, AB 上, 使得 $\triangle DEF$ 是等边的点. 证明:

$$DE \geqslant \frac{2\sqrt{2}K}{\sqrt{a^2 + b^2 + c^2 + 4\sqrt{3}K}},$$

这里 K 是 $\triangle ABC$ 的面积.

20.7. 设 J 是 $\triangle ABC$ 的第一等力点, A', B', C' 分别是 J 关于直线 BC, CA, AB 的对称点. 证明: AA', BB', CC' 相交于 $\triangle ABC$ 的第一费马点.

20.8. 设 F 是 $\triangle ABC$ 的第一费马点. 证明: $\triangle FBC, \triangle FCA, \triangle FAB$ 的欧拉线相交于 $\triangle ABC$ 的垂心.

第二十一章 爱尔迪希-莫德尔不等式

下面的结果可能是在三角形这部分中最巧妙的几何不等式.

定理 21.1. (**爱尔迪希-莫德尔不等式**) 如果从一个点 P 在给定 $\triangle ABC$ 中向三角形的边作垂线 PH_1, PH_2, PH_3,那么

$$PA + PB + PC \geqslant 2(PH_1 + PH_2 + PH_3)$$

当且仅当 $\triangle ABC$ 是等边的并且 P 是三角形的中心时等号成立.

这个结论被保罗·爱尔迪希在 1935 年推导出来了,并且在同一年第一次被莫德尔证明出来了. 几个有关这个不等式的证明已经给出,通过 André Avez 使用托勒密定理,Leon Bankoff 的相似三角形的角度运算和 V. Komornik 的面积不等式, 在这里我们将给出三种不同的证明.

证法一 严格的等量条件表明或许这个证明过程应为两部分,有不同的等量关系.

首先我们将证明

$$PA \geqslant \frac{AB}{BC} \cdot PH_2 + \frac{AC}{BC} \cdot PH_3.$$

事实上, 这个步骤 (被叫做**莫德尔引理**) 是如此重要,以至于爱尔迪希-莫德尔不等式的每一步证明都使用它作为一个引理. 那么,让我们证明它! 不等式可重写为

$$PA \sin A \geqslant PH_2 \sin C + PH_3 \sin B,$$

并且注意到 $PA \sin A = H_2 H_3$ (在 $\triangle AH_2 H_3$ 中根据正弦定理得). 从另一方面来说, 以上不等式的右边是 $H_2 H_3$ 在 BC 上投影的长度, 因此当且仅当 $H_2 H_3$ 平行于边 BC 时我们得到等式.

现在, 补充不等式

$$PA \geqslant \frac{AB}{BC} \cdot PH_2 + \frac{AC}{BC} \cdot PH_3$$

对它两个类似的式子

$$PA+PB+PC \geqslant PH_1\left(\frac{CA}{AB}+\frac{AB}{CA}\right)+PH_2\left(\frac{AB}{BC}+\frac{BC}{AB}\right)+PH_3\left(\frac{BC}{CA}+\frac{CA}{AB}\right),$$

等式成立当且仅当 $\triangle H_1H_2H_3$ 和 $\triangle ABC$ 是位似的. 换句话说, 当且仅当 P 是 $\triangle ABC$ 外接圆圆心. 现在对于第二步: 我们注意到每个括号里的式子根据均值不等式都至少是 2. 这给出

$$PA+PB+PC \geqslant 2(PH_1+PH_2+PH_3),$$

当且仅当 $AB=BC=CA$ 时等式成立, 证明完毕. □

现在, 让我们给出最为直接的证明 (简洁而优美).

证法二 [MB] 我们转换它为一个三角不等式. 设 $h_1=PH_1$, $h_2=PH_2$, $h_3=PH_3$.

根据正弦定理和余弦定理, 有

$$\begin{aligned}
PA\sin A = H_2H_3 &= \sqrt{h_2{}^2+h_3{}^2-2h_2h_3\cos(180°-A)}, \\
PB\sin B = H_3H_1 &= \sqrt{h_3{}^2+h_1{}^2-2h_3h_1\cos(180°-B)}, \\
PC\sin C = H_1H_2 &= \sqrt{h_1{}^2+h_2{}^2-2h_1h_2\cos(180°-C)}.
\end{aligned}$$

所以, 我们需要证明

$$\sum_{\text{cyc}}\frac{1}{\sin A}\sqrt{h_2{}^2+h_3{}^2-2h_2h_3\cos(180°-A)} \geqslant 2(h_1+h_2+h_3).$$

主要的问题是左侧的式子带有平方根, 我们的策略是将其化简为一个没有平方根的等式. 最后, 我们用下列两个平方和表示平方根里面的式子.

$$\begin{aligned}
H_2H_3{}^2 &= h_2{}^2+h_3{}^2-2h_2h_3\cos(180°-A) \\
&= h_2{}^2+h_3{}^2-2h_2h_3\cos(B+C) \\
&= h_2{}^2+h_3{}^2-2h_2h_3(\cos B\cos C-\sin B\sin C).
\end{aligned}$$

使用 $\cos^2 B+\sin^2 B=1$ 和 $\cos^2 C+\sin^2 C=1$, 我们发现

$$H_2H_3{}^2 = (h_2\sin C+h_3\sin B)^2+(h_2\cos C-h_3\cos B)^2.$$

因此 $(h_2 \cos C - h_3 \cos B)^2$ 很明显是非负的, 我们得到

$$H_2H_3 \geqslant h_2 \sin C + h_3 \sin B.$$

因此,

$$\begin{aligned}
\sum_{\text{cyc}} \frac{\sqrt{h_2{}^2 + h_3{}^2 - 2h_2h_3\cos(180° - A)}}{\sin A} &\geqslant \sum_{\text{cyc}} \frac{h_2\sin C + h_3\sin B}{\sin A} \\
&= \sum_{\text{cyc}} \left(\frac{\sin B}{\sin C} + \frac{\sin C}{\sin B}\right)h_1 \\
&\geqslant \sum_{\text{cyc}} 2\sqrt{\frac{\sin B}{\sin C} \cdot \frac{\sin C}{\sin B}}h_1 \\
&= 2h_1 + 2h_2 + 2h_3.
\end{aligned}$$

得证. □

接下来的证明是三个当中最简单的.

证法三 设点 Q 与 P 关于 $\triangle ABC$ 中 $\angle A$ 的内角平分线对称, 设 D, E, F 分别是 Q 到边 BC, CA, AB 垂线的垂足. 显然 $AQ + QD$ 比在 $\triangle ABC$ 中从 A 作的高线更长, 所以

$$BC \cdot (AQ + QD) \geqslant 2[ABC] = BC \cdot QD + CA \cdot QE + AB \cdot QF.$$

但是 $QE = PH_3$, $QF = PH_2$, $AQ = AP$, 这意味着

$$AP \geqslant \frac{AB}{BC} \cdot PH_2 + \frac{CA}{BC} \cdot PH_3.$$

然后我们按照上两个解决方案进行. □

最后一个证明 (如果一个是用点 P 而不是 Q 进行) 也推出了接下来的不等式:

$$AP \geqslant \frac{CA}{BC} \cdot PH_2 + \frac{AB}{BC} \cdot PH_3.$$

事实上, 我们可以证明比爱尔迪希-莫德尔定理更好的定理:

定理 21.2. (巴罗不等式) 设 P 是 $\triangle ABC$ 内部的点, 并且设 U, V, W 分别是 $\angle BPC$, $\angle CPA$, $\angle APB$ 的角平分线交于边上 BC, CA, AB 的点. 然后, 我们有

$$PA + PB + PC \geqslant 2(PU + PV + PW).$$

证明 ([MB] 和 [AK]) 我们开始一个经典的引理**嵌入不等式**:

引理 21.1. 令 $x, y, z, \theta_1, \theta_2, \theta_3$ 是实数且 $\theta_1, \theta_2, \theta_3$ 满足 $\theta_1 + \theta_2 + \theta_3 = \pi$. 那么, 下面的不等式成立:

$$x^2 + y^2 + z^2 \geqslant 2(yz\cos\theta_1 + zx\cos\theta_2 + xy\cos\theta_3).$$

证明 使用 $\theta_3 = 180° - (\theta_1 + \theta_2)$, 我们得到

$$x^2 + y^2 + z^2 - 2(yz\cos\theta_1 + zx\cos\theta_2 + xy\cos\theta_3) =$$
$$[z - (x\cos\theta_2 + y\cos\theta_1)]^2 + (x\sin\theta_2 - y\sin\theta_1)^2 \geqslant 0$$

返回到这个问题中, 设 $d_1 = PA$, $d_2 = PB$, $d_3 = PC$, $l_1 = PU$, $l_2 = PV$, $l_3 = PW$, $2\theta_1 = \angle BPC$, $2\theta_2 = \angle CPA$, $2\theta_3 = \angle APB$. 我们需要证明 $d_1 + d_2 + d_3 \geqslant 2(l_1 + l_2 + l_3)$. 由 $\triangle BPC$ 的角平分线定理, 并在 $\triangle BPC$, $\triangle BPU$ 和 $\triangle CPU$ 上运用余弦定理, 我们有

$$d_2 \cdot CU = d_3 \cdot BU \Longrightarrow d_2^2(d_3^2 + l_1^2 - 2d_3 l_1 \cos\theta_1) = d_3^2(d_2^2 + l_1^2 - 2d_2 l_1 \cos\theta_1)$$

得到 $l_1 = \dfrac{2d_2 d_3}{d_2 + d_3} \cos\theta_1$. 另外, 我们推断:

$$l_1 = \frac{2d_2 d_3}{d_2 + d_3} \cos\theta_1, \quad l_2 = \frac{2d_3 d_1}{d_3 + d_1} \cos\theta_2, \quad l_3 = \frac{2d_1 d_2}{d_1 + d_2} \cos\theta_3,$$

现在根据加权不等式和引理 21.1 的不等式得到

$$l_1 + l_2 + l_3 \leqslant \sqrt{d_2 d_3}\cos\theta_1 + \sqrt{d_3 d_1}\cos\theta_2 + \sqrt{d_1 d_2}\cos\theta_3 \leqslant \frac{1}{2}(d_1 + d_2 + d_3).$$

证明完毕. 当且仅当 $\triangle ABC$ 是等边三角形且 P 是它的中心时不等式成立. □

正如你想象的, 由于它的巧妙和重要性, 爱尔迪希-莫德尔不等式激励了许多数学家去发现多样性. 延伸性甚至是对三角形几何中这个典型引理的推广. 我们已经知道巴罗完善了这个不等式, 但是这次让我们将这个结果延伸和拓展到多边形中去. 最后, 让我们先开始下面的变形:

变形 21.1. 设 $x_1, x_2, \ldots, x_n$ 和 $\theta_1, \theta_2, \ldots, \theta_n$ 是两个实数集,

$$\theta_1 + \theta_2 + \cdots + \theta_n = \pi.$$

然后,
$$\sum_{i=1}^n x_i x_{i+1} \cos \theta_i \leqslant \cos \frac{\pi}{n} \sum_{i=1}^n x_i^2,$$
其中的索引取模 n.

明显地, 当 $n = 3$ 时, 我们用回莫德尔不等式. 当 $n = 4$ 时的情况是弗洛里安 [Flo] 给出的, 而 n 普遍成立的证明是伦哈德 [Len] 给出的. 我们不在这里给出证明, 因为过程很乏味, 而且只会将结果的巧妙性降到最低.

推论 21.1.(巴罗的推广) 如果 P 是一个 n 边形内部的点, 从 P 到各个边的距离之和是凸多边形的边是到顶点距离之和的 $\cos\left(\dfrac{\pi}{n}\right)$ 倍.

证明 过程类似于巴罗不等式.

这个推广的一个有趣的推论是下面这个简洁的不等式欧拉-夏贝尔不等式的推广.

推论 21.2. 给出一个双中心多边形 $\mathcal{P}$ (是指具有内切圆和外接圆的多边形), 顶点为 $A_1, A_2, \ldots, A_n$, 我们有

$$\frac{R}{r} \geqslant \frac{1}{\cos \dfrac{\pi}{n}},$$

这里 R, r 分别是 $\mathcal{P}$ 的外接圆和内切圆的半径.

明显地, 对于 $n = 2$, 可推断出极其著名的 $R \geqslant 2r$.

让我们看一些关于奥林匹克竞赛的习题中的爱尔迪希-莫德尔不等式. 我们从一个著名的国际数学奥林匹克竞赛问题开始!

变形 21.2. (1991 年国际数学奥林匹克竞赛) 设 P 是 $\triangle ABC$ 内部的一个点. 证明: $\angle PAB, \angle PBC, \angle PCA$ 至少有一个角是小于或等于 $30°$.

证明 设 D, E, F 分别是 P 到边 BC, CA, AB 上的垂足. 反证法, 假设这三个角 $\angle PAB, \angle PBC, \angle PCA$ 都大于 $30°$. 则 $\dfrac{PD}{PB} = \sin \angle PBC > \dfrac{1}{2}$ 并且类似地, $\dfrac{PE}{PC} > \dfrac{1}{2}, \dfrac{PF}{PA} > \dfrac{1}{2}$. 这表明了 $2(PD + PE + PF) > PA + PB + PC$, 这就否定了爱尔迪希-莫德尔不等式. 证明完毕. □

另外, 强调爱尔迪希-莫德尔不等式对于多边形的扩展更一般的证明了**变形 21.2**.

变形 21.3.(Hojoo Lee, Cosmin Pohoata, 数学修正) 设 $A_1A_2\ldots A_n$ 是一个凸边形, 并且设 P 是它内部的一个点. 证明:

$$\min_{i\in\{1,2,\ldots,n\}} \angle PA_iA_{i+1} \leqslant \frac{\pi}{2} - \frac{\pi}{n}$$

在这里取模 n.

证明 过程类似于**变形 21.2**.

变形 21.4. (2001 年美国国家队选拔赛) 设 h_a, h_b, h_c 分别是 $\triangle ABC$ 中 A, B, C 的高的长度. 设 P 是三角形内任意一点, 证明:

$$\frac{PA}{h_b+h_c} + \frac{PB}{h_a+h_c} + \frac{PC}{h_a+h_b} \geqslant 1.$$

证明 设 D, E, F 分别是 P 到边 BC, CA, AB 的垂足. 从上面的第三种对爱尔迪希-莫德尔不等式的证明, 我们有

$$a \cdot PA \geqslant PE \cdot b + PF \cdot c \text{ 和 } a \cdot PA \geqslant PE \cdot c + PF \cdot b.$$

通过两个不等式可得

$$PA \geqslant \frac{(b+c)(PE+PF)}{2a}$$

并且与 PB, PC 有关的类似不等式同理. 因此, 设 S 是 $\triangle ABC$ 的面积, 我们可以写

$$\sum_{\text{cyc}} \frac{PA}{h_b+h_c} = \sum_{\text{cyc}} \frac{PA}{\frac{2S}{b}+\frac{2S}{c}} = \sum_{\text{cyc}} \frac{bc \cdot PA}{2S(b+c)}.$$

并且现在利用均值不等式我们可得到

$$\begin{aligned}
\sum_{\text{cyc}} \frac{bc \cdot PA}{2S(b+c)} &\geqslant \sum_{\text{cyc}} \frac{bc \cdot \frac{(b+c)(PE+PF)}{2a}}{2S(b+c)} \\
&= \sum_{\text{cyc}} \frac{bc(PE+PF)}{4aS} \\
&= \frac{\sum_{\text{cyc}} b^2c^2(PE+PF)}{4abcS} \\
&= \frac{\sum_{\text{cyc}} PD(a^2b^2+a^2c^2)}{4abcS} \\
&\geqslant \frac{\sum_{\text{cyc}} 2a^2bc \cdot PD}{4abcS} \\
&= 1
\end{aligned}$$

在这里对最后的等式使用加权不等式可得到

$$a \cdot PD + b \cdot PE + c \cdot PF = 2S$$

这就完成了证明. $\square$

变形 21.5. 设 M 是一个 $\triangle ABC$ 内部任意的一点, 并且设 R_a, R_b, R_c 分别是 $\triangle MBC, \triangle MCA, \triangle MAB$ 外接圆的半径. 证明:

$$\frac{1}{MA} + \frac{1}{MB} + \frac{1}{MC} \geqslant \frac{1}{R_a} + \frac{1}{R_b} + \frac{1}{R_c}$$

证明 如图 21.1 所示, 设 D, E, F 分别为 $\triangle MBC, \triangle MCA, \triangle MAB$ 外接圆上与点 M 所在直径相对的点. 以 M 为圆心, 半径为 1 的圆的反演通过加一个撇号来表示点的反演. 很明显, 直线 BC, CA, AB 分别反演到 $\triangle MB'C'$, $\triangle MC'A'$, $\triangle MA'B'$ 的外接圆上 (图 21.2). $\triangle MBC, \triangle MCA, \triangle MAB$ 的外接圆分别反演到直线 $B'C', C'A', A'B'$ 上. 此外, 很容易看出, 点 D', E', F' 分别是 M 到直线 $B'C', C'A', A'B'$ 的垂足. 因此由爱尔迪希定理我们有:

$$MA' + MB' + MC' \geqslant 2(MD' + ME' + MF').$$

故

$$MA' = \frac{1}{MA}$$

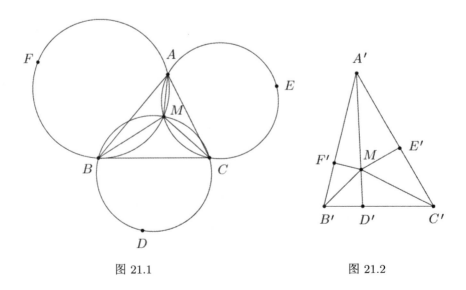

图 21.1 图 21.2

对于 MB' 和 MC' 同理可得:

$$MD' = \frac{1}{2R_a}$$

对于 ME' 和 MF' 同理. 代入就完成了证明. □

变形 21.6. 设 $\triangle ABC$ 的内切圆圆心为 I, 且 M, N, P 是 $\overset{\frown}{BC}, \overset{\frown}{CA}, \overset{\frown}{AB}$ 不包含三角形顶点的中点. 证明:

$$MI + NI + PI \geqslant AI + BI + CI.$$

证明 如图 21.3 所示, 设 $X = AI \cap NP$, $Y = BI \cap PM$, $Z = CI \cap MN$. 一个简单的证明显示 X, Y, Z 分别是从 I 到 $\triangle MNP$ 的三边 NP, PM, MN 的垂线的垂足. 此外, 我们知道 $NA = NI$ 和 $PA = PI$, 所以四边形 $INAP$ 为筝形. 因此 $AI = 2XI$, 且类似地得到 $BI = 2YI$ 和 $CI = 2ZI$. 对 $\triangle MNP$ 和点 I 采用爱尔迪希-莫德尔不等式. 证明完毕. □

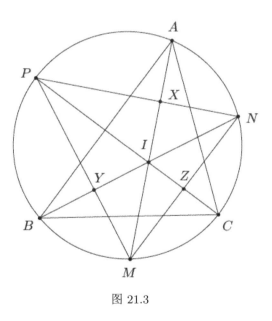

图 21.3

下一个问题是 1996 年国际数学奥林匹克竞赛的第 5 题, 然而, 事实证明这是最难的问题!

变形 21.7.(1996 年国际数学奥林匹克竞赛) 设 $ABCDEF$ 为凸六边形, 使得 AB 与 DE 平行, BC 与 EF 平行, CD 与 FA 平行. 设 R_A, R_C, R_E 分别表

示 $\triangle FAB, \triangle BCD, \triangle DEF$ 外接圆半径, 并且设 P 表示六边形的周长, 证明:
$$R_A + R_C + R_E \geqslant \frac{P}{2}.$$

证明 如图 21.4 所示, 设 A', C', E' 分别为点 A, C, E 关于线段 BF, DB, FB 的中点的对称点. 过点 F 作 $E'F$ 的垂线分别与过点 D 作 $C'D$ 的垂线和过点 B 作 $A'B$ 的垂线交于点 B' 和 D'. 同样, 过点 B 作 $A'B$ 的垂线分别与过点 D 作 $C'D$ 的垂线交于点 F'.

很明显 $D'A' = 2R_A$, $E'B' = 2R_B$, $F'C' = 2R_C$, 因此得到
$$D'A' + E'B' + F'C' \geqslant A'F + A'B + C'B + C'D + E'D + E'F$$

现在, 对共圆四边形 $B'DE'F$, $D'FA'B$ 和 $F'BC'D$ 进行证明得到 $\triangle A'C'E'$ 和 $\triangle D'F'B'$ 是相似的, 所以
$$A'B \cdot B'D' + A'F \cdot F'D' = C'B \cdot B'D' + E'F \cdot F'D'.$$

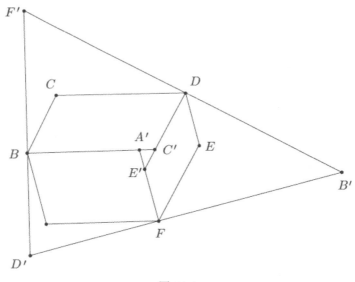

图 21.4

因此, 在 $\triangle B'D'F'$ 和点 A' 上通过莫德尔引理, 可得
$$A'D' \geqslant A'B \cdot \frac{B'D'}{B'F'} + A'F \cdot \frac{F'D'}{B'F'} = C'B \cdot \frac{B'D'}{B'F'} + E'F \cdot \frac{F'D'}{B'F'}$$

同理得到五个相似的不等式并求和可得
$$2(A'D' + B'E' + C'F') \geqslant \sum_{\text{cyc}} (A'B + C'B)\left(\frac{B'D'}{B'F'} + \frac{B'F'}{B'D'}\right)$$

故 $R_A + R_C + R_E \geqslant \dfrac{P}{2}$. □

最后一个问题是 2000 年美国队选拔测试的问题. 这个问题对参赛者来说是非常困难的, 在一段时期内, 这个问题一直没有得到解决. 然而, 利用本章的工具, 它是轻而易举可以解决的!

变形 21.8.(2000 年美国国家队选拔赛) 设 $\triangle ABC$ 是一个在半径为 R 的圆上的内接三角形, 点 P 为 $\triangle ABC$ 内部的一个点. 证明:
$$\dfrac{PA}{BC^2} + \dfrac{PB}{CA^2} + \dfrac{PC}{AB^2} \geqslant \dfrac{1}{R}.$$

证明 我们利用莫德尔引理, 设 D, E, F 分别为 P 到边 BC, CA, AB 垂线的垂足, 设 S 为 $\triangle ABC$ 的面积. 可得:

$$\begin{aligned}
\sum_{\text{cyc}} \dfrac{PA}{a^2} &\geqslant \sum_{\text{cyc}} \left(\dfrac{c \cdot PE}{a^3} + \dfrac{b \cdot PF}{a^3} \right) \\
&= \sum_{\text{cyc}} PD \left(\dfrac{b}{c^3} + \dfrac{c}{b^3} \right) \\
&\geqslant \sum_{\text{cyc}} \dfrac{2PD}{bc} \\
&= \dfrac{\sum_{\text{cyc}} 2a \cdot PD}{abc} \\
&= \dfrac{4S}{abc} \\
&= \dfrac{1}{R}
\end{aligned}$$

这样就完成了证明. □

习题

21.1. 设 H 和 O 分别为 $\triangle ABC$ 的垂心和外接圆圆心. 证明:
$$HA + HB + HC \leqslant OA + OB + OC$$

21.2. 对于任意锐角 $\triangle ABC$, 我们有
$$\dfrac{3}{2} \geqslant \cos A + \cos B + \cos C \geqslant 2\cos B \cos C + 2\cos C \cos A + 2\cos A \cos B.$$

21.3. 在 $\triangle ABC$ 中, 证明:

$$\sin\frac{A}{2}+\sin\frac{B}{2}+\sin\frac{C}{2}\geqslant \frac{r}{2R}\cdot\left(\frac{1}{\sin\frac{A}{2}}+\frac{1}{\sin\frac{B}{2}}+\frac{1}{\sin\frac{C}{2}}\right)\geqslant \frac{3r}{R},$$

当且仅当 $\triangle ABC$ 是等边三角形的时, 等式才成立.

21.4.(Leonard Carlitz, AMM) 在锐角三角形中, 证明:

$$h_1+h_2+h_3\leqslant 3(R+r),$$

其中 h_i 是三角形的高, 当且仅当三角形是等边三角形时等式才成立.

21.5. 设 P 是 $\triangle ABC$ 内的一点. R_a, R_b, R_c 分别表示 $\triangle PBC$, $\triangle PCA$ 和 $\triangle PAB$ 的外接圆半径. 证明:

$$R_a+R_b+R_c\geqslant PA+PB+PC.$$

21.6. (2001 年摩尔多瓦国家队选拔赛) 如果点 P 是位于锐角 $\triangle ABC$ 中线段 OH 上的一点, 其中点 O 和点 H 分别表示外接圆圆心和垂心, 证明:

$$6r\leqslant PA+PB+PC\leqslant 3R,$$

其中 r 和 R 分别表示 $\triangle ABC$ 的内切圆半径和外接圆半径.

21.7. 设 P 是 $\triangle ABC$ 内的一点, 证明:

$$a\cdot\frac{PA}{d_a}+b\cdot\frac{PB}{d_b}+c\cdot\frac{PC}{d_c}\geqslant 2(a+b+c),$$

其中 d_a, d_b, d_c 分别是从 P 到边 BC, CA, AB 的距离. 记为 $\delta(P,BC)$, $\delta(P,CA)$, $\delta(P,AB)$.

21.8. 若点 P 是 $\triangle ABC$ 内部的一点. 使用与上一个问题相同的符号, 证明:

$$PA\cdot d_a+PB\cdot d_b+PC\cdot d_c\leqslant \frac{PA^2+PB^2+PC^2}{2}.$$

21.9.(Razvan Satnoianu, AMM) 设点 P 是 $\triangle ABC$ 内部的一点, r,s,t 分别是从 P 到顶点 A,B,C 的距离, x,y,z 分别是从 P 到边 BC,CA,AB 的距离.

(a) 证明: $q^r+q^s+q^r+3\geqslant 2(q^x+q^y+q^z)$, 任意 $q\geqslant 1$.

(b) 证明：$q^{s+t} + q^{t+r} + q^{r+s} + 6 \geqslant q^{2x} + q^{2y} + q^{2z} + 2(q^x + q^y + q^z)$，任意 $q \geqslant 1$.

21.10. $\triangle ABC$ 的内切圆 k 分别与边 BC, CA, AB 相切于 A', B', C'. 对于 k 内的任何点 K，设 d 为从 K 到 $\triangle A'B'C'$ 三边的距离之和，证明：

$$KA + KB + KC > 2d.$$

21.11.(Kazarinoff) 设 P 是四面体 $ABCD$ 内的一个点，G, H, L, K 分别是从 P 到 $\triangle BCD$, $\triangle ACD$, $\triangle ABD$, $\triangle ABC$ 的垂足. 证明：

$$PA + PB + PC + PD > 2\sqrt{2}(PG + PH + PL + PK).$$

第二十二章 桑达定理和纽伯格三次曲线

我们从现代几何中一个非常具有权威的定理开始.

定理 22.1.(桑达定理) 设两个 $\triangle ABC$ 和 $\triangle A'B'C'$, 过顶点 A, B, C 作 $\triangle ABC$ 的三边 $B'C', C'A', A'B'$ 的垂线, 使其交于一点 O. 有:

(a) 过顶点 A', B', C', 作 $\triangle ABC$ 的三边 BC, CA, AB 的垂线, 使其交于另一点 O'.

(b) 如果 $O = O'$, 那么直线 AA', BB', CC' 交于一点.

(c) 如果 $O \neq O'$, 但直线 AA', BB', CC' 仍然交于一点 P, 并且直线 OO' 过点 P, 且垂直于 $\triangle ABC$ 和 $\triangle A'B'C'$ 的透视轴.

证明 (a) 根据推论 2.2 可得到的 $\triangle ABC$ 和 $\triangle A'B'C'$ 被称为正交三角形, 其中 O 和 O' 被称为这两个三角形的正交中心.

(b) 由于尼古拉斯-德吉亚兹, 我们从一个巧妙的共线定理开始

引理 22.1. 设 $\Gamma_a, \Gamma_b, \Gamma_c$ 分别为以 $\triangle ABC$ 的三边 BC, CA, AB 为弦的圆. 设 D 是 Γ_b 和 Γ_c 的第二个交点,E 是 Γ_c 和 Γ_a 的第二个交点,F 是 Γ_a 和 Γ_b 的第二个交点. 设过点 D 垂直于 AD 的直线与直线 BC 相交于 X. 类似地, 定义 Y 和 Z, 则点 X, Y, Z 共线.

证明 如图 22.1 所示, 设 O_a, O_b, O_c 分别为圆 $\Gamma_a, \Gamma_b, \Gamma_c$ 的圆心, M, N, P 分别为边 BC, CA, AB 的中点, R, S, T 分别是线段 AX, BY, CZ 的中点. 直线 O_bO_c 是线段 AD 的垂直平分线, 因此 $O_bO_c \parallel DX$, 这意味着 $R \in O_bO_c$. 类似地, 我们得到 $S \in O_cO_a$ 和 $T \in O_aO_b$. 另外, 点 R, S, T 也分别位于中线 NP, PM 和 MN 上, 因此 $R = O_bO_c \cap NP, S = O_cO_a \cap PM, T = O_aO_b \cap MN$. 然而, 直线 O_aM, O_bN, O_cP 分别是边 BC, CA, AB 的垂直平分线, 因此它们相交在 $\triangle ABC$ 的外接圆圆心 O 处. 然后, 在 $\triangle O_aO_bO_c$ 和 $\triangle MNP$ 上, 根据笛沙格定理得到点 R, S, T 是共线的. 现在设 $X' = BC \cap YZ$, 并考虑完全四边形 $BCYZX'A$. 假设 R' 是线段 AX' 的中点, 我们得到 R', S, T 都位于这个

完全四边形的牛顿 – 高斯线上，因此是共线的. 但这意味着 $R' = R$, 也意味着 $X' = X$ 得证.

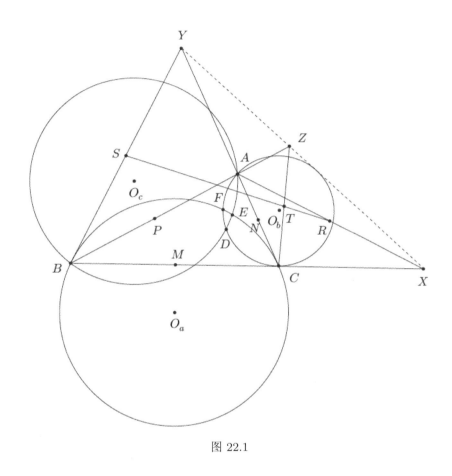

图 22.1

回到问题 (和主要运用的方法)，如图 22.2 所示，设点 D, E, F 分别为直线 AO, BO, CO 与直线 $B'C', C'A', A'B'$ 的交点. 此外，设 $B_1 = BE \cap A'B'$, $C_1 = CF \cap A'C'$. 点 O 为 $\triangle A'B_1C_1$ 的垂心，因此 B_1, C_1, E, F 均在以 B_1C_1 为直径的圆上. 特别地，$\triangle B_1OC_1$ 的边 B_1C_1 与 EF 逆平行. 另外，$B_1C_1 \perp A'O$, 并且通过定义得 $A'O \perp BC$, 因此 $B_1C_1 \| BC$. 故 $\triangle BOC$ 的边 BC 也逆平行于 EF, 这意味着四边形 $BCEF$ 是共圆的. 同样，四边形 $CAFD$ 和四边形 $ABDE$ 也是共圆的，由引理得，交点 $X = B'C' \cap BC$, $Y = C'A' \cap CA$, $Z = A'B' \cap AB$ 是共线的. 但是根据笛沙格定理证出 AA', BB', CC' 相交于一点，故 (b) 部分的证明完整.

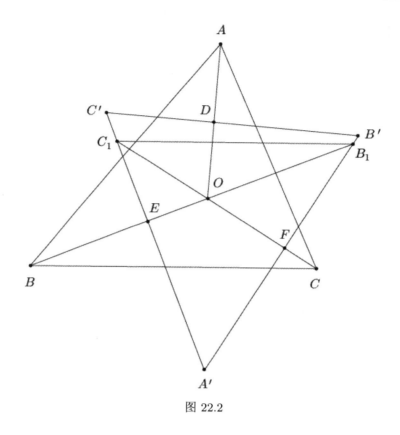

图 22.2

(c) 这次我们从三个引理开始!

引理 22.2. 设 $\triangle ABC$ 和 $\triangle A_1B_1C_1$ 在点 P 透视. 设 $\triangle A_2B_2C_2$ 位似于 $\triangle A_1B_1C_1$, 点 P 为位似中心. 设 $X = BC \cap B_1C_1$, $Y = CA \cap C_1A_1$, $Z = AB \cap A_1B_1$, $X' = BC \cap B_2C_2$, $Y' = CA \cap C_2A_2$, $Z' = AB \cap A_2B_2$. 那么, 由点 X, Y, Z 和 X', Y', Z' 确定的直线是平行的.

证明 由于直线 A_1A_2, YY', ZZ' 相交于 A, 由笛沙格定理可以得出交点 $A_1Y \cap A_2Y'$, $A_1Z \cap A_2Z'$, $YZ \cap Y'Z'$ 共线. 但是由于 $\triangle A_1B_1C_1$ 和 $\triangle A_2B_2C_2$ 位似, 又由于 $A_1Y \parallel A_2Y'$, $A_1Z \parallel A_2Z'$, 故 $A_1Y \cap A_2Y'$, $A_1Z \cap A_2Z'$ 是无穷远点. 因此 $YZ \cap Y'Z'$ 也是无穷远点, 这意味着 $YZ \parallel Y'Z'$.

引理 22.3. 延续 (b) 部分的符号, 假设 $\triangle ABC$ 和 $\triangle A'B'C'$ 是 $O = O'$ 的正交三角形 (这样直线 AA', BB', CC' 是相交的). 设 X 为 BC 和 $B'C'$ 的交点. 这样, 直线 OX 和 AA' 是垂直的.

证明 在 (b) 部分的证明中, 设 D 为 AO 和 $B'C'$ 的交点, E 为 BO 和 $C'A'$ 的交点, F 为 CO 和 $A'B'$ 的交点. 由 (b) 证明可得, 点 B, C, E, F 是

共圆的, 点 A, C, F, D 也是共圆的. 同样地, 如果点 D' 为 $A'O$ 和 BC 的交点, 点 E' 为 $B'O$ 和 CA 的交点, 点 A', B', D', E' 是共圆的. 最后, 显然点 B', E', C, F 在以 $B'C$ 为直径的圆上也是共圆的. 由点 O 的幂得出

$$OA' \cdot OD' = OB' \cdot OE' = OC \cdot OF = OA \cdot OD.$$

因此, $OA' \cdot OD' = OA \cdot OD$, 意味着点 A, A', D, D' 是共圆的. 因此直线 AA' 与 $\triangle DOD'$ 的边 DD' 逆平行, 由于 OX 显然为 $\triangle DOD'$ 的外接圆的直径, 也就意味着 $AA' \perp OX$, 得证.

引理 22.4. 使用和引理 22.3 相同的方法和条件, 而且设 P 为直线 AA', BB', CC' 的交点, 设 Y 为 CA 和 $C'A'$ 的交点, Z 为 AB 和 $A'B'$ 的交点. 那么, OP 垂直于穿过 X, Y, Z 的直线.

证明 设 D' 为 $A'O$ 和 BC 的交点, X' 为 OX 和 AA' 的交点. 由引理 22.3 得 $OX \perp AA'$, 以 $A'X$ 为直径的圆也经过点 D' 和点 X'.

$$OX \cdot OX' = OA' \cdot OD'.$$

设 $B'O$ 与 CA 相交于点 E'. 由 (b) 的证明, 点 A', B', D', E' 是共圆的; 因此,

$$OA' \cdot OD' = OB' \cdot OE'.$$

但是以 $B'Y$ 为直径的圆经过点 E' 且 Y' 是 OY 与 BB' 的交点. 因此,

$$OB' \cdot OE' = OY' \cdot OY.$$

结合上面所提到的三个点的幂, 得 $OX \cdot OX' = OY \cdot OY'$, 所以点 X, X', Y, Y' 是共圆的. 因此直线 XY 与 $\triangle X'OY'$ 的边 $X'Y'$ 逆平行, 由于 OP 是三角形的外接圆的直径, 这也意味着 $XY \perp OP$. 因此 $ZX \perp OP$ 得证.

我们终于准备好看看当 $O \neq O'$ 时会发生什么! 保留上述引理 22.4 的条件. 此外, 设 A_1 为经过 O 且垂直于 BC 的垂线与 AA' 的交点, 设 B_1 为过点 A_1 且平行于 $A'B'$ 的平行线与 BB' 的交点, 设 C_1 为过点 B_1 且平行于 $B'C'$ 的平行线与 CC' 的交点. 根据笛沙格定理, $\triangle A_1B_1C_1$ 与 $\triangle A'B'C'$ 在点 P 是透视的, 直线 A_1C_1 和 $A'C'$ 是平行的; 因此, $\triangle A_1B_1C_1$ 和 $\triangle A'B'C'$ 位似, 位似中心为点 P. 特别地, 由于 $AO \perp B'C'$, $B'C' \parallel B_1C_1$, 故 $AO \perp B_1C_1$, $BO \perp C_1A_1$, $CO \perp A_1B_1$. 换句话说, $\triangle ABC$ 和 $\triangle A_1B_1C_1$ 是正交的. 但神奇的是, 与 $\triangle ABC$ 和 $\triangle A'B'C'$ 不同的是, 它们的正交中心在点 O 重合. 由于 $\triangle ABC$ 和 $\triangle A_1B_1C_1$ 在点 P 也是透视的, 由引理 22.4 可以看出 $R = B_1C_1 \cap BC$, $S = C_1A_1 \cap CA$, $T = A_1B_1 \cap AB$, 这些交点决定了与 OP 垂直的一条直线.

我们可以在这看到引理 22.2. 在最后一段中, 能够说明 A_2 为过 O' 且垂直于 $B'C'$ 的垂线与 AA' 的交点, B_2 为过 A_2 点且平行于 AB 的平行线与 BB' 的交点, C_2 为过 B_2 点且平行于 BC 的平行线与 CC' 的交点. 同样, 可以得出 $\triangle ABC$ 和 $\triangle A_2B_2C_2$ 是位似的, 位似中心为点 P, 因此 $\triangle A'B'C'$ 和 $\triangle A_2B_2C_2$ 是正交的且正交中心为点, 同时在点 P 透视. 由引理 22.4, 再次表明点 $R' = B_2C_2 \cap B'C'$, $S' = C_2A_2 \cap C'A'$, $T' = A_2B_2 \cap A'B'$ 确定一条垂直于 $O'P$ 的线. 但引理 22.2 告诉我们 $RS \parallel R'S'$. 接下来就是 $OP \parallel O'P$. 特别地, 这意味着点 O, O', P 在垂直于 RS 的直线上共线. 也就完成了桑达定理的证明. □

现在, 看一看有着这些结论的例子.

变形 22.1.(**2010 罗马尼亚队选拔赛**) 如图 22.3 所示, 设 $\triangle ABC$ 为不等边三角形, ω 为一个圆, 交 BC 于点 A_1 和 A_2, 交 CA 于点 B_1 和 B_2, 交 AB 于点 C_1 和 C_2. 过点 A_1 和 A_2 的 ω 的切线交于 A', 类似地得到 B' 和 C'. 证明: 直线 AA', BB', CC' 相交.

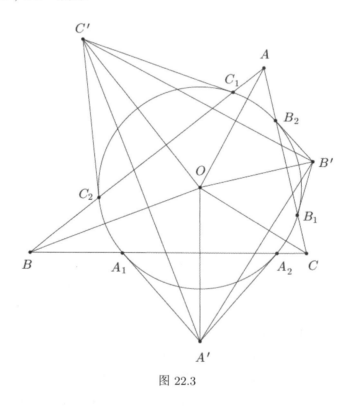

图 22.3

证明 设 O 为 ω 的圆心, 那么显然 $OA' \perp BC$, $OB' \perp CA$, $OC' \perp AB$.

直线 CA 是 B' 关于 ω 的极线, 直线 AB 是 C' 关于 ω 的极线, 由拉盖尔定理得 $B'C'$ 为 A 相对于 ω 的极线. 因此 $OA \perp B'C'$, 类似地 $OB \perp C'A'$, $OC \perp A'B'$. 因此 $\triangle ABC$ 和 $\triangle A'B'C'$ 是正交的, 正交中心在 O 处重合, 所以依据桑达定理可得直线 AA', BB', CC' 相交. $\square$

变形 22.2. 设 $\triangle ABC$ 为非等腰三角形, O, I, N 分别为它的外接圆的圆心、内切圆圆心和九点圆圆心. 设 A', B', C' 分别是点 O 在 AI, BI, CI 上的投影. 设 ℓ_a 是一条经过点 A 且垂直于 $B'C'$ 的直线, 类似地, 定义 ℓ_b, ℓ_c. 证明: ℓ_a, ℓ_b, ℓ_c 相交于直线 IN 上.

证明 如图 22.4 所示, 设 H 为 $\triangle ABC$ 的垂心, X 为 O 关于直线 AI 的对称点. 由于 O 为 H 关于 $\triangle ABC$ 的等角共轭点, 故得出直线 AX 为 $\triangle ABC$ 的高. 因此 A' 位于穿过 O 和 H 且垂直于 BC 的直线上. 由于 N 为线段 OH 的中点, 这表明 $NA' \perp BC$. 同样, 可得 $NB' \perp CA$ 和 $NC' \perp AB$. 因此 $\triangle ABC$ 和 $\triangle A'B'C'$ 是正交的且 N 为正交中心. 但这些三角形也在点 I 透视, 因此根据桑达定理, 它们的其他正交中心在直线 IN 上. 但另一个正交中心恰巧是 ℓ_a, ℓ_b, ℓ_c 的交点, 故得出结论. $\square$

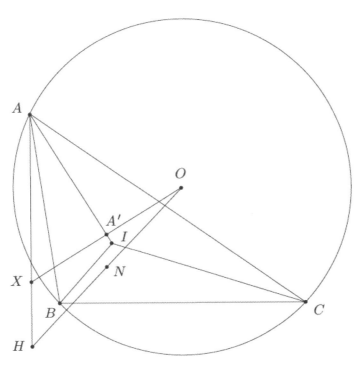

图 22.4

变形 22.3. (2004 年罗马尼亚队选拔赛) 如图 22.5 所示, 设非等腰 $\triangle ABC$ 的内切圆圆心为 I, 该圆与 BC, CA, AB 分别交于 A', B', C'. AA' 与 BB' 交于点 P, AC 与 $A'C'$ 交于点 M, BC 与 $B'C'$ 交于点 N. 证明: IP 和 MN 互相垂直.

证明 一般地, $IA' \perp BC, IB' \perp CA, IC' \perp AB, IA \perp B'C', IB \perp C'A'$, $IC \perp A'B'$. 我们可知 $\triangle ABC$ 和 $\triangle A'B'C'$ 是正交的, 并且它们的正交中心在 I 处重合. 很明显这些三角形在点 P 透视 ($\triangle ABC$ 的热尔岗点) 并且它们的透视轴是直线 MN, 因此根据桑达定理 (c) 部分中的引理 22.4, 我们得到 $IP \perp MN$. □

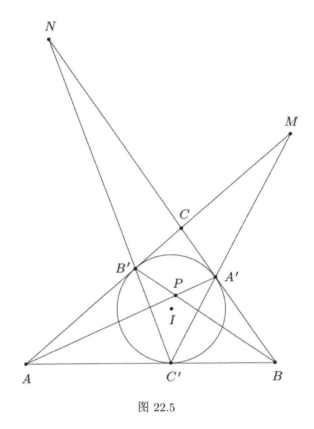

图 22.5

对于接下来的几个问题, 请务必回忆一下等角共轭和直角三角形的各种性质!

变形 22.4. (2014 年美国数学奥林匹克预选题) 我们给出 $\triangle ABC$ 和 $\triangle DEF$, 使得 $D \in BC, E \in CA, F \in AB$ 和 $AD \perp EF, BE \perp FD, CF \perp DE$. 设 O 为 $\triangle DEF$ 的外接圆心, 并设 $\triangle DEF$ 的外接圆分别与 BC, CA, AB 再次相

交于 R, S, T. 证明: 这些垂直于 BC, CA, AB 的直线分别通过 D, E, F 且相交于点 X, 并且直线 AR, BS, CT 相交于点 Y, 使得 O, X, Y 共线.

证明 如图 22.6 所示, 很明显, 这些垂直于 EF, FD, DE 的直线分别通过 A, B, C 在 $\triangle DEF$ 垂心 H 处相交. 因此 $\triangle ABC$ 和 $\triangle DEF$ 是正交的, 且向 BC, CA, AB 的垂线分别通过 D, E, F 相交于同一点 X. 注意, $\triangle DEF$ 是 X 关于 $\triangle ABC$ 的垂足三角形, 所以 H 是 X 关于 $\triangle ABC$ 的等角共轭点, $\triangle RST$ 是 H 关于 $\triangle ABC$ 的垂足三角形. 注意, $\triangle ABC$ 和 $\triangle RST$ 是正交的并有正交中心 H 和 X. 但是正如我们在**变形 3.2** 证明的那样, 因为直线 AD, BE, CF 交于 H 并且直线 AR, BS, CT 相交于点 Y. 然后根据桑达的三角形定理, $\triangle ABC$ 和 $\triangle RST$, 我们得到点 H, X, Y 共线. 但我们知道点 O 是线段 HX 的中点, 证明完毕. □

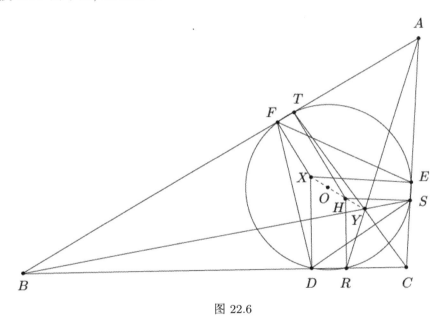

图 22.6

变形 22.5.(2001 年伊朗) 假设 $\triangle ABC$ 有外接圆圆心 O 与九点中心 N. 设 N' 是 N 关于 $\triangle ABC$ 的等角共轭点. 假设线段 OA 的垂直平分线交 BC 于 A_1. 类似地, 定义 B_1 和 C_1. 证明: 点 A_1, B_1, C_1 确定一条垂直于 ON' 的直线.

证明 我们从一个关于 N' 的引理开始.

引理 22.5. 设 O_a, O_b, O_c 分别是是 $\triangle BOC, \triangle COA, \triangle AOB$ 外接圆的圆心. 直线 AO_a, BO_b, CO_c 相交于 N'.

证明 它显然足以证明点 N' 位于直线 AO_a 上, 因为根据对称性, 它也会在另外两条直线上. 以 A 为中心的圆的反演具有任意半径. 设点 B 和 C 的反演分别为 B' 和 C'. 直线 AN' 是由 A 以及 $\triangle AB'C'$ 的九点中心确定的. $\triangle ABC$ 的外接圆反演于直线 $B'C'$, 所以 O 反演于 A 关于直线 $B'C'$ 的对称点, 我们称之为 O'. 现在, 如图 22.7, 设 Y 为 $\triangle B'O'C'$ 的外接圆圆心. 很明显 O_a 反演的点在直线 AY 上的一点意味着直线 AY 通过 $\triangle AB'C'$ 的九点中心. 设 X 和 H 分别为为 $\triangle AB'C'$ 的外接圆圆心和垂心. 因为 Y 是 X 关于直线 $B'C'$ 的对称点, 我们有 $AH = XY$ 并且 $AH \parallel XY$ (因为两条直线都垂直于直线 $B'C'$). 因此四边形 $AHXY$ 是平行四边形且直线 AX 通过线段 HX 的中点, 也就是 $\triangle AB'C'$ 的九点中心. 这就完成了引理的证明.

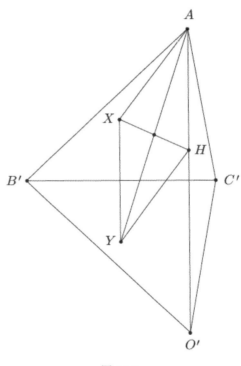

图 22.7

回到问题上来, 这个引理展示了 $\triangle ABC$ 和 $\triangle O_aO_bO_c$ 在点 N' 透视. 此外, 很容易看到直线 OO_a, OO_b, OO_c 分别是线段 BC, CA, AB 的垂直平分线 (都过点 O). 并且, 直线 O_bO_c, O_cO_a, O_aO_b 也分别是线段 OA, OB, OC 的垂直平分线. 因此 $\triangle ABC$ 和 $\triangle O_aO_bO_c$ 也是正交的, 且它们的正交中心都是 O. 我们也有 $B_1 = CA \cap O_cO_a$ 和 $C_1 = AB \cap O_aO_b$, 所以直线 B_1C_1 是

$\triangle ABC$ 和 $\triangle O_aO_bO_c$ 的透视轴. 因此, 根据桑达定理 (c) 部分中的引理 22.4, $ON' \perp B_1C_1$ 得以证明. □

变形 22.6. 设 P 是 $\triangle ABC$ 内部一点满足

$$\angle PBC + \angle PCA + \angle PAB = 90°.$$

如果 P' 是 P 关于 $\triangle ABC$ 的等角共轭点, 证明: 直线 PP' 通过 $\triangle ABC$ 的外接圆圆心.

证明 如图 22.8 所示, 设 X, Y, Z 分别是 P 在 $\triangle ABC$ 的边 BC, CA, AB 上的投影, 并且设 A', B', C' 是直线 AP, BY, CZ 与 $\triangle ABC$ 的外接圆的第二个交点. 设 $U = CA \cap B'C'$, 则

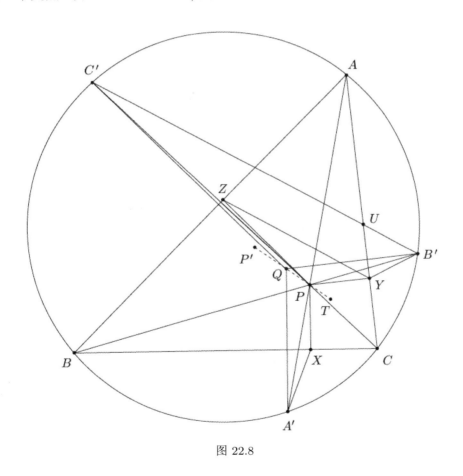

图 22.8

$$\angle AUC' = \angle UAB' + \angle UB'A$$
$$= \angle PBC + \angle PCA$$
$$= 90° - \angle PAB.$$

由于四边形 $AYPZ$ 是共圆的,因此我们有

$$\angle AYZ = \angle APZ = 90° - \angle PAB.$$

因此 $B'C' \parallel YZ$. 类似地,我们得到 $C'A' \parallel ZX$ 和 $A'B' \parallel XY$. 这意味着 $\triangle A'B'C'$ 和 $\triangle XYZ$ 位似,所以设 T 为它们的位似中心. 我们知道这些垂直于 YZ, ZX, XY 的直线分别经过点 A, B, C 且交于 P'. 因此 $\triangle ABC$ 和 $\triangle A'B'C'$ 是正交三角形,并且它们中的一个正交中心是 P'. 设 Q 为另一个正交中心. 很明显 $QA' \parallel PX$, $QB' \parallel PY$, $QC' \parallel PZ$,所以通过位似性点 P, Q, T 共线. 此外,根据桑达定理,在 $\triangle ABC$ 和 $\triangle A'B'C'$ 上我们得到点 P, P', Q 共线;因此,点 T, P, P' 共线. 现在设 O 是 $\triangle XYZ$ 的圆心. 我们知道 O 是线段 PP' 的中点并且通过位似,$\triangle A'B'C'$ 的外接圆圆心在直线 OT 上. 但是 $\triangle A'B'C'$ 的外接圆圆心显然与 $\triangle ABC$ 的外接圆圆心重合,并且我们也得到直线 OT 和直线 PP' 重合,所以证明完毕. □

变形 22.7.(Sam Korsky) 设 I_a, I_b, I_c 分别是 $\triangle ABC$ 中点 A, B, C 所对的旁切圆圆心. 设 H 是 $\triangle ABC$ 的垂心并且设点 X 是 $\triangle I_aI_bI_c$ 的外接圆圆心. 设 M_a, M_b, M_c 分别是 BC, CA, AB 的中点. 证明:直线 I_aM_a, I_bM_b, I_cM_c 在直线 XH 上相交.

证明 如图 22.9 所示,设 M 为线段 XH 的中点. $\triangle ABC$ 是 $\triangle I_aI_bI_c$ 的垂足三角形,并应用**变形 2.5** 第二个证明的结果,我们有过点 M_a, M_b, M_c 垂直于 I_bI_c, I_cI_a, I_aI_b 的直线且这些垂线相交于点 M. 此外,由于 $M_bM_c \parallel BC$, $\triangle ABC$ 是 $\triangle I_aI_bI_c$ 的垂足三角形,我们得到过 I_a 垂直于 M_bM_c 的直线也过点 X. 对 I_b 和 I_c 得到类似的结果且我们得到 $\triangle M_aM_bM_c$ 和 $\triangle I_aI_bI_c$ 是正交的且它们的正交中心是点 X 和 M.

现在因为直线 AM_a, BM_b, CM_c 相交于 $\triangle ABC$ 的质心并且直线 AI_a, BI_b, CI_c 相交在 $\triangle ABC$ 的内切圆圆心上,由多元塞瓦定理我们可得 I_aM_a, I_bM_b, I_cM_c 相交. 因此根据桑达定理在 $\triangle M_aM_bM_c$ 和 $\triangle I_aI_bI_c$ 上我们得到了想要证明的结果. □

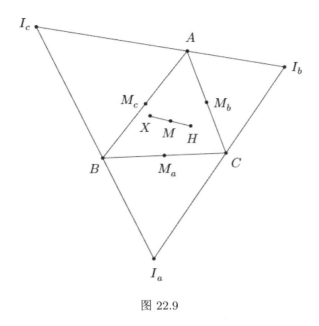

图 22.9

我们继续来看一道我们最爱的习题之一.

变形 22.8. 设点 P 是 $\triangle ABC$ 所在平面的一点, 使得 $\triangle PBC$, $\triangle PCA$, $\triangle PAB$ 的欧拉线相交. 证明: 这个相交的点在 $\triangle ABC$ 的欧拉线上.

证明 如图 22.10 所示, 设点 O 和 G 分别是 $\triangle ABC$ 的外接圆圆心和质心. 设点 O_a, O_b, O_c 分别是 $\triangle PBC$, $\triangle PCA$, $\triangle PAB$ 的外接圆圆心并且设点 G_a, G_b, G_c 分别是 $\triangle PBC$, $\triangle PCA$, $\triangle PAB$ 的质心. 假设直线 O_aG_a, O_bG_b, O_cG_c 相交于同一点 X. 以点 P 为位似中心, 比例为 $\frac{3}{2}$, 使得线段 G_bG_c 与 $\triangle ABC$ 点 A-中线位似, 所以 $OO_a \perp G_bG_c$, 并且类似地, $OO_b \perp G_cG_a$, $OO_c \perp G_aG_b$. 现在设点 M 是线段 BC 的中点. 以点 M 为位似中心, 比例为 3, 使得线段 GG_a 与线段 AP 位似, 所以 $GG_a \parallel AP$. 但是直线 O_bO_c 是线段 AP 的垂直平分线, 所以 $GG_a \perp O_bO_c$. 同样地, $GG_b \perp O_cO_a$, 并且 $GG_c \perp O_aO_b$. 因此 $\triangle O_aO_bO_c$ 和 $\triangle G_aG_bG_c$ 是正交的, 并且它们的正交中心是点 O 和 G.

因此, 在 $\triangle O_aO_bO_c$, $\triangle G_aG_bG_c$ 上根据桑达定理, 它们的透视中心 X 位于直线 OG 上, 得证. □

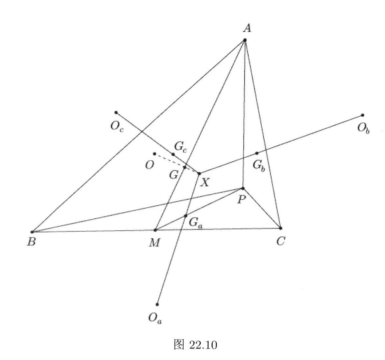

图 22.10

最后一个问题不是随机选择的, 它提供了一个相对于给定三角形的显著的点位选项.

定义 22.1. $\triangle ABC$ 的**纽伯格三次曲线**是指不在 $\triangle ABC$ 的圆周上且不在满足任何等价条件的直线上的点 P 的位置:

(1) $\triangle PBC, \triangle PCA, \triangle PAB$ 的欧拉线相交.

(2) 如果 A', B', C' 分别是 P 关于直线 BC, CA, AB 上的对称点, 那么直线 AA', BB', CC' 相交.

(3) 如果 O_a, O_b, O_c 分别是 $\triangle PBC, \triangle PCA, \triangle PAB$ 外接圆圆心, 则直线 AO_a, BO_b, CO_c 相交.

(4) 设 X, Y, Z 分别是直线 AP, BP, CP 与 $\triangle PBC, \triangle PCA, \triangle PAB$ 的第二个交点, H_a, H_b, H_c 为 $\triangle BCX, \triangle CAY, \triangle ABZ$ 的垂心, 则直线 AH_a, BH_b, CH_c 是相交的.

(5) 如果 Q 是 P 相对于 $\triangle ABC$ 的等角共轭点, 则直线 PQ 是平行于 $\triangle ABC$ 的欧拉线.

这里我们将证明 (1) (2) (3) (4) 是等价的, 另一个含义超出了本书的范围.

变形 22.9. 设点 P 不在 $\triangle ABC$ 的外接圆上且不在三角形边所在的直线上

的无穷远处, 设 O_a, O_b, O_c 分别是 $\triangle PBC, \triangle PCA, \triangle PAB$ 的外接圆圆心. 证明: 当且仅当 $\triangle PBC, \triangle PCA, \triangle PAB$ 的欧拉线相交时, 直线 AO_a, BO_b, CO_c 相交.

证明 如图 22.11 所示, 设 G_a, G_b, G_c 分别是 $\triangle PBC, \triangle PCA, \triangle PAB$ 的质心. 设 $A_1 = O_bO_c \cap G_bG_c$, $A_2 = BC \cap O_bO_c$, 并以类似方式确定 B_1, C_1, B_2, C_2. 设 M 为线段 AP 的中点, 很明显, 以 M 为中心, 比例为 3 的位似使得线段 G_bG_c 与 CB 位似, 因此 A_1 也与 A_2 位似. 因此

$$\frac{G_bA_1}{G_cA_1} = \frac{CA_2}{BA_2}.$$

将它们相乘得

$$\frac{G_bA_1}{G_cA_1} \cdot \frac{G_cB_1}{G_aB_1} \cdot \frac{G_aC_1}{G_bC_1} = 1 \iff \frac{CA_2}{BA_2} \cdot \frac{AB_2}{CB_2} \cdot \frac{BC_2}{AC_2} = 1.$$

所以通过梅涅劳斯定理知, 当且仅当 $\triangle G_aG_bG_c$ 和 $\triangle O_aO_bO_c$ 透视时, $\triangle O_aO_bO_c$ 和 $\triangle ABC$ 才是透视的. 根据笛沙格定理得证. □

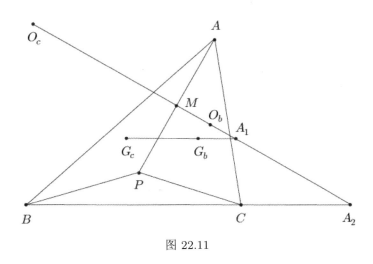

图 22.11

推论 22.1. 证明: 如果 P 在 $\triangle ABC$ 的纽伯格三次曲线上, 那么 A 就在 $\triangle BCP$ 的纽伯格三次曲线上.

证明 由于 P 在 $\triangle ABC$ 的纽伯格三次曲线上, 我们有 $\triangle PBC, \triangle PCA, \triangle PAB$ 的欧拉线相交. 但是通过**变形 22.8**, 这个交点在 $\triangle ABC$ 的欧拉线上, 所以 $\triangle ACP, \triangle APB, \triangle ABC$ 的欧拉线是相交的. 因此 A 位于 $\triangle BCP$ 的纽伯格三次曲线上得证.

变形 22.10. 如图 22.12 所示，设点 P 不在 $\triangle ABC$ 的外接圆上也不在无穷远的直线上，设 O_a, O_b, O_c 分别是 $\triangle PBC, \triangle PCA, \triangle PAB$ 的外接圆圆心，设 X, Y, Z 分别是直线 AP, BP, CP 和 $\triangle PBC, \triangle PCA, \triangle PAB$ 的外接圆相交的第二个交点. 设 H_a, H_b, H_c 分别是 $\triangle BCX, \triangle CAY, \triangle ABZ$ 的垂心，则直线 AO_a, BO_b, CO_c 相交当且仅当直线 AH_a, BH_b, CH_c 相交.

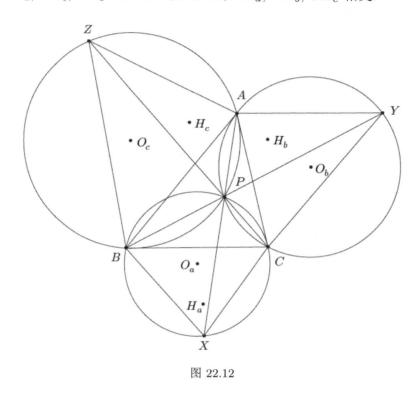

图 22.12

证明 首先，我们只考虑方向，因此假设直线 AO_a, BO_b, CO_c 在点 Q 相交. 假设点 P 在 $\triangle ABC$ 中，有
$$\angle BCO_a = \angle BPC - 90°$$
且
$$\angle ACH_b = 90° - \angle YAC = 90° - \angle YPC = \angle BPC - 90°.$$
所以直线 CO_a 和 CH_b 是关于 $\angle ACB$ 的等角线. 设 $A' = BH_c \cap CH_b$，同样地，定义 B', C'. A', B', C' 是 O_a, O_b, O_c 关于 $\triangle ABC$ 的等角共轭点，因此直线 AA', BB', CC' 相交于 Q 关于 $\triangle ABC$ 的等角共轭点. 根据布里昂雄定理的逆定理，在退化六边形 $ABCA'B'C'$ 中我们可以得到存在一个圆锥曲线交每条边 $AH_b, AH_c, BH_c, BH_a, CH_a, CH_b$，所以应用布里昂雄定理在六边形 $ABCH_aH_bH_c$ 上直线 AH_a, BH_b, CH_c 相交得证. 重复以上步骤，证明完毕.

变形 22.11. 设点 P 为三角形内一点, 并且设点 A', B', C' 分别为点 P 关于边 BC, CA, AB 的对称点. 设 O_a, O_b, O_c 分别为 $\triangle PBC, \triangle PCA, \triangle PAB$ 外接圆的圆心, 证明: 直线 AA', BB', CC' 相交当且仅当 AO_a, BO_b, CO_c 相交.

证明 首先我们仅从方向上考虑, 因此假设 AA', BB', CC' 相交, 我们以一个引理开始.

引理 22.6. 设点 P 是 $\triangle ABC$ 所在平面的一点, 并且设 A_1, B_1, C_1 是点 P 分别关于 $\triangle ABC$ 的边 BC, CA, AB 的对称点. 设 P' 是点 P 对于 $\triangle ABC$ 的等角共轭点, 并且设 A_2, B_2, C_2 分别是点 P' 关于边 BC, CA, AB 的对称点. 证明: 若直线 AA_1, BB_1, CC_1 相交, 则直线 AA_2, BB_2, CC_2 也相交.

证明 如图 22.13 所示, 设 A_3, B_3, C_3 是直线 A_1P, B_1P, C_1P 与 $\triangle A_1B_1C_1$ 外接圆的第二个交点. 设点 A_4, B_4, C_4 分别为 P 关于直线 B_3C_3, C_3A_3, A_3B_3 的对称点, 点 A_5, B_5, C_5 分别是点 P' 关于直线 B_2C_2, C_2A_2, A_2B_2 的对称点. 现在, 考虑以圆心 P 和半径 $\sqrt{PA_1 \cdot PA_3}$ 的圆关于 P 的反演的组合. 从 A_1, B_1, C_1 变换到 A_3, B_3, C_3, 因为 A 是 $\triangle PB_1C_1$ 的外接圆圆心, 从 A 到 A_4 的反演变换, 同理 B 到 B_4, C 到 C_4. 由于直线 AA_1, BB_1, CC_1 是相交的, $\triangle PA_3A_4, \triangle PB_3B_4, \triangle PC_3C_4$ 反演的圆是同轴的. 根据快速的证明得

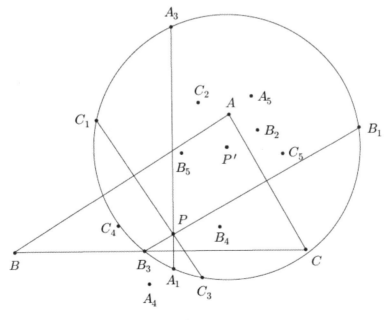

图 22.13

$$\angle PA_3C_3 = \angle PC_1A_1 = \angle PBC = \angle P'BA = \angle P'A_2C_2.$$

这个和类似的角的等式表明, 图形 $A_3B_3C_3P$ 和 $A_2B_2C_2P'$ 是相似的. 因此 $\triangle P'A_2A_5$, $\triangle P'B_2B_5$, $\triangle P'C_2C_5$ 的外接圆是同轴的, 因此它们的圆心是共线的. 很显然, 这些圆的圆心正是点 $BC \cap B_2C_2$, $CA \cap C_2A_2$, $AB \cap A_2B_2$, 所以由笛沙格定理, 我们得到了想要的相交性.

回到这个问题, 设 P_1, P_2 分别是 P 关于 $\triangle ABC$ 和 $\triangle A'B'C'$ 的等角共轭点. 设 A_1, B_1, C_1 分别是 $\triangle P_2B'C'$, $\triangle P_2C'A'$, $\triangle P_2A'B'$ 的圆心, 设 A_2, B_2, C_2 分别是 P_1 关于直线 B_1C_1, C_1A_1, A_1B_1 的对称点. 注意, A, B, C 分别是 $\triangle PB'C'$, $\triangle PC'A'$, $\triangle PA'B'$ 的外接圆圆心. 现在, 如图 22.14, 设 X 是 $\triangle PB'C'$ 外接圆上与 P 完全相反的点. 设 X' 是 $\triangle P_2B'C'$ 的外接圆上与 P_2 完全相反的点. 得到

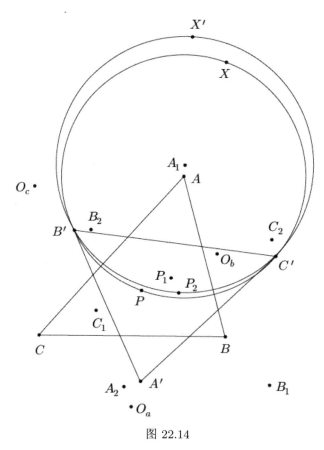

图 22.14

$$\angle C'B'X = 90° - \angle PB'C',$$
$$\angle A'B'X' = 90° + \angle P_2B'A'.$$

这是 $\angle B'C'X$ 和 $\angle A'C'X'$ 的类比,可推理出

$$\angle C'B'X = 180° - \angle A'B'X',$$
$$\angle B'C'X = 180° - \angle A'C'X'.$$

所以 X 和 X' 是关于 $\triangle A'B'C'$ 的等角共轭点. 因此 $\angle PA'X = \angle P_2A'X'$. 此外, 在不失一般性的前提下, 我们得到了

$$\begin{aligned}\angle A'P_2X' &= \angle A'P_2B' + \angle B'P_2X' = 180° - \angle P_2A'B' - \angle P_2B'A' + \angle B'C'X' \\ &= 360° - \angle PA'C' - \angle PB'C' - \angle A'C'X \\ &= 360° - \angle A'PB' + \angle A'C'B' - \angle A'C'X \\ &= 360° - \angle A'PB' - \angle B'C'X \\ &= 360° - \angle A'PB' - \angle B'PX \\ &= \angle A'PX\end{aligned}$$

因此 $\triangle A'PX$ 和 $\triangle A'P_2X'$ 是相似的. 这意味着 $\triangle A'PA$ 和 $\triangle A'P_2A_1$ 是相似的. 因此, 直线 $A'A$ 和 $A'A_1$ 关于 $\angle B'A'C'$ 是等角线. 因此, 直线 AA', BB', CC' 交于点 T, 直线 $A'A_1$, $B'B_1$, $C'C_1$ 交于点 T 关于 $\triangle A'B'C'$ 的等角共轭点. 因为 A', B', C' 分别是 P_2 关于直线 B_1C_1, C_1A_1, A_1B_1 的对称点, P_1 是 $\triangle A'B'C'$ 的外接圆圆心, 所以 P_1 和 P_2 关于 $\triangle A_1B_1C_1$ 是等角共轭的. 因为直线 A_1A', B_1B', C_1C' 交于一点, 根据引理, 直线 A_1A_2, B_1B_2, C_1C_2 也交于一点. 现在根据另一个证明得

$$\begin{aligned}\angle P_1B_1C_1 &= \angle P_2B_1A_1 = \frac{\angle P_2B_1C'}{2} = \angle P_2A'C' \\ &= \angle PA'B' = \angle PCA = \frac{\angle PO_bA}{2} \\ &= \angle PO_bO_c.\end{aligned}$$

和这个类似角度的等式得出, 图形 $A_1B_1C_1P_1$ 和 $O_aO_bO_cP$ 是相似的, 因为 A, B, C 分别是 P 关于直线 O_bO_c, O_cO_a, O_aO_b 的对称点, 所以我们得到了直线 AO_a, BO_b, CO_c 和我们期望的一样交于一点. 证明完毕. □

我们以一个复杂的奥林匹克问题结束这一节!

变形 22.12. (2012 年罗马尼亚队选拔赛) 设 $ABCD$ 是一个共圆四边形, 其中 $\triangle BCD$ 和 $\triangle CDA$ 不是等边三角形. 证明: 如果 A 关于 $\triangle BCD$ 的西姆松线垂直于 $\triangle BCD$ 的欧拉线, 那么, B 关于 $\triangle ACD$ 的西姆松线垂直于 $\triangle ACD$ 的欧拉线.

证明 A 关于 $\triangle BCD$ 的西姆松线垂直于 AA', 其中 A' 是 A 关于 $\triangle BCD$ 的等角共轭点 (还设定 A' 是无穷远处的一点), 所以 AA' 平行于 $\triangle BCD$ 的欧拉线. 因此 A 在 $\triangle BCD$ 的纽伯格三次曲线上, 所以根据**推论 22.1**, 我们知道 B 在 $\triangle ACD$ 的纽伯格三次曲线上. 重复 A 的过程, B 关于 $\triangle ACD$ 的西姆松线垂直于 $\triangle ACD$ 的欧拉线, 得证. □

习题

22.1. 设 I 是 $\triangle ABC$ 的内切圆圆心, 设 A', B', C' 分别是 I 关于直线 BC, CA, AB 的对称点. 设 P 是直线 AA', BB', CC' 的交点 (该点由雅可比定理的简单应用而存在). 证明: IP 平行于 $\triangle ABC$ 的欧拉线.

22.2. 证明: $\triangle ABC$ 的垂心在 $\triangle ABC$ 的纽伯格三次曲线上.

22.3. 证明: $\triangle ABC$ 的外接圆圆心在 $\triangle ABC$ 的纽伯格三次曲线上.

22.4. 证明: $\triangle ABC$ 的内切圆圆心在 $\triangle ABC$ 的纽伯格三次曲线上.

22.5. 证明: $\triangle ABC$ 的费马点在 $\triangle ABC$ 的纽伯格三次曲线上.

22.6. 证明: $\triangle ABC$ 的等力点在 $\triangle ABC$ 的纽伯格三次曲线上. (提示: 如果一个点在纽伯格三次曲线上, 那么它的等角共轭是否也在纽伯格三次曲线上?)

22.7. (2009 年罗马尼亚数学大师赛) 给定平面上的四个点 A_1, A_2, A_3, A_4, 不存在三个共线使得

$$A_1A_2 \cdot A_3A_4 = A_1A_3 \cdot A_2A_4 = A_1A_4 \cdot A_2A_3,$$

O_i 表示 $\triangle A_jA_kA_l$ 的圆心, $\{i,j,k,l\} = \{1,2,3,4\}$. 假设 $\forall i\, A_i \neq O_i$, 证明: 四条直线与 A_iO_i 相交或平行. (提示: 使用前面的问题)

22.8. 设 P 是 $\triangle ABC$ 的纽伯格三次曲线上的一个点, X, Y, Z 分别是 P 在直线 BC, CA, AB 上的投影. 证明: P 在 $\triangle XYZ$ 的纽伯格三次曲线上.

第二十三章 复数导论

有时候, 用代数而不是几何来解决奥林匹克几何问题会更好. 最有效的方法是用来解释复杂平面上的几何构型.

你可能还记得微积分, 一个复数 z 可表示为一个数字形式 $z = a + bi$ 这里 a 和 b 都是实数 (i 满足 $i^2 = -1$). 在本章中, 点的复数坐标将用小写字母来表示 (点 A 有复坐标 a), 除非另有说明. $z = a + bi$ 的**共轭复数** 将用 $\bar{z}$ 表示, 它满足 $\bar{z} = a - bi$. 在复平面上, 复数的共轭是它在实线上的对称. 两个复数 z_1 和 z_2 在复平面上的距离用 $|z_1 - z_2|$ 和 $(z_1 - z_2)(\overline{z_1} - \overline{z_2}) = |z_1 - z_2|^2$ 表示. 复数 $z = a + bi$ 的**模** (它到原点的距离) 将用 $|z| = \sqrt{a^2 + b^2}$ 来表示.

我们如何解释复数? 在某种意义上, 它提供了复平面上一个点的位置. 另外, 我们也可以把复数解释为逆时针旋转和复平面上的均匀性的复合. 给定一个复数 z, 我们可以把它写为极坐标形式 $z = re^{i\theta}$, 其中 r 是 z 的模, $0° \leqslant \theta < 360°$ 是逆时针转动的角度, 直线 OZ 是正实轴, O 是原点. 则 z 的乘积表示以 O 为中心逆时针旋转 θ 和一个比例为 r 中心为 O 的位似的组合. θ 称为 z 的**幅角**, 记作 $\arg(z)$. 注意, 在这一章中, 我们将使用有向角.

为什么复数在奥林匹克几何中有用? 它们的幂来自一个非常简单的事实, 即如果复数 z 在单位圆上, 那么 $\bar{z} = \dfrac{1}{z}$. 这意味着对于单位圆上的点, 我们永远不用担心它们的共轭 (这常常使计算变得烦琐). "复杂敲打"的本质是用指定为单位圆的点的复坐标来表示图中的点和线.

现在, 让我们用复数来解释一些几何性质! 我们鼓励读者阅读接下来的几页, 但是在我们证明这些定义之后, 我们将在没有证明的情况下提供它们的列表. 当我们遇到奥林匹克问题时, 我们会使用这些性质, 但不会引用它们.

变形 23.1.(两条线的夹角) $\angle \theta$ 由直线 AB 和 CD 组成 (从 AB 到 CD 顺时针方向) 满足

$$\frac{a-b}{|a-b|} = e^{i\theta} \frac{c-d}{|c-d|}$$

证明 平移保持两条直线之间的角度不变, 因此将线段 AB 和 CD 平移到以 O 为原点的线段 OA' 和 OC'. 很明显, $a' = a - b$ 和 $c' = c - d$. 写一个 a' 和 c' 极坐标下的形式, $a' = a - c = r_1 e^{i\theta_1}$ 且 $c' = c - d = r_2 e^{i\theta_2}$. 很容易看到 $\theta = \arg(a') - \arg(c') = \theta_1 - \theta_2$. 因此我们有

$$\frac{\dfrac{a-b}{|a-b|}}{\dfrac{c-d}{|c-d|}} = \frac{e^{i\theta_1}}{e^{i\theta_2}} = e^{i\theta}$$

这正是我们想要的. □

两边同时平方, 这个方程也可以写成更有用的形式

$$\frac{a-b}{\bar{a}-\bar{b}} = e^{2i\theta}\frac{c-d}{\bar{c}-\bar{d}}.$$

验证一下!

推论 23.1.(平行线) 线段 AB 和 CD 是平行的, 当且仅当

$$\frac{a-b}{\bar{a}-\bar{b}} = \frac{c-d}{\bar{c}-\bar{d}}.$$

证明 应用**变形 23.1** 并令 $\theta = 0°$, 两侧分别平方. □

推论 23.2.(共线性) 点 A, B, C 共线当且仅当

$$\frac{a-b}{\bar{a}-\bar{b}} = \frac{c-b}{\bar{c}-\bar{b}}.$$

证明 注意, 当且仅当 $AB \parallel BC$ 时, 点 A, B, C 共线, 并应用**推论 23.1**. □

推论 23.3.(直线方程) 通过点 A 和 B 的直线有方程

$$\frac{z-a}{\bar{z}-\bar{a}} = \frac{a-b}{\bar{a}-\bar{b}}.$$

证明 在**推论 23.2** 中用 z 替代 c. □

一般来说, 这意味着对于复数 r 和 s, 直线方程可以写成 $z = r\bar{z} + s$.

推论 23.4.(垂直) 当且仅当线段 AB 和 CD 垂直时

$$\frac{a-b}{\bar{a}-\bar{b}} = -\frac{c-d}{\bar{c}-\bar{d}}.$$

证明 应用**定理 23.1** 有 $\theta = 90°$ 且等式两边平方. □

变形 23.2.(**相似三角形**) $\triangle ABC$ 和 $\triangle DEF$ 是相似的 (方向相似的) 当且仅当

$$\frac{a-b}{a-c} = \frac{d-e}{d-f}.$$

证明 请注意

$$\frac{a-b}{a-c} = \frac{d-e}{d-f} \Longleftrightarrow \frac{|a-b|}{|a-c|} = \frac{|d-e|}{|d-f|} \Longleftrightarrow \frac{AB}{AC} = \frac{DE}{DF},$$

由**变形 23.1** 得到

$$\frac{a-b}{a-c} = \frac{d-e}{d-f} \Leftrightarrow \frac{\frac{a-b}{\overline{a}-\overline{b}}}{\frac{a-c}{\overline{a}-\overline{c}}} = \frac{\frac{d-e}{\overline{d}-\overline{e}}}{\frac{d-f}{\overline{d}-\overline{f}}} \Leftrightarrow e^{2i\angle BAC} = e^{2i\angle EDF} \Leftrightarrow \angle BAC = \angle EDF.$$

这意味着得到了期望的结果. □

这也可以写成对称的形式:

$$a(e-f) + b(f-d) + c(d-e) = 0.$$

推论 23.5.(**旋转相似性**) 以线段 AB 到线段 CD 的旋转相似度中心 P 具有复坐标

$$p = \frac{ad - bc}{a + d - b - c}.$$

证明 P 是 $\triangle PAB$ 和 $\triangle PCD$ 相似且方向相似的唯一点. 因此, 我们通过**变形 23.2** 知

$$\frac{p-a}{p-b} = \frac{p-c}{p-d} \Longrightarrow p = \frac{ad-bc}{a+d-b-c},$$

得证. □

变形 23.3. (**共圆性**) 点 A, B, C, D 是同共圆的当且仅当

$$\frac{(a-c)(b-d)}{(\overline{a}-\overline{c})(\overline{b}-\overline{d})} = \frac{(a-d)(b-c)}{(\overline{a}-\overline{d})(\overline{b}-\overline{c})}.$$

证明 注意**变形 23.1**

$$\angle ACB = \angle ADB \Longleftrightarrow e^{2i\angle ACB} = e^{2i\angle ADB} \Longleftrightarrow \frac{\frac{c-b}{\overline{c}-\overline{b}}}{\frac{c-a}{\overline{c}-\overline{a}}} = \frac{\frac{d-b}{\overline{d}-\overline{b}}}{\frac{d-a}{\overline{d}-\overline{a}}}.$$

这和我们要证明的是等价的. □

变形 23.4. (**三角形的面积**) $\triangle ABC$ 的面积由下式给出:
$$\frac{\mathrm{i}}{4}\begin{vmatrix} a & \bar{a} & 1 \\ b & \bar{b} & 1 \\ c & \bar{c} & 1 \end{vmatrix}$$

证明 这可以用笛卡儿坐标表示. 我们把它留给读者作为练习.

变形 23.5. (**对称**) 点 P 关于由线段 AB 确定的直线的对称点 P' 具有复坐标
$$p' = \frac{(a-b)\bar{p} + \bar{a}b - a\bar{b}}{\bar{a} - \bar{b}}.$$

证明 考虑作用于每个复数 z 的变换如下:
$$z \mapsto \frac{z-a}{b-a}$$

这是一个线性变换, 因此保持对称. 请注意 $a \mapsto 0$ 与 $b \mapsto 1$ 和 $p \mapsto \frac{p-a}{b-a}$ 与 $p' \mapsto \frac{p'-a}{b-a}$. 因此, 由于线段 AB 被映射到实线上, 故我们有
$$\frac{p'-a}{b-a} = \frac{\bar{p}-\bar{a}}{\bar{b}-\bar{a}} \implies p' = \frac{(a-b)\bar{p} + \bar{a}b - a\bar{b}}{\bar{a} - \bar{b}},$$

得证. □

推论 23.6.(**投影**) 由线段 AB 确定的直线上点 P 的垂足 Z 有复坐标
$$z = \frac{(\bar{a}-\bar{b})p + (a-b)\bar{p} + \bar{a}b - a\bar{b}}{2(\bar{a}-\bar{b})}.$$

证明 用和证明**变形 23.5** 一样的方法, 我们知道 Z 是线段 PP' 的中点,
$$z = \frac{p+p'}{2} = \frac{(\bar{a}-\bar{b})p + (a-b)\bar{p} + \bar{a}b - a\bar{b}}{2(\bar{a}-\bar{b})},$$

得证. □

变形 23.6. (**垂心和圆心的性质**) 设 H 和 O 分别是 $\triangle ABC$ 的垂心和外接圆圆心. 这表明
$$h + 2o = a + b + c$$

证明 设 G 是 $\triangle ABC$ 的质心. 根据已知的欧拉线性质, G 位于线段 OH 上且满足 $GH = 2OG$. 我们有

$$h + 2o = 3g = a + b + c,$$

得证. □

对于一个内接于单位圆的三角形, **变形 23.6** 说明其垂心的复坐标是其顶点的复坐标之和.

变形 23.7. (**任意三角形的外接圆圆心**) 探究 $\triangle ABC$ 外接圆圆心 X 的复坐标

$$x = \frac{\begin{vmatrix} a & a\bar{a} & 1 \\ b & b\bar{b} & 1 \\ c & c\bar{c} & 1 \end{vmatrix}}{\begin{vmatrix} a & \bar{a} & 1 \\ b & \bar{b} & 1 \\ c & \bar{c} & 1 \end{vmatrix}}.$$

证明 如果 r 是外接圆的半径, 且 x 满足

$$|x-a|^2 = r^2,$$
$$|x-b|^2 = r^2,$$
$$|x-c|^2 = r^2.$$

整理可得

$$a\bar{x} + \bar{a}x + r^2 - x\bar{x} = a\bar{a},$$
$$b\bar{x} + \bar{b}x + r^2 - x\bar{x} = b\bar{b},$$
$$c\bar{x} + \bar{c}x + r^2 - x\bar{x} = c\bar{c}.$$

如果把它当作一个包含变量 $x, \bar{x}$ 和 $r^2 - x\bar{x}$ 的三个线性方程组, 由克莱姆法则可得到要证的结果. □

推论 23.7.(**顶点在原点的三角形的外接圆圆心和垂心**) 点 O 是原点, 探究 $\triangle AOB$ 的外接圆圆心 X 和垂心 H 的复坐标

$$x = \frac{ab(\bar{a} - \bar{b})}{\bar{a}b - a\bar{b}}$$

和
$$h = \frac{(\bar{a}b + a\bar{b})(a-b)}{a\bar{b} - \bar{a}b}.$$

证明 由**变形 23.7**, 设 $c = 0$ 可得
$$x = \frac{ab(\bar{a} - \bar{b})}{\bar{a}b - a\bar{b}}.$$

又由**变形 23.6** 可知 $h = a + b - 2x$, 由此可得
$$h = \frac{(\bar{a}b + a\bar{b})(a-b)}{a\bar{b} - \bar{a}b},$$

得证. □

最后, 我们可以探索单位圆上点的性质. 让我们看一下计算变得有多么简单吧!

变形 23.8. (**弦方程**) 如果线段 AB 是单位圆的弦, 则线段 AB 的方程可表示为
$$z = a + b - ab\bar{z}.$$

证明 由**推论 23.3** 可知, 该线段的等式为
$$\frac{z-a}{\bar{z}-\bar{a}} = \frac{a-b}{\bar{a}-\bar{b}} \Longrightarrow \frac{z-a}{\bar{z}-\frac{1}{a}} = \frac{a-b}{\frac{1}{a}-\frac{1}{b}} = -ab,$$

上述式子相乘可得要证明的结果. □

推论 23.8.(**弦交点**) 设线段 AB 和 CD 是单位圆的两条弦. 如果 $P = AB \cap CD$, 则
$$p = \frac{ab(c+d) - cd(a+b)}{ab - cd}.$$

证明 由**变形 23.8** 可知点 p 满足
$$p = a + b - ab\bar{p},$$
$$p = c + d - cd\bar{p}.$$

因此
$$\bar{p} = \frac{a+b-c-d}{ab-cd} \Longrightarrow p = \frac{\bar{a}+\bar{b}-\bar{c}-\bar{d}}{\bar{a}\bar{b}-\bar{c}\bar{d}} = \frac{\frac{1}{a}+\frac{1}{b}-\frac{1}{c}-\frac{1}{d}}{\frac{1}{ab}-\frac{1}{cd}},$$

上式相乘可得要证的结果. □

推论 23.9. (切线交点) 与单位圆相切于点 A 和点 B 的直线相交于点 P, 则

$$p = \frac{2ab}{a+b}.$$

证明　考虑弦 AA 和弦 BB, 使用**推论 23.8**. □

推论 23.10. (切线方程) 一直线与单位圆相切于点 A, 可得等式

$$z = 2a - a^2\bar{z}.$$

证明　将 a 改为 b, 应用**变形 23.8**. □

变形 23.9. (弦的对称) 线段 AB 是单位圆的弦, 点 P 是其平面内的一点. 点 P' 与点 P 关于直线 AB 对称, 可得复坐标

$$p' = a + b - ab\bar{p}.$$

证明　由**变形 23.4** 可得

$$p' = \frac{(a-b)\bar{p} + \bar{a}b - a\bar{b}}{\bar{a} - \bar{b}} = \frac{(a-b)\bar{p} + \dfrac{b}{a} - \dfrac{a}{b}}{\dfrac{1}{a} - \dfrac{1}{b}},$$

上式相乘可得要证的结果. □

变形 23.10. (内圆的性质) 存在 $\triangle ABC$, 其外接圆是单位圆. 设点 A, B, C 的复坐标分别为 a^2, b^2, c^2, 其中 a, b, c 是复数. 点 $A_1, A_2, B_1, B_2, C_1, C_2, X, X_a, X_b, X_c$ 的复坐标分别是 $-bc, -ca, -ab, bc, ca, ab, -bc-ca-ab, ca+ab-bc, ab+bc-ca, bc+ca-ab$. 点 A_1, B_1, C_1 分别是单位圆弧 $\overset{\frown}{BC}, \overset{\frown}{CA}, \overset{\frown}{AB}$ 的中点, 不包含 $\triangle ABC$ 的顶点, 点 A_2, B_2, C_2 分别是单位圆弧 $\overset{\frown}{BAC}, \overset{\frown}{CBA}, \overset{\frown}{ACB}$ 的中点, 点 X 是 $\triangle ABC$ 的内切圆圆心, 点 X_a, X_b, X_c 分别是 $\triangle ABC$ 中点 A, B, C 所对的旁切圆的圆心.

证明　因 $|-bc| = 1$, 则点 A_1 在单位圆上. 由**变形 23.1** 可得

$$e^{2i\angle A_1AB} = \frac{\dfrac{b^2 - a^2}{\bar{b}^2 - \bar{a}^2}}{\dfrac{-bc - a^2}{-\bar{b}\bar{c} - \bar{a}^2}} = \frac{-a^2b^2}{a^2bc} = -\frac{b}{c}$$

和
$$e^{2i\angle A_1 AC} = \frac{\dfrac{c^2-a^2}{\overline{c}^2-\overline{a}^2}}{\dfrac{-bc-a^2}{-\overline{b}\overline{c}-\overline{a}^2}} = \frac{-a^2c^2}{a^2bc} = -\frac{c}{b}.$$

而 $\angle A_1 AB = -\angle A_1 AC$ 说明点 A_1 在 $\triangle ABC$ 中 $\angle A$ 内角平分线上. 因此, 点 A_1 是单位圆弧 $\overset{\frown}{BC}$ 的中点, 不包括点 A. 因为 $a_1 = -bc$, $a_2 = bc$, 已知 $a_1 + a_2 = 0$, 因此, 点 A_2 在单位圆上与点 A_1 相对, 并且是单位圆弧 $\overset{\frown}{BAC}$ 的中点. 同理可得到点 B_1, B_2, C_1, C_2. 现在已知 $x = -bc - ca + ab = a_1 + b_1 + c_1$, 因此由**变形 23.6** 知, 点 X 是 $\triangle A_1B_1C_1$ 的垂心. 因此, 可得点 X 是 $\triangle ABC$ 的内切圆圆心. 同理 $x_a = ca + ab - bc = a_1 + b_2 + c_2$, 因此点 X_a 是 $\triangle A_1B_2C_2$ 的垂心, 即是 $\triangle ABC$ 中 A 所对的旁切圆的圆心. 对于点 X_b 和点 X_c, 可得到类似结果, 即完成证明. □

注意, 这个证明告诉我们点 A_1 是包含点 B, C, X, X_a 的圆的中心!

对于那些跳过了最后几页烦琐计算的读者, 这里列出了可以成功解决复杂的奥林匹克问题所需要知道的全部定义:

- 从边 AB 顺时针旋转角 θ 到边 CD 满足
$$\frac{a-b}{|a-b|} = e^{i\theta}\frac{c-d}{|c-d|}$$
和
$$\frac{a-b}{\overline{a}-\overline{b}} = e^{2i\theta}\frac{c-d}{\overline{c}-\overline{d}}.$$

- $AB \parallel CD$, 当且仅当
$$\frac{a-b}{\overline{a}-\overline{b}} = \frac{c-d}{\overline{c}-\overline{d}}.$$

- 点 A, B, C 共线, 当且仅当
$$\frac{a-b}{\overline{a}-\overline{b}} = \frac{c-b}{\overline{c}-\overline{b}}.$$

- 直线 AB 有等式
$$\frac{z-a}{\overline{z}-\overline{a}} = \frac{a-b}{\overline{a}-\overline{b}}.$$

- $AB \perp CD$, 当且仅当
$$\frac{a-b}{\overline{a}-\overline{b}} = -\frac{c-d}{\overline{c}-\overline{d}}.$$

- △ABC 和 △DEF 是相似的, 当且仅当
$$\frac{a-b}{a-c} = \frac{d-e}{d-f},$$
整理可得
$$a(e-f) + b(f-d) + c(d-e) = 0.$$

- 如果点 P 是从 AB 与 CD 的旋转相似中心, 则
$$p = \frac{ad-bc}{a+d-b-c}.$$

- 点 A, B, C, D 共圆, 当且仅当
$$\frac{(a-c)(b-d)}{(\bar{a}-\bar{c})(\bar{b}-\bar{d})} = \frac{(a-d)(b-c)}{(\bar{a}-\bar{d})(\bar{b}-\bar{c})}.$$

- △ABC 的面积是
$$\frac{\mathrm{i}}{4} \begin{vmatrix} a & \bar{a} & 1 \\ b & \bar{b} & 1 \\ c & \bar{c} & 1 \end{vmatrix}.$$

- 点 P 关于直线 AB 的对称点为
$$\frac{(a-b)\bar{p} + \bar{a}b - a\bar{b}}{\bar{a}-\bar{b}}.$$

- 从点 P 到边 AB 的垂足是
$$\frac{(\bar{a}-\bar{b})p + (a-b)\bar{p} + \bar{a}b - a\bar{b}}{2(\bar{a}-\bar{b})}.$$

- 在 △ABC 中, 外接圆圆心是点 O, 垂心是点 H, 则
$$h + 2o = a + b + c.$$

- △ABC 的外接圆圆心是
$$\frac{\begin{vmatrix} a & a\bar{a} & 1 \\ b & b\bar{b} & 1 \\ c & c\bar{c} & 1 \end{vmatrix}}{\begin{vmatrix} a & \bar{a} & 1 \\ b & \bar{b} & 1 \\ c & \bar{c} & 1 \end{vmatrix}}.$$

- O 为原点, $\triangle AOB$ 外接圆圆心是

$$\frac{ab(\bar{a}-\bar{b})}{\bar{a}b-a\bar{b}}.$$

- O 为原点, $\triangle AOB$ 的垂心是

$$\frac{(\bar{a}b+a\bar{b})(a-b)}{a\bar{b}-\bar{a}b}.$$

- 单位圆的弦 AB 的方程为

$$z = a + b - ab\bar{z}.$$

- 单位圆弦 AB 和 CD 所在直线的交点是

$$\frac{ab(c+d)-cd(a+b)}{ab-cd}.$$

- 单位圆在点 A 和 B 处的切线的交点是

$$\frac{2ab}{a+b}.$$

- 单位圆在点 A 处的切线方程是

$$z = 2a - a^2\bar{z}.$$

- 点 P 关于单位圆的弦 AB 的对称点是

$$a + b - ab\bar{p}.$$

- 如果 $\triangle ABC$ 内接于单位圆, 并且顶点为 A, B, C, 对于 $a, b, c \in \mathbb{C}$ 有复坐标 a^2, b^2, c^2, 并且单位圆中的 $\widehat{BC}$ 的中点不包含 A 是 $-bc$, $\widehat{BAC}$ 的中点是 bc, $\triangle ABC$ 的内切圆圆心是 $-bc - ca - ab$, 并且单位圆的 A 所对的旁切圆圆心是 $ca + ab - bc$.

现在, 让我们来证明一些定理! 我们从帕斯卡尔定理的一个有点烦琐的证明开始. 尽管计算量很大, 但这个证明的效用在于它避免了基于梅涅劳斯的证明中的许多结构问题.

定理 23.1. (**帕斯卡定理**) 设 A, B, C, D, E, F 是圆上的点 (不一定按这个顺序), $X = AB \cap DE$, $Y = BC \cap EF$, $Z = CD \cap FA$. 则点 X, Y, Z 共线.

证明 在不失一般性的前提下, 假设 $ABCDEF$ 的外接圆为单位圆, 然后我们就有了

$$x = \frac{ab(d+e) - de(a+b)}{ab - de},$$
$$y = \frac{bc(e+f) - ef(b+c)}{bc - ef},$$
$$z = \frac{cd(f+a) - fa(c+d)}{cd - fa}.$$

我们立即得到

$$\overline{x} - \overline{y} = \frac{a+b-d-e}{ab-de} - \frac{b+c-e-f}{bc-ef} = \frac{(b-e)(bc+de+fa-ab-cd-ef)}{(ab-de)(bc-ef)}.$$

同样地,

$$\overline{y} - \overline{z} = \frac{(c-f)(ab+cd+ef-bc-de-fa)}{(bc-ef)(cd-fa)},$$

所以

$$\frac{\overline{x} - \overline{y}}{\overline{y} - \overline{z}} = -\frac{(b-e)(cd-fa)}{(c-f)(ab-de)}.$$

在以上的过程中, 我们看到

$$\frac{\overline{x} - \overline{y}}{\overline{y} - \overline{z}} = \frac{x-y}{y-z},$$

因此得到共线. □

定理 23.2. (**牛顿定理**) 设四边形 $ABCD$ 有内切圆 ω 分别交边 AB, BC, CD, DA 于点 M, N, P, Q, 则直线 AC, BD, MP, NQ 相交.

证明 设 $Z = MP \cap NQ$. 它清楚地表示点 Z 位于直线 AC 上, 由于对称, 它也将位于直线 BD 上. 在不失一般性的前提下, 假设 ω 是单位圆. 那我们就有

$$z = \frac{mp(n+q) - nq(m+p)}{mp - nq},$$

并且

$$a = \frac{2mq}{m+q},$$
$$c = \frac{2np}{n+p}.$$

注意,
$$\bar{a} - \bar{c} = \frac{2}{m+q} - \frac{2}{n+p} = \frac{2(n+p-m-q)}{(m+q)(n+p)},$$

并且
$$\bar{z} - \bar{a} = \frac{n+q-m-p}{nq-mp} - \frac{2}{m+q} = \frac{(m-q)(n+p-m-q)}{(m+q)(nq-mp)}.$$

所以
$$\frac{\bar{a} - \bar{c}}{\bar{z} - \bar{a}} = \frac{nq-mp}{2(m-q)(n+p)}.$$

在上面的基础, 我们很容易得到
$$\frac{\bar{a} - \bar{c}}{\bar{z} - \bar{a}} = \frac{a-c}{z-a},$$

这就证明了共线. □

下一个定理有一个复杂的综合证明, 但是对于复数, 复杂性就变得微不足道了!

定理 23.3. (**斯坦纳线**) 设在 $\triangle ABC$ 中, P 是它外接圆上的点. 设 X, Y, Z 是点 P 关于直线 BC, CA, AB 对称的点. 然后点 X, Y, Z, H 是共线的, 其中 H 是 $\triangle ABC$ 的垂心.

证明 在不失一般性的前提下, 假设 $\triangle ABC$ 的外接圆为单位圆. 然后我们就有了

$$h = a + b + c,$$
$$x = b + c - \frac{bc}{p},$$
$$y = c + a - ca\frac{ca}{p}.$$

它清楚地表示点 H 在直线 XY 上, 因为对称, 点 H 也在 YZ 上. 我们有

$$x - y = \frac{(a-b)(c-p)}{p} \implies \frac{x-y}{\bar{x}-\bar{y}} = \frac{\frac{(a-b)(c-p)}{p}}{\frac{(a-b)(c-p)}{abc}} = \frac{abc}{p}.$$

所以
$$h - x = \frac{ap+bc}{p} \Longrightarrow \frac{h-x}{\overline{h}-\overline{x}} = \frac{\frac{ap+bc}{p}}{\frac{ap+bc}{abc}} = \frac{abc}{p},$$
因此
$$\frac{x-y}{\overline{x}-\overline{y}} = \frac{h-x}{\overline{h}-\overline{x}}.$$
这就证明了共线. □

变形 23.11. (反中心) 设 $ABCD$ 是共圆四边形, 并且 ℓ_A 是 A 关于 $\triangle BCD$ 的西姆松线. ℓ_B, ℓ_C, ℓ_D 同理. 证明线 $\ell_A, \ell_B, \ell_C, \ell_D$ 相交 (此点称为四边形 $ABCD$ 的反中心).

证明 在不失一般性的前提下, 假设四边形 $ABCD$ 的外接圆为单位圆. 设 H 是 $\triangle BCD$ 的垂心, 我们有
$$h = b + c + d.$$
我们知道 ℓ_A 通过 AH 的中点, 所以它通过具有复坐标的点
$$\frac{a+h}{2} = \frac{a+b+c+d}{2}.$$
由于这个点的坐标在 a, b, c, d 中是对称的, 所以很明显, 直线 ℓ_B, ℓ_C, ℓ_D 也通过它, 证明完毕. □

定理 23.4. (费尔巴哈定理) $\triangle ABC$ 的内切圆与 $\triangle ABC$ 的九点圆相切.

设 O, H, N, X 分别是 $\triangle ABC$ 的外接圆圆心、垂心、九点中心和内切圆圆心. 设 R 和 r 是 $\triangle ABC$ 的外接圆和内切圆的半径. 由于 $\triangle ABC$ 的九点圆半径为 $\frac{R}{2}$, 因此它清楚地表明
$$R - 2r = 2XN.$$
因为如果这个方程成立, 那么内切圆和九点圆的圆心之间的距离将等于它们的半径差, 这意味着它们相切. 但是众所周知, $OX^2 = R(R-2r)$, 所以它表示
$$OX^2 = 2R \cdot XN.$$
现在, 在不失一般性的前提下, 假定 $\triangle ABC$ 的外接圆是单位圆. 我们知道
$$n = \frac{h+o}{2} = \frac{a^2+b^2+c^2}{2},$$
$$x = -bc - ca - ab,$$

所以
$$2R \cdot XN = 2|n - x| = |a + b + c|^2.$$

而且我们还有
$$OX^2 = |x - o|^2 = |bc + ca + ab|^2,$$

所以它表示成 $|a + b + c| = |bc + ca + ab|$. 但是请注意

$$|a + b + c| = |\bar{a} + \bar{b} + \bar{c}| = \left|\frac{bc + ca + ab}{abc}\right| = |bc + ca + ab|,$$

因此我们证明完毕. □

定理 23.5. (拿破仑定理) 设 X, Y, Z 是 $\triangle ABC$ 所在平面上的点，使得 $\triangle BCX$，$\triangle CAY$，$\triangle ABZ$ 为等边三角形，且不与 $\triangle ABC$ 的内部相交. 设 R, S, T 分别是 $\triangle BCX$，$\triangle CAY$，$\triangle ABZ$ 的中心，则 $\triangle RST$ 是等边三角形.

证明 以点 B 为旋转中心，从 C 到 X 旋转 $60°$，因此
$$x - b = \omega(c - b) \implies x = \omega(c - b) + b,$$

其中 ω 是一个适当的根. 类似地，
$$y = \omega(a - c) + c,$$
$$z = \omega(b - a) + a,$$

所以我们有
$$r = \frac{b + c + x}{3} = \frac{2b + c + \omega(c - b)}{3},$$
$$s = \frac{c + a + y}{3} = \frac{2c + a + \omega(a - c)}{3},$$
$$t = \frac{a + b + z}{3} = \frac{2a + b + \omega(b - a)}{3}.$$

现在有一个简便的计算:
$$s - r = \frac{c + a - 2b + \omega(a + b - 2c)}{3} = \omega\left(\frac{2a - b - c + \omega(2b - a - c)}{3}\right) = \omega(t - r)$$

我们使用了 $\omega^2 = \omega - 1$ 这一结果. 这意味着以 R 为中心，从 T 到 S 旋转 $60°$，因此 $\triangle RST$ 是等边三角形. □

在上述证明中, 由于 $r + s + t = a + b + c$, 所以 $\triangle RST$ 的中心与 $\triangle ABC$ 的中心重合.

定理 23.6. (牛顿第二定理) 设四边形 $ABCD$ 有一个内切圆 ω 以 O 为中心, 并且分别以 E, F 为线段 AC, BD 的中点. 那么点 O, E, F 是共线的.

证明 设 ω 分别交 AB, BC, CD, DA 于 M, N, P, Q. 在不失一般性的前提下, 设 ω 是单位圆, 那么我们有
$$a = \frac{2mq}{m+q},$$
$$c = \frac{2np}{n+p}.$$

所以
$$e = \frac{a+c}{2} = \frac{mq}{m+q} + \frac{np}{n+p} = \frac{npq + mpq + mnq + mnp}{(m+q)(n+p)}.$$

因此
$$\frac{e-o}{\overline{e}-\overline{o}} = \frac{e}{\overline{e}} = \frac{\dfrac{npq+mpq+mnq+mnp}{(m+q)(n+p)}}{\dfrac{m+p+n+p}{(m+q)(n+p)}} = \frac{npq+mpq+mnq+mnp}{m+n+p+q}.$$

因为 m, n, p, q 是对称的, 所以我们得到
$$\frac{e-o}{\overline{e}-\overline{o}} = \frac{f-o}{\overline{f}-\overline{o}}.$$

这就证明了共线. □

我们以一个精巧的复数应用程序结束本章.

定理 23.7. (托勒密不等定则) 对于凸四边形 $ABCD$, 我们有 $AB \cdot CD + DA \cdot BC \geqslant AC \cdot BD$ 成立当且仅当四边形 $ABCD$ 是共圆的.

证明 由于
$$(a-b)(c-d) + (a-d)(b-c) = (a-c)(b-d),$$

利用三角不等式, 我们有
$$|a-b||c-d| + |a-d||b-c| \geqslant |a-c||b-d|,$$

当且仅当 $(a-b)(c-d)$ 和 $(a-d)(b-c)$ 确定的直线过原点时
$$\frac{(a-b)(c-d)}{(a-d)(b-c)} \in \mathbb{R}$$

等价于点 A, B, C, D 按这个顺序排列在一个圆上. 这就完成了证明. □

习题

23.1. 证明: 九点圆的存在.

23.2. 求单位圆内接的三角形的对称中点的坐标, 该三角形的顶点具有坐标 a, b, c.

23.3. 求单位圆内接的三角形的第一费马点的坐标, 该三角形的顶点具有坐标 a, b, c.

23.4. 证明: 如果三个复数 a, b, c 满足

$$a^2 + b^2 + c^2 = bc + ca + ab,$$

然后, 它们是复平面上等边三角形的顶点.

23.5. 设 $A_0A_1A_2A_3A_4A_5A_6$ 为正七边形, 表明

$$\frac{1}{A_0A_1} = \frac{1}{A_0A_2} + \frac{1}{A_0A_3}.$$

23.6. 设 $A_0A_1A_2\cdots A_{n-1}$ 是以 O 为圆心并且以 R 为半径且内接于正 n 边形的圆. 证明:

$$\sum_{i=0}^{n-1} PA_i^2 = n(R^2 + PO^2)$$

对于任意点 P 在 n 边形平面上.

23.7. 证明**变形 23.4**.

23.8. (1996 年蒙古) 设 O 为锐角 $\triangle ABC$ 的外接圆圆心, 并且 M 为 $\triangle ABC$ 外接圆上的点. 设 X, Y 和 Z 分别是 M 到 OA, OB 和 OC 的投影. 证明: $\triangle XYZ$ 的内切圆圆心位于 M 关于 $\triangle ABC$ 的西姆松线上.

23.9. (2006 年数学奥林匹克夏令营) 设 H 是 $\triangle ABC$ 的垂心, 点 D, E, F 位于 $\triangle ABC$ 的外接圆上, 使得 $AD \parallel BE \parallel CF$. 设 S, T, U 分别为 D, E, F 关于直线 BC, CA, AB 的对称点. 证明: 点 S, T, U, H 是共圆的.

第二十四章　奥林匹克几何中的复数

作者认为,学习一种新方法,特别是"bash"的最好方法,就是看大量的例子和问题. 在本章中,我们将学习它们!

我们将从两个简单的问题开始:

变形 24.1. (1990 年南斯拉夫) 设 O 和 H 分别是 $\triangle ABC$ 的外接圆圆心和垂心,P 是 H 关于 O 的对称点. 如果 G_1, G_2, G_3 分别是 $\triangle BCP, \triangle CAP, \triangle ABP$ 的质心,意味着

$$AG_1 = BG_2 = CG_3 = \frac{4R}{3},$$

其中 R 是 $\triangle ABC$ 的外接圆半径.

证明　在不失一般性的前提下,假设 $\triangle ABC$ 的外接圆为单位圆,既然 $h = a+b+c$,我们有 $p = -a-b-c$,所以

$$g_1 = \frac{b+c+p}{3} = -\frac{a}{3}$$

因此

$$AG_1 = |a - g_1| = \left|\frac{4a}{3}\right| = \frac{4}{3}$$

并且由于对称性,我们有 $BG_2 = CG_3 = \frac{4}{3}$,证明完毕. □

变形 24.2. 设 AC 是圆 ω 的直径,B 和 D 是在 ω 上的点且在直线 AC 的两侧. 如果直线 AB 和 CD 在 M 相交,而与 ω 相切的直线在 B 和 D 相交于 N,则表明 $MN \perp AC$.

证明　假设 ω 是单位圆,并假设 $a = -1$ 和 $c = 1$ (请注意,这是如何捕捉到 AC 是 ω 直径的信息). 那我们就有

$$m = \frac{ab(c+d) - cd(a+b)}{ab - cd} = \frac{-b(1+d) - d(-1+b)}{-b - d} = \frac{2bd + b - d}{b + d},$$

$$n = \frac{2bd}{b+d},$$

所以
$$\frac{m-n}{\overline{m}-\overline{n}} = \frac{\dfrac{b-d}{b+d}}{\dfrac{d-b}{b+d}} = -1.$$

但是我们知道
$$\frac{a-c}{\overline{a}-\overline{c}} = \frac{-2}{-2} = 1,$$

所以
$$\frac{m-n}{\overline{m}-\overline{n}} = -\frac{a-c}{\overline{a}-\overline{c}}.$$

这就证明了垂直. □

现在我们转向更复杂的问题.

变形 24.3. (1998 年国际数学奥林匹克竞赛预选题) 设 O, H 分别是 $\triangle ABC$ 的外接圆圆心和垂心. 设 D, E, F 分别是 A, B, C 关于直线 BC, CA, AB 的对称点. 证明: 点 D, E, F 共线, 当且仅当 $OH = 2R$, 其中 R 是 $\triangle ABC$ 外接圆半径.

证明 在不失一般性的前提下, 假设 $\triangle ABC$ 是一个单位圆, 那么我们有
$$d = b + c - \frac{bc}{a},$$
$$e = c + a - \frac{ca}{b},$$
$$f = a + b - \frac{ab}{c},$$

这意味着

$$d-e = \frac{(a-b)(bc+ca-ab)}{ab} \implies \frac{d-e}{\overline{d}-\overline{e}} = \frac{\dfrac{(a-b)(bc+ca-ab)}{ab}}{\dfrac{(b-a)(a+b-c)}{abc}} = -\frac{c(bc+ca-ab)}{a+b-c}.$$

相同地,
$$\frac{e-f}{\overline{e}-\overline{f}} = -\frac{a(ca+ab-bc)}{b+c-a},$$

所以点 D, E, F 共线当且仅当
$$\frac{d-e}{\overline{d}-\overline{e}} = \frac{e-f}{\overline{e}-\overline{f}} \iff a(ca+ab-bc)(a+b-c) = c(bc+ca-ab)(b+c-a),$$

可以看作为
$$(a-c)(a^2b + a^2c + b^2c + b^2a + c^2a + c^2b - abc) = 0.$$

现在, 当 $h = a + b + c$ 可以进行代换

$$\begin{aligned} OH^2 - 4R^2 = |a+b+c|^2 - 4 &= (a+b+c)\left(\frac{1}{a} + \frac{1}{b} + \frac{1}{c}\right) - 4 \\ &= \frac{(a+b+c)(bc+ca+ab)}{abc} - 4 \\ &= \frac{a^2b + a^2c + b^2c + b^2a + c^2a + c^2b - abc}{abc}. \end{aligned}$$

所以当 $abc(a-c) \neq 0$ 时就出现了我们所期待的结果

$$OH = 2R \iff \sum_{\text{cyc}} a^2b + a^2c = abc \iff D, E, F \text{ 共线}.$$

$\square$

变形 24.4. 设 $\triangle ABC$ 的外接圆 ω, 点 M, N, P 分别是 BC, CA, AB 边的中点, 设直线与圆 ω 切于点 A 且与直线 NP 交于点 A_1. 用相同的方式定义 B_1 和 C_1. 证明: 点 A_1, B_1, C_1 共线且三点确定的直线垂直于 $\triangle ABC$ 的欧拉线.

证明 不失一般性, 假设 ω 是单位圆. 点 O 和 H 分别是 $\triangle ABC$ 的外接圆圆心和垂心.

$$\frac{a_1 - b_1}{\overline{a_1} - \overline{b_1}} = -\frac{h - o}{\overline{h} - \overline{o}},$$

这将会用到 $A_1B_1 \perp OH$ 且由于对称性我们同样可以得到 $C_1A_1 \perp OH$, 这就完成了证明. 因为 $h = a + b + c$, 我们开始计算

$$\frac{h-o}{\overline{h}-\overline{o}} = \frac{a+b+c}{\frac{1}{a} + \frac{1}{b} + \frac{1}{c}} = \frac{abc(a+b+c)}{bc+ca+ab}.$$

现在我们容易看到 $n = \dfrac{a+c}{2}$ 和 $p = \dfrac{a+b}{2}$ 在直线 NP 可以得到等式

$$\frac{z-p}{\overline{z}-\overline{p}} = \frac{p-n}{\overline{p}-\overline{n}} \implies \frac{z - \dfrac{a+b}{2}}{\overline{z} - \dfrac{a+b}{2ab}} = \frac{\dfrac{b-c}{2}}{\dfrac{c-b}{2bc}} = -bc$$

可以简化为

$$z = \frac{(a+b)(a+c)}{2a} - bc\overline{z}.$$

我们同样知道圆 ω 在点 A 的切线存在等式
$$z = 2a - a^2\bar{z},$$
所以
$$\frac{(a+b)(a+c)}{2a} - bc\overline{a_1} = 2a - a^2\overline{a_1} \implies \overline{a_1} = \frac{3a^2 - bc - ca - ab}{2a(a^2 - bc)}.$$
相同地,
$$\overline{b_1} = \frac{3b^2 - bc - ca - ab}{2b(b^2 - ca)},$$
所以
$$\overline{a_1} - \overline{b_1} = \frac{b(b^2 - ca)(3a^2 - bc - ca - ab) - a(a^2 - bc)(3b^2 - bc - ca - ab)}{2ab(a^2 - bc)(b^2 - ca)}.$$
我们怎样才能更简便地考虑
$$b(b^2 - ca)(3a^2 - bc - ca - ab) - a(a^2 - bc)(3b^2 - bc - ca - ab)$$
这个问题呢？牢记我们想要得到的
$$\frac{a_1 - b_1}{\overline{a_1} - \overline{b_1}} = -\frac{h - o}{\bar{h} - \bar{o}} = -\frac{abc(a + b + c)}{bc + ca + ab},$$
似乎我们想要得到 $\overline{a_1} - \overline{b_1}$ 还需要 $bc + ca + ab$ 这个条件. 牢记这点, 我们记下
$$\begin{aligned} & b(b^2 - ca)(3a^2 - bc - ca - ab) - a(a^2 - bc)(3b^2 - bc - ca - ab) \\ =\ & (bc + ca + ab)(a(a^2 - bc) - b(b^2 - ac)) + 3ab(a(b^2 - ca) - b(a^2 - bc)) \\ =\ & (bc + ca + ab)(a^3 - b^3) + 3ab(b - a)(bc + ca + ab) \\ =\ & (a - b)^3(bc + ca + ab), \end{aligned}$$
这样
$$\overline{a_1} - \overline{b_1} = \frac{(a - b)^3(bc + ca + ab)}{2ab(a^2 - bc)(b^2 - ca)},$$
就会产生我们期待的等式
$$\frac{a_1 - b_1}{\overline{a_1} - \overline{b_1}} = \frac{\dfrac{c(b - a)^3(a + b + c)}{2(a^2 - bc)(b^2 - ca)}}{\dfrac{(a - b)^3(bc + ca + ab)}{2ab(a^2 - bc)(b^2 - ca)}} = -\frac{abc(a + b + c)}{bc + ca + ab} = -\frac{h - o}{\bar{h} - \bar{o}}.$$

□

变形 24.5. 设 $ABCDEF$ 为凸六边形，$\angle B + \angle D + \angle F = 360°$ 并且 $AB \cdot CD \cdot EF = BC \cdot DE \cdot FA$. 证明:

$$BC \cdot AE \cdot FD = CA \cdot EF \cdot DB.$$

证明 注意

$$\frac{c-b}{|c-b|} = e^{i\angle B} \frac{a-b}{|a-b|},$$

$$\frac{e-d}{|e-d|} = e^{i\angle D} \frac{c-d}{|c-d|},$$

$$\frac{a-f}{|a-f|} = e^{i\angle F} \frac{e-f}{|e-f|},$$

等式相乘后注意

$$\angle B + \angle D + \angle F = 360° \Longrightarrow e^{i(\angle B + \angle D + \angle F)} = 1,$$

$$AB \cdot CD \cdot EF = BC \cdot DE \cdot FA \Longrightarrow |c-b||e-d||a-f| = |a-b||c-d||e-f|.$$

我们发现

$$(b-c)(d-e)(f-a) = (a-b)(c-d)(e-f),$$

重新组合之后又发现

$$(b-c)(a-e)(f-d) = (c-a)(e-f)(d-b).$$

等式两边再进行替换就完成了证明. $\square$

变形 24.6. (2000 年国际数学奥林匹克竞赛) 设 AH_1, BH_2, CH_3 是锐角 $\triangle ABC$ 的高. 内切圆分别交 BC, AC 和 AB 于点 T_1, T_2 和 T_3. 分别考虑直线 H_1H_2, H_2H_3 和 H_3H_1 关于直线 T_1T_2, T_2T_3 和 T_3T_1 的对称直线. 证明: 这些对称直线构成的三角形的顶点在 $\triangle ABC$ 内切圆上.

证明 ω 为 $\triangle ABC$ 的内切圆，不失一般性，设 ω 是单位圆. 现在，我们有

$$a = \frac{2t_2 t_3}{t_2 + t_3},$$
$$b = \frac{2t_1 t_3}{t_1 + t_3},$$
$$c = \frac{2t_1 t_2}{t_1 + t_2}.$$

因为 H_2 是 B 在圆 ω 的切线 T_2 (我们可以把它看作为 ω 的 "弦" T_2T_2) 上的投影, 所以我们有

$$h_2 = \frac{1}{2}\left(b + 2t_2 - t_2^2\overline{b}\right) = \frac{t_2t_3 + t_3t_1 + t_1t_2 - t_2^2}{t_1 + t_3}.$$

现在设点 P_2 是点 H_2 关于直线 T_2T_3 的对称点, 然后得到

$$p_2 = t_2 + t_2 - t_2t_3\overline{h_2} = \frac{t_1(t_2^2 + t_3^2)}{t_2(t_1 + t_3)}.$$

设点 P_3 是点 H_3 关于直线 T_2T_3 的对称点, 我们可以轻松地得到

$$p_3 = \frac{t_1(t_2^2 + t_3^2)}{t_3(t_1 + t_2)}.$$

因此

$$p_2 - p_3 = \frac{t_1^2(t_3 - t_2)(t_2^2 + t_3^2)}{t_2t_3(t_1 + t_3)(t_1 + t_2)},$$

并且我们可以计算

$$\frac{p_2 - p_3}{\overline{p_2} - \overline{p_3}} = \frac{\dfrac{t_1^2(t_3 - t_2)(t_2^2 + t_3^2)}{t_2t_3(t_1 + t_3)(t_1 + t_2)}}{\dfrac{(t_2 - t_3)(t_2^2 + t_3^2)}{t_2t_3(t_1 + t_3)(t_1 + t_2)}} = -t_1^2.$$

现在设 Z 为 P_2P_3 与 ω 的交点. 因为 Z 在直线 P_2P_3 上, 我们有

$$\frac{z - p_2}{\overline{z} - \overline{p_2}} = \frac{p_2 - p_3}{\overline{p_2} - \overline{p_3}} = -t_1^2.$$

更多地, 因为 Z 在 ω 上我们有 $\overline{z} = \dfrac{1}{z}$. 因此我们得到

$$\frac{z - p_2}{\dfrac{1}{z} - \overline{p_2}} = -t_1^2 \implies z^2 - (p_2 + t_1^2\overline{p_2})z + t_1^2 = 0.$$

通过计算得

$$p_2 + t_1^2\overline{p_2} = \frac{t_1(t_2^2 + t_3^2)}{t_2t_3},$$

通过二次公式我们马上就可以得到 z 可能是 $\dfrac{t_1t_2}{t_3}$ 或者 $\dfrac{t_1t_3}{t_2}$. 根据对称性, 这就意味着顶点在直线 P_1P_2, P_2P_3, P_3P_1 上 (依据 P_1 位置定义 P_2 和 P_3), 其复坐标为 $\dfrac{t_1t_2}{t_3}, \dfrac{t_2t_3}{t_1}, \dfrac{t_3t_1}{t_2}$, 正如我们期待的, 它们都在 ω 上. $\square$

变形 24.7. (科斯敏·波诺塔, 2014 年美国数学奥林匹克竞赛) $\triangle ABC$ 的垂心为 H 且设点 P 为 $\triangle AHC$ 的外接圆与 $\angle BAC$ 平分线的第二个交点. 设 X 为 $\triangle APB$ 外接圆圆心且 Y 为 $\triangle APC$ 的垂心. 证明: 线段 XY 与 $\triangle ABC$ 外接圆半径相等.

证明 $\triangle ABC$ 的外接圆为 ω, 不失一般性, 假设 ω 是单位圆, 点 A, B, C 的复坐标分别为 a^2, b^2, c^2, 其中 a, b, c 为复数. 我们知道 H 关于 AC 的对称点在 ω 上, 所以 ω 是 $\triangle AHC$ 的外接圆关于 AC 对称的圆. 因此 P 关于 AC 对称的 P' 在 ω 上. 设 M 为不包括点 A 的那段在 ω 上的 $\overset{\frown}{BC}$ 的中点, 设 M' 为 M 关于 AC 的对称点. 已知

$$m = -bc,$$

所以

$$m' = a^2 + c^2 + \frac{a^2 c}{b}.$$

现在因为 P' 在 AM' 上, 我们可以得到

$$\frac{p' - a^2}{\overline{p'} - \overline{a}^2} = \frac{m' - a^2}{\overline{m'} - \overline{a}^2}.$$

通过简单地计算可得

$$\frac{m' - a^2}{\overline{m'} - \overline{a}^2} = \frac{\dfrac{c(bc + a^2)}{b}}{\dfrac{bc + a^2}{a^2 c^2}} = \frac{a^2 c^3}{b}.$$

并且当 P' 在 ω 上时已知 $\overline{p'} = \dfrac{1}{p'}$ 那么

$$\frac{p' - a^2}{\overline{p'} - \overline{a}^2} = \frac{p' - a^2}{\dfrac{1}{p'} - \dfrac{1}{a^2}} = -a^2 p',$$

所以

$$p' = -\frac{c^3}{b}.$$

因此

$$p = a^2 + c^2 - a^2 c^2 \overline{p'} = a^2 + c^2 + \frac{a^2 b}{c}.$$

现在可以清晰地看到 $\triangle APC$ 的外接圆圆心和 $\triangle ABC$ 的外接圆圆心关于 AC 对称,因此它的复坐标为 $a^2 + c^2$. 由此可以得到

$$y + 2(a^2 + c^2) = a^2 + c^2 + p \Longrightarrow y = \frac{a^2 b}{c}.$$

现在有两种方式继续进行,可以通过我们要证明的这个等式 $|x - y| = 1$ 猜测出 x 的坐标. 然而,我们提供了一个明确的算法. $\triangle A_1 B_1 P_1$ 是在复平面上由 $\triangle ABP$ 通过 $-a^2$ 平移得到的,所以

$$a_1 = 0,$$
$$b_1 = b^2 - a^2,$$
$$p_1 = \frac{c^3 + a^2 b}{c}.$$

这样的话 $\triangle A_1 B_1 P_1$ 的外接圆圆心的复坐标为

$$\begin{aligned}
\frac{b_1 p_1 (\overline{b_1} - \overline{p_1})}{\overline{b_1} p_1 - b_1 \overline{p_1}} &= \frac{\left(\dfrac{c^3 + a^2 b}{c}\right)(b^2 - a^2)\left(\dfrac{c^3 + a^2 b}{a^2 b c^2} - \dfrac{a^2 - b^2}{a^2 b^2}\right)}{\left(\dfrac{c^3 + a^2 b}{a^2 b c^2}\right)(b^2 - a^2) - \left(\dfrac{c^3 + a^2 b}{c}\right)\left(\dfrac{a^2 - b^2}{a^2 b^2}\right)} \\
&= \frac{(c^3 + a^2 b)(b^2 - a^2)(b + c)(a^2 b + bc^2 - ca^2)}{c(c^3 + a^2 b)(b^2 - a^2)(b + c)} \\
&= \frac{a^2 b}{c} + bc - a^2.
\end{aligned}$$

将三角形平移 a^2,我们有

$$x = \left(\frac{a^2 b}{c} + bc - a^2\right) + a^2 = \frac{a^2 b}{c} + bc.$$

因此就得到了我们想要的

$$XY = |x - y| = |bc| = 1 = R.$$

$\square$

变形 24.8. (2015 年欧洲女子数学奥林匹克竞赛) 设点 H 是锐角 $\triangle ABC$ 的垂心且点 G 是它的质心且有 $AB \neq AC$. 直线 AG 交 $\triangle ABC$ 于点 P. P' 是 P 关于 BC 的对称点. 证明: $\angle CAB = 60°$ 当且仅当 $HG = GP'$.

证明 不失一般性，$\triangle ABC$ 的外接圆为单位圆. 因为直线 AG 经过 BC 边的中点, 其复坐标为 $\dfrac{b+c}{2}$, 即可得到

$$\frac{p-a}{\overline{p}-\dfrac{1}{a}} = \frac{a-\dfrac{b+c}{2}}{\dfrac{1}{a}-\dfrac{b+c}{2bc}} = \frac{abc(2a-b-c)}{2bc-ab-ac}.$$

因为 P 在 $\triangle ABC$ 外接圆上, 我们有 $\overline{p}=\dfrac{1}{p}$, 因此

$$\frac{p-a}{\overline{p}-\dfrac{1}{a}} = \frac{p-a}{\dfrac{1}{p}-\dfrac{1}{a}} = -ap.$$

由此

$$p = -\frac{bc(2a-b-c)}{2bc-ab-ac}.$$

这样的话我们可以得到

$$p' = b+c-bc\overline{p} = b+c+\frac{2bc-ab-ac}{2a-b-c} = \frac{ab+ac-b^2-c^2}{2a-b-c}.$$

现在设点 M 为 $P'H$ 的中点. 因为 $h = a+b+c$ 可得

$$m = \frac{p'+h}{2} = \frac{a^2-b^2-c^2+ab+ac-bc}{2a-b-c},$$

所以 $g = \dfrac{a+b+c}{3}$, 我们得到

$$g - m = \frac{2b^2+2c^2-a^2+bc-2ab-2ac}{3(2a-b-c)}.$$

另一个简单的计算

$$h - p' = \frac{2(a^2-bc)}{2a-b-c}.$$

我们知道

$$GP' = GH \iff GM \perp P'H \iff \frac{h-p'}{g-m} = -\frac{\overline{h}-\overline{p'}}{\overline{g}-\overline{m}}.$$

但我们之前的式子表明

$$\frac{a^2-bc}{2b^2+2c^2-a^2+bc-2ab-2ac} = -\frac{bc(bc-a^2)}{2a^2c^2+2a^2b^2-b^2c^2+a^2bc-2abc^2-2ab^2c}.$$

利用交叉乘法分解出 $a^2 - bc$ 之后, 大多数被消下去了, 只剩下

$$2(b^3c + bc^3 + b^2c^2 - a^2b^2 - a^2c^2 - a^2bc) = 2(bc - a^2)(b^2 + bc + c^2).$$

因此

$$GP' = GH \iff (a^2 - bc)^2(b^2 + bc + c^2) = 0.$$

但是

$$bc - a^2 = \frac{abc\left(\dfrac{(a-c)^2}{ac} - \dfrac{c(a-b)^2}{ab}\right)}{c - b} = \frac{abc}{c - b} \cdot (AC - AB) \neq 0$$

且有

$$b^2 + bc + c^2 = 0 \iff \angle BAC = 60°$$

我们就完成了证明. 并且, 注意证明中约下去的 $2a - b - c$, 这样的约分是有意义的, 因为如果 $2a - b - c = 0$, 那么 BC 的中点将会变成 $\triangle ABC$ 的外接圆圆心并且 $\triangle ABC$ 就不是锐角三角形了. 证明完毕. □

下一个问题实际上是 G9 在 2006 年国际奥林匹克数学竞赛预选题上的. 然而, 复数的使用将简化这个问题!

变形 24.9. (2006 年国际数学奥林匹克竞赛) 点 A_1, B_1, C_1 分是在 $\triangle ABC$ 的三条边 BC, CA, AB 上的点. $\triangle AB_1C_1, \triangle BC_1A_1, \triangle CA_1B_1$ 的外接圆与 $\triangle ABC$ 的外接圆分别交于点 A_2, B_2, C_2. 点 A_3, B_3, C_3 是 A_1, B_1, C_1 分别关于 BC, CA, AB 中点的对称点. 证明: $\triangle A_2B_2C_2$ 和 $\triangle A_3B_3C_3$ 相似.

证明 因为 A_2 是线段 BC 与 C_1B_1 的旋转相似中心, 所以

$$a_2 = \frac{bb_1 - cc_1}{b + b_1 - c - c_1}.$$

相同地,

$$b_2 = \frac{cc_1 - aa_1}{c + c_1 - a - a_1},$$
$$c_2 = \frac{aa_1 - bb_1}{a + a_1 - b - b_1}.$$

$b_1 + b_3 = c + a$ 和 $c_1 + c_3 = a + b$ 也是容易得到的, 所以

$$b_3 - c_3 = (c + a - b_1) - (a + b - c_1) = c + c_1 - b - b_1.$$

相同地,
$$c_3 - a_3 = a + a_1 - c - c_1,$$
$$a_3 - b_3 = b + b_1 - a - a_1,$$

所以
$$a_2(b_3-c_3)+b_2(c_3-a_3)+c_2(a_3-b_3) = (cc_1-bb_1)+(aa_1-cc_1)+(bb_1-aa_1) = 0.$$

因此, $\triangle A_2 B_2 C_2$ 和 $\triangle A_3 B_3 C_3$ 就很明显地相似了. $\square$

变形 24.10. 四边形 $ABCD$ 为一个凸四边形, 其中 $AB = AC = BD$ 并且 $P = AC \cap BD$. 如果 O 和 X 分别为 $\triangle APB$ 的外接圆圆心和内切圆圆心, 证明: $XO \perp CD$.

证明 不失一般性, 假设 $\triangle ABP$ 的外接圆为一个单位圆, A, B, P 的复坐标分别为 a^2, b^2, p^2, 其中 a, b, p 为复数. 因为 $AC = AB$ 可以得到 $|c - a^2| = |b^2 - a^2|$, 所以
$$c - a^2 = e^{i\angle PAB}(b^2 - a^2).$$

然后有
$$\frac{x - a^2}{\overline{x} - \overline{a}^2} = e^{2i\angle XAB}\frac{b^2 - a^2}{\overline{b}^2 - \overline{a}^2} = -a^2 b^2 e^{i\angle PAB}.$$

当 $x = -bp - pa - ab$ 时, 存在
$$\frac{x - a^2}{\overline{x} - \overline{a}^2} = \frac{-(a+b)(a+p)}{-\dfrac{(a+b)(a+p)}{a^2 bp}} = a^2 bp,$$

所以
$$e^{i\angle PAB} = -\frac{p}{b} \implies c = \frac{a^2 b + a^2 p - b^2 p}{b}.$$

经过分析
$$d = \frac{b^2 a + b^2 p - a^2 p}{a}.$$

由此
$$c - d = \frac{a(a^2 b + a^2 p - b^2 p) - b(b^2 a + b^2 p - a^2 p)}{ab} = \frac{(a^2 - b^2)(bp + pa + ab)}{ab},$$

所以
$$\frac{c-d}{\overline{c}-\overline{d}} = \frac{\dfrac{(a^2-b^2)(bp+pa+ab)}{ab}}{\dfrac{(b^2-a^2)(a+b+p)}{a^2b^2p}} = -\frac{abp(bp+pa+ab)}{a+b+p}.$$

又因为
$$\frac{x-o}{\overline{x}-\overline{o}} = \frac{-bp-pa-ab}{-\dfrac{a+b+p}{abp}} = \frac{abp(bp+pa+ab)}{a+b+p},$$

所以
$$\frac{c-d}{\overline{c}-\overline{d}} = -\frac{x-o}{\overline{x}-\overline{o}}.$$

这就意味着它们是垂直的. □

变形 24.11. (1996 年中国) 设 H 是 $\triangle ABC$ 的垂心. 以 BC 为直径的圆 ω 过点 A, 作圆 ω 的切线交 ω 于 P 和 Q. 证明: P,Q,H 共线.

证明 设点 O 为 ω 的圆心. 不失一般性, 假设 ω 是单位圆且有 $b=-1$ 和 $c=1$. 因为 P 在 ω 上且 $AP \perp OP$, 可以得到

$$\frac{a-p}{\overline{a}-\overline{p}} = -\frac{p-o}{\overline{p}-\overline{o}} = -p^2.$$

将式子展开我们得到
$$\overline{a}p^2 - 2p + a = 0.$$

把它看作关于 p 的一个二次方程, 它的根很明显是 p 和 q. 因此, 由韦达定理有
$$p+q = \frac{2}{\overline{a}},$$
$$pq = \frac{a}{\overline{a}}.$$

现在设 H' 是过点 A 的 $\triangle ABC$ 的高与直线 PQ 的交点, 因此 H' 在 PQ 上, 可以得到
$$h' = p+q - pq\overline{h'} = \frac{2-a\overline{h'}}{\overline{a}}$$

并且因为 $AH' \perp BC$ 可以得到
$$\frac{h'-a}{\overline{h'}-\overline{a}} = -\frac{b-c}{\overline{b}-\overline{c}} = -1 \Longrightarrow h' = a + \overline{a} - \overline{h'}.$$

因此
$$\frac{2-a\overline{h'}}{\overline{a}} = a + \overline{a} - \overline{h'} \Longrightarrow \overline{h'} = \frac{a\overline{a} + \overline{a}^2 - 2}{\overline{a} - a}.$$
所以
$$h' = \frac{a\overline{a} + a^2 - 2}{a - \overline{a}}.$$
我们为了去证 $H' = H$, 意味着我们要证 $CH' \perp AB$. 但我们有
$$h' - c = h' - 1 = \frac{a\overline{a} + a^2 - 2 - a + \overline{a}}{a - \overline{a}} = \frac{(a+1)(a+\overline{a}-2)}{a-\overline{a}},$$
所以
$$\frac{h'-c}{\overline{h'}-\overline{c}} = \frac{\frac{(a+1)(a+\overline{a}-2)}{a-\overline{a}}}{\frac{(\overline{a}+1)(a+\overline{a}-2)}{\overline{a}-a}} = -\frac{a+1}{\overline{a}+1} = -\frac{a-b}{\overline{a}-\overline{b}}.$$
证明完毕. □

变形 24.12. (2014 年美国队选拔赛) 设 $ABCD$ 是一个圆的内接四边形, 且设 E, F, G 和 H 分别是 AB, BC, CD 和 DA 的中点. 设 W, X, Y 和 Z 分别是 $\triangle AHE$, $\triangle BEF$, $\triangle CFG$ 和 $\triangle DGH$ 的垂心. 证明: 四边形 $ABCD$ 和 $WXYZ$ 面积相同.

证明 设 O 是原点, 不失一般性, 假设 $ABCD$ 的外接圆是单位圆. 之后可以得到
$$e = \frac{a+b}{2},$$
$$h = \frac{d+a}{2}.$$
容易看出 $\triangle AHE$ 的外接圆圆心的复坐标为 $\frac{a}{2}$. 因此
$$w + 2 \cdot \frac{a}{2} = a + h + e = \frac{4a+b+d}{2} \Longrightarrow w = \frac{2a+b+d}{2}.$$
相同地,
$$x = \frac{2b+c+a}{2},$$
$$y = \frac{2c+d+b}{2},$$
$$z = \frac{2d+a+c}{2}.$$

现在将 $WXYZ$ 在复平面上平移 $-\dfrac{a+b+c+d}{2}$ 得到 $W'X'Y'Z'$. 可以轻松地得到 $[WXYZ] = [W'X'Y'Z']$. 我们有

$$w' = \frac{a-c}{2},$$
$$x' = \frac{b-d}{2},$$
$$y' = \frac{c-a}{2},$$
$$z' = \frac{d-b}{2}.$$

因为 $w' + y' = x' + z' = 0$, 可以得到 $W'X'Y'Z'$ 是平行四边形 O 为外接圆圆心, 所以

$$[W'X'Y'Z'] = 4[W'X'O] = \frac{\mathrm{i}}{4}\begin{vmatrix} a-c & \bar{a}-\bar{c} & 1 \\ b-d & \bar{b}-\bar{d} & 1 \\ 0 & 0 & 1 \end{vmatrix}$$
$$= \frac{\mathrm{i}}{4}(a\bar{b} + b\bar{c} + c\bar{d} + d\bar{a} - \bar{a}b - \bar{b}c - \bar{c}d - \bar{d}a)$$

更多地, 我们可以得到

$$[ABCD] = [ABC] + [ADC] = \frac{\mathrm{i}}{4}\begin{vmatrix} a & \bar{a} & 1 \\ b & \bar{b} & 1 \\ c & \bar{c} & 1 \end{vmatrix} + \frac{\mathrm{i}}{4}\begin{vmatrix} a & \bar{a} & 1 \\ d & \bar{d} & 1 \\ c & \bar{c} & 1 \end{vmatrix}$$
$$= \frac{\mathrm{i}}{4}(a\bar{b} + b\bar{c} + c\bar{d} + d\bar{a} - \bar{a}b - \bar{b}c - \bar{c}d - \bar{d}a)$$

这便证明出了 $[ABCD] = [W'X'Y'Z'] = [WXYZ]$. □

变形 24.13. (2010 年亚太地区数学奥林匹克竞赛) 设 $\triangle ABC$ 是锐角三角形, 且满足 $AB > BC$ 和 $AC > BC$. 设 O 和 H 分别是 $\triangle ABC$ 的外接圆圆心和垂心. 假设 $\triangle AHC$ 的外接圆交直线 AB 的另一点为 M, $\triangle AHB$ 的外接圆交 AC 的另一点为 N. 证明: $\triangle MNH$ 的外接圆圆心在直线 OH 上.

证明 不失一般性, 假设 $\triangle ABC$ 的外接圆为单位圆. 设 D 是 C 的垂足, 然后我们可以得到

$$\angle CMB = 180° - \angle AMC = 180° - \angle AHC = \angle CBM,$$

所以 $\triangle BCM$ 是等腰三角形且 M 是 B 关于 D 的对称点. 因为
$$d = \frac{1}{2}\left(a+b+c-\frac{ab}{c}\right),$$
我们有
$$m = 2d - b = a + c - \frac{ab}{c}.$$
相同地,
$$n = a + b - \frac{ac}{b}.$$
将 $\triangle MNH$ 在复平面上平移 $-a-b-c$ 得到 $\triangle M'N'O$, 因此
$$m' = -\frac{b(a+c)}{c},$$
$$n' = -\frac{c(a+b)}{b}.$$
因为 $h = a+b+c$, 将 H 平移到 O 并且 O 是 H 关于 O 的对称点, 所以保留线段 OH. 这就意味着 $\triangle M'N'O$ 的外接圆圆心 P 在直线 OH 上. 但我们有
$$p = \frac{\left(\frac{b(a+c)}{c}\right)\left(\frac{c(a+b)}{b}\right)\left(\frac{a+b}{ac}-\frac{a+c}{ab}\right)}{\left(\frac{a+c}{ab}\right)\left(\frac{c(a+b)}{b}\right)-\left(\frac{a+b}{ac}\right)\left(\frac{b(a+c)}{c}\right)} = -\frac{bc(a+b+c)}{b^2+bc+c^2}.$$

这样的话, 共轭就产生了
$$\frac{p-o}{\overline{p}-\overline{o}} = \frac{-\dfrac{bc(a+b+c)}{b^2+bc+c^2}}{-\dfrac{bc+ca+ab}{a(b^2+bc+c^2)}} = \frac{abc(a+b+c)}{bc+ca+ab} = \frac{h-o}{\overline{h}-\overline{o}}$$

这就证明了我们所期望的共线. $\square$

我们通过一个很难的国际奥林匹克问题结束这一章, 它在**第十四章**出现过.

变形 24.14. (**2011 年国际数学奥林匹克竞赛**) 设锐角 $\triangle ABC$ 的外接圆为 $\varGamma$, ℓ 为 $\varGamma$ 的切线, 并且分别设 ℓ_a, ℓ_b 和 ℓ_c 是直线 ℓ 分别关于 BC, CA 和 AB 对称的直线. 证明: 由 ℓ_a, ℓ_b 和 ℓ_c 构成的三角形的外接圆和 $\varGamma$ 相切.

证明 设 ℓ 是 $\varGamma$ 上点 P 的切线, 不失一般性, 假设 P 在 $\varGamma$ 的劣弧 $\overset{\frown}{BC}$ 上. 设 $A_1 = \ell_b \cap \ell_c$, 用相似的方法定义 B_1 和 C_1. 为了证明两个圆相切, 一种方法是找到两个位似的三角形和它们的外接圆, 且位似中心在其中一个圆上.

有了这个思路，我们先找到一条 Γ 上平行于 ℓ_a 的弦. 由 ℓ 和 BC 构成的角满足 $\dfrac{|\widehat{PB}-\widehat{PC}|}{2}$. 因此如果 B_2 是劣弧 $\widehat{AC}$ 上的点，使得 $\widehat{B_2C}=\widehat{PC}$，并且 C_2 是劣弧 $\widehat{AB}$ 上的点，使得 $\widehat{C_2B}=\widehat{PB}$，那么由 B_2C_2 和 BC 构成的角也满足 $\dfrac{|\widehat{C_2B}-\widehat{B_2C}|}{2}=\dfrac{|\widehat{PB}-\widehat{PC}|}{2}$. 因此 $B_2C_2 \parallel \ell_a$，并且类似地定义 A_2，我们知道 $\triangle A_1B_1C_1$ 和 $\triangle A_2B_2C_2$ 位似. 因此，这足够证明 S 是 $\triangle A_2B_2C_2$ 到 $\triangle A_1B_1C_1$ 位似中心 (也就是圆 Γ 和 $\triangle A_1B_1C_1$ 相切) 在 Γ 上 (这样的话也就是说 S 是切点). 我们使用复数.

设 O 为 Γ 的圆心. 不失一般性，假设 Γ 是单位圆并且 $p=1$. 因为 A 是 $\widehat{PA_2}$ 的中点，我们有

$$a_2 p = a^2 \implies a_2 = a^2.$$

相同地，

$$b_2 = b^2,$$
$$c_2 = c^2.$$

现在在直线 ℓ 上满足等式

$$z = 2 - \overline{z}.$$

因为 A_1 关于 Γ 的弦 AB 的对称点在 ℓ 上，我们有

$$a + b - ab\overline{a_1} = 2 - \frac{1}{a} - \frac{1}{b} + \frac{a_1}{ab},$$

等式两边同乘 ab 并且整理之后我们得到

$$a_1 = a^2 b^2 \overline{a_1} + 2ab - a^2 b - ab^2 - a - b.$$

相同地，

$$a_1 = a^2 c^2 \overline{a_1} + 2ac - a^2 c - ac^2 - a - c,$$

所以

$$a^2(b-c)(b+c)\overline{a_1} = (b-c)(-2a + a^2 + ab + ac + 1).$$

这就意味着

$$\overline{a_1} = \frac{1}{a} + \frac{(a-1)^2}{a^2(b+c)} \implies a_1 = a + \frac{bc(a-1)^2}{b+c}.$$

现在线段 A_1A_2 交 Γ 的另一点为 T, 我们得到
$$\frac{t-a_2}{\bar{t}-\overline{a_2}}=\frac{a_1-a_2}{\overline{a_1}-\overline{a_2}}.$$

但
$$a_1-a_2=a(1-a)+\frac{bc(a-1)^2}{b+c}=\frac{(1-a)(bc+ca+ab-abc)}{b+c},$$

所以
$$\frac{a_1-a_2}{\overline{a_1}-\overline{a_2}}=\frac{\dfrac{(1-a)(bc+ca+ab-abc)}{b+c}}{\dfrac{(a-1)(a+b+c-1)}{a^2(b+c)}}=-\frac{a^2(bc+ca+ab-abc)}{a+b+c-1}.$$

更多地,
$$\frac{t-a_2}{\bar{t}-\overline{a_2}}=\frac{t-a_2}{\dfrac{1}{t}-\dfrac{1}{a_2}}=-a_2 t=-a^2 t,$$

所以
$$t=\frac{bc+ca+ab-abc}{a+b+c-1}.$$

因为 t 的坐标对称于 a,b,c, 我们知 T 也在直线 B_1B_2 和 C_1C_2 上, 因此 T 是 $\triangle A_2B_2C_2$ 和 $\triangle A_1B_1C_1$ 的位似中心. 通过定义 T 在圆 Γ 上, 我们就完成了证明. □

习题

24.1. (2014 年美国队选拔赛) 设 $\triangle ABC$ 是一个锐角三角形, X 是 $\triangle ABC$ 外接圆的劣弧 $\overset{\frown}{BC}$ 上的一点. 设 P 和 Q 分别是过 X 在直线 CA 和 CB 上的垂足. 设 R 是直线 PQ 与过点 B 向 AC 的垂线的交点. 设 ℓ 是过点 P 平行于 XR 的直线. 证明: X 在劣弧 $\overset{\frown}{BC}$ 上运动的过程中, 直线 ℓ 恒过一点.

24.2. (2011 年中国队选拔赛) 设 AA', BB', CC' 是锐角 $\triangle ABC$ 的外接圆的三条直径. 设 P 是 $\triangle ABC$ 内的任意一点, 并且 D, E, F 是 P 分别关于 BC, CA, AB 的正交投影. 设点 X 满足 D 是 $A'X$ 的中点, 点 Y 满足 E 是 $B'Y$ 的中点, 相同地, Z 满足 F 是 $C'Z$ 的中点. 证明: $\triangle XYZ$ 与 $\triangle ABC$ 相似.

24.3. 用复数证明布洛卡定理 (**定理 12.2**).

24.4. 设 $ABCD$ 是凸四边形, $P = AC \cap BD$. 如果 G_1, G_2 分别是 $\triangle DPA$ 和 $\triangle BPC$ 的质心并且 H_1, H_2 分别是 $\triangle APB$ 和 $\triangle CPD$ 的垂心, 证明: $G_1G_2 \perp H_1H_2$.

24.5. 证明: 无论凸四边形的顶点如何选择, 其任意顶点到其三个相对边投影的三角形的面积不变.

24.6. (2003 年英国数学奥林匹克竞赛) 设 ω 为 $\triangle ABC$ 的外接圆并且 ω 在点 A 处的切线交 BC 于 D. 设线段 AB 的垂直平分线过点 B 垂直于 BC 交于 E, 并且设 AC 的垂直平分线过点 C 垂直于 BC 交于点 F. 证明: 点 D, E, F 共线.

24.7. (2013 年美国数学奥林匹克竞赛预选题) 设 $\triangle ABC$ 内接于圆 ω, 并且 AB 和 AC 的中线分别交 ω 于 D 和 E. 设 O_1 是过点 D 且与 AC 切于点 C 的圆的圆心, 并且设 O_2 是过点 E 且与 AB 切于点 B 的圆的圆心. 证明: O_1, O_2 与 $\triangle ABC$ 的九点中心共线.

24.8. (2005 年国际数学奥林匹克竞赛预选题) 设 $\triangle ABC$ 为锐角三角形并且 $AB \neq AC$. 设 H 为 $\triangle ABC$ 的外接圆圆心, 并且 M 为 BC 的中点. 设 D 是 AB 边上的一点并且 E 是 AC 边上的一点使得 $AE = AD$ 并且点 D, H, E 在同一条直线上的. 证明: 直线 HM 垂直于 $\triangle ABC$ 和 $\triangle ADE$ 外接圆的公共弦.

第二十五章 立体几何

由于奥林匹克竞赛中涉及立体几何问题并不常见,因此经常会让竞赛者感到意外. 在许多情况下,三维几何问题仅仅是标准平面几何问题的类比. 然而,有时它们需要完全不同的方法.

我们将从立体几何的一些新应用开始. 回想一下,我们用三维的方法证明了蒙格定理,我们用梅涅劳斯定理和笛沙格定理做了同样的证明.

变形 25.1. (梅涅劳斯定理) 作 $\triangle ABC$, 点 D, E, F 分别为边 BC, CA, AB 在 $\triangle ABC$ 上的点. 点 D, E, F 共线当且仅当
$$\frac{BD}{CD} \cdot \frac{CE}{AE} \cdot \frac{AF}{BF} = -1.$$
其中我们使用向量.

证明 我们直接从定义开始. 假设点 D, E, F 共线,设 A' 是空间中直线 AA' 上的点正交于 $\triangle ABC$ 的平面. 设 B' 和 C' 是由平面 A', D, E, F 上的点确定的使得直线 BB' 和 CC' 正交于 $\triangle ABC$ 的平面. 现在, 注意, $\triangle BB'D$ 和 $\triangle CC'D$ 相似, 因此 $\frac{BD}{CD} = \frac{BB'}{CC'}$ (这些长度是无向的). 类似地, 我们发现 $\frac{CE}{AE} = \frac{CC'}{AA'}$ 和 $\frac{AF}{BF} = \frac{AA'}{BB'}$. 相乘得到
$$\frac{BD}{CD} \cdot \frac{CE}{AE} \cdot \frac{AF}{BF} = -\frac{BB'}{CC'} \cdot \frac{CC'}{AA'} \cdot \frac{AA'}{BB'} = -1,$$
证明完毕.

然后,通过使用虚点和直接含义,就可以很容易地显示出相反的情况. □

变形 25.2. (笛沙格定理) 作 $\triangle ABC$ 和 $\triangle DEF$, 并作 $X = BC \cap EF, Y = CA \cap FD, Z = AB \cap DE$. 则点 X, Y, Z 共线当且仅当直线 AD, BE, CF 相交.

证明 我们直接从定义开始. 假设直线 AD, BE, CF 相交于点 P. 假设 $\triangle ABC$ 和 $\triangle DEF$ 不是在同一个平面上. 设直线 ℓ 是由 $\triangle ABC$ 和 $\triangle DEF$ 确

定的平面的交线. 因为直线 BE 和 CF 相交于 P, 它们在同一个平面上, 因此是直线 BC 和 EF 相交于 ℓ. 类似地, 直线 CA 和 FD 相交于 ℓ, 并且直线 AB 和 DE 相交于 ℓ, 得证.

现在考虑 $\triangle ABC$ 和 $\triangle DEF$ 在同一平面的情况. 设点 G 为不在该平面上的一点, 并且点 G' 在直线 GA 上. 然后直线 DG 交直线 PG' 于点 A'. 我们用 $\triangle G'BC$ 和 $\triangle A'EF$ 在不同平面上的情况, 和点 E 的投影我们获得了期待的结果. 注意, 如果点 B,C,E,F 共线, 那么 $\triangle G'BC$ 和 $\triangle A'EF$ 仍然是共面, 但这很容易通过重复使用 B 而不是 A 的证明来纠正. 我们把相反的情况留给读者作为练习. □

既然我们已经热身了, 现在我们来做一些奥林匹克的题目吧!

变形 25.3. (1985 年美国数学奥林匹克竞赛) 设点 A,B,C,D 是空间中的四个点, 它们之间其中一个的最大距离 AB,BC,CD,DA,AC,BD 大于 1. 确定六个距离之和的最大值.

证明 不失一般性, 假设 $AB > 1$. 现在考虑两个以 A 和 B 为中心的球体, 每一个半径为 1. 点 C 和 D 一定在两个球里面. 当 C 是由两个球相交而成的圆时, 用标准方法得到 $AC + BC$ 的最大值. 类似地, D 也在这个圆上. 显然, 要使 CD 最大化, 这些点必须是圆上的对映点. 因此, 我们证明要得到最大的和, $ACBD$ 是边长为 1 的菱形. 现在, 注意 $AB^2 + CD^2 = 4$ 和 $CD \leqslant 1$. 你选择的不等式就会得到当这个 $AB + CD$ 是最大化时, $CD = 1$ 和 $AB = \sqrt{3}$, 当四边形 $ABCD$ 是一个由两个等边三角形组成的菱形时, $AC + BC$ 的最大值是 $5 + \sqrt{3}$. □

虽然实际上最后一个问题是用二维方法来解决的, 但对于三维问题也同样适用.

变形 25.4. (2014 保加利亚北方数学奥林匹克邀请赛) 实数 $f(X) \neq 0$ 分配给空间中的任一点 X. 众所周知, 对于任何四面体 $ABCD$, 存在点 O 为其内接球体的中心, 我们有:

$$f(O) = f(A)f(B)f(C)f(D).$$

对于所有点 X 有 $f(X) = 1$.

证明 设 P 为空间中任意一点, $ABCD$ 是以 P 为中心的正四面体, A',B',C',D' 分别为四面体 $BCDP, CDAP, DABP$ 和 $ABCP$ 内切球

的中心. 注意, 正四面体 $A'B'C'D'$ 的中心是 P, 用我们得到的公式

$$f(P) = f(A)f(B)f(C)f(D),$$

$$f(A') = f(P)f(B)f(C)f(D).$$

因此 $f(A)f(A') = f(P)^2$, 并且同样我们得出

$$f(A)f(A') = f(B)f(B') = f(C)f(C') = f(D)f(D') = f(P)^2.$$

现在注意

$$f(P) = f(A')f(B')f(C')f(D')$$

将 $f(P)^2$ 的四个表达式相乘我们得到

$$f(P)^2 = f(P)^8 \implies f(P) = \pm 1$$

现在, 假设矛盾之处是 $f(P) = -1$. 因为 $|f(A)| = |f(B)| = |f(C)| = |f(D)| = 1$, 在不失一般性的前提下我们可以假设 $f(A) = -1$ 并且 $f(B) = f(C) = f(D) = 1$. 设点 A_1, B_1, C_1, D_1 是点 A, B, C, D 在 $\triangle BCD$, $\triangle CDA$, $\triangle DAB$, $\triangle ABC$ 所确定平面上的投影点. 设 A_2, B_2, C_2, D_2 是正四面体 A_1BCD, AB_1CD, ABC_1D, $ABCD_1$ 的中心. 注意点 P 是正四面体 $A_1B_1C_1D_1$ 和 $A_2B_2C_2D_2$ 的中心. 多次应用公式得

$$f(A_2) = f(A_1),$$

$$f(B_2) = -f(B_1),$$

$$f(C_2) = -f(C_1),$$

$$f(D_2) = -f(D_1),$$

相乘得出

$$f(P) = f(A_2)f(B_2)f(C_2)f(D_2) = -f(A_1)f(B_1)f(C_1)f(D_1) = -f(P),$$

因此, 当 $f(P) = 1$ 时证毕. $\square$

变形 25.5. (1978 年美国数学奥林匹克竞赛) 证明: 如果四面体的六个二面角 (即互相面对的角) 对应相等, 那么这两个四面体全等, 如果给出五个二面角对应相等, 那么这对四面体全等吗?

证明 设四面体以点 O 为球心得内接球与面 BCD, CDA, DAB, ABC 分别交于点 W, X, Y, Z, 现在, 请注意, OW, OX, OY, OZ 线段所构成的角是四面体 $ABCD$ 二面角的补角, 因此都是相等的. 根据定义, $OW = OX = OY = OZ$, 根据正弦定理, 我们得到了

$$\frac{\sin\frac{\angle WOX}{2}}{WX} = \frac{\sin\frac{\angle WOY}{2}}{WY} = \frac{\sin\frac{\angle WOX}{2}}{WZ} = \frac{\sin\frac{\angle XOY}{2}}{XY} = \frac{\sin\frac{\angle ZOX}{2}}{ZX} = \frac{\sin\frac{\angle YOZ}{2}}{YZ},$$

所以 $WXYZ$ 是一个正四面体. 然后, 根据对称性, 四面体 $ABCD$ 也是正四面体.

对于问题的第二部分, 答案是否定的. 保留第一部分的作图, 如果 $WX = WY = XY = ZX = YZ \neq WZ$ (两个在边上相接的非共面等边三角形), 那么通过第一部分证明中找到的关系, 每个二面体除由平面 BCD 和 ABC 确定的角度外, 其余角度是相等的. □

变形 25.6. (2014 年美国数学奥林匹克竞赛) 四面体 $ABCD$ 内接球和外接球之一与面 BCD 交于点 X 和点 Y, 证明: $\triangle AXY$ 是钝角三角形.

证明 设 X' 是四面体 $ABCD$ 内接球上关于点 X 的反点. 然后由**定理 14.2** 在三维中的拓展, 可得点 A, X', Y 共线 (在二维中只需一个同位即可证明, 在三维中可以用完全相同的方法). 因此我们得到

$$\angle AXY = \angle AXX' + \angle YXX' = \angle AXX' + 90° > 90°.$$

故我们证得 $\triangle AXY$ 是钝角三角形. □

现在, 我们考虑一些非标准问题, 这些问题都涉及三维几何.

变形 25.7. 设有一个宽度为 w 的无限长条带. 证明: 如果一个圆盘能被宽为 $w_1, w_2, \ldots, w_n$ 的 n 条带覆盖. 然后它可以被一条宽度为 $\sum_{i=1}^{n} w_i$ 的带子覆盖.

证明 考虑一个球体, 设圆盘把它分成两个半球. 与每个条带相关联的是, 通过将条带垂直投影到两个半球而形成的球形条带. 如果条带盖住了圆盘, 那么条带就盖住了球体. 我们则说一个球面带的表面积与其宽度成正比. 要证明这一点, 请考虑以原点为中心的单位球体. 通过 $x = a$ 和 b 在 x 轴上的函数 $f(x) = \sqrt{1-x^2}$ 形成的带的表面积由下式给出:

$$\begin{aligned} 2\pi \int_a^b f(x)\sqrt{1+f'(x)^2}\,\mathrm{d}x &= 2\pi \int_a^b \sqrt{1-x^2}\sqrt{1+\frac{x^2}{1-x^2}}\,\mathrm{d}x \\ &= 2\pi(b-a), \end{aligned}$$

因此表面积仅基于所需的 $b - a$.

因此, 如果 s_i 表示条带的表面积, 宽度为 w_i, s 表示球体的表面积, d 表示其直径, 则
$$\sum_{i=1}^{n} \frac{w_i}{d} = \sum_{i=1}^{n} \frac{s_i}{s} \geqslant 1,$$
$\sum_{i=1}^{n} w_i \geqslant d$, 所以一个宽度条 $\sum_{i=1}^{n} w_i$ 覆盖圆盘. □

接下来, 我们将研究一个困难的三维问题, 这个问题涉及一些你不会经常看到的东西——方金字塔.

变形 25.8. 给出一个在有限空间内的金字塔 $ABCDS$. 设 $P = AB \cap CD$, $Q = AD \cap BC$. 金字塔的内接球分别与面 ABS 和 BCS 交于点 K 和 L. 证明: 若 PQ 和 KL 是共面的, 则内接球和平面 $ABCD$ 的切点在直线 BD 上.

证明 设 $\mathcal{S}$ 为四面体 $ABCDS$ 与面 $SCD, SDA, ABCD$ 分别相切于 M, N, R 的内接球. 通过切线相等引理, 我们有 $SK = SL = SM = SN$ 且有点 K, L, M, N 位于圆 ω 上, 与内接球 $\mathcal{S}$ 的球心 S 相交且半径为 SK. 设平面 $MNKL$ 分别与线 SA, SB, SC, SD 交于点 A', B', C', D'. 四边形 $A'B'C'D'$ 的内切圆 ω 与 $B'C', C'D', D'A', A'B'$ 分别相切于 L, M, N, K, 因此根据牛顿定理得 $A'C', B'D', NL, MK$ 交于点 T.

现在, 我们把极点和极线的概念推广到三维. 这里, 极点和极线是相对于球体取的, 点的极线是一个平面. 我们还介绍了共轭线的概念. 如果一条线上的任意点与其他线共轭, 则两条线是关于球共轭的. 花一些时间弄清楚在**第十二章**要证明的内容. 所有关于圆 $\mathcal{S}$ 的极点和极线以及共轭直线将在之后被证明.

很明显, 平面 RNL 和 RMK 分别是 P 和 Q 的面. 有两个平面相交于直线 RT, 我们有 PQ 和 RT 是共轭直线的. 如果 PQ 和 KL 是共面的, 则它们的共轭直线 RT 和 SB 也共面. 因此 S 向平面 $ABCD$ 的投影从 $T = A'C' \cap B'D'$ 到 $E = AC \cap BD$, 所以点 R 位于直线 BE 上, 因此在同一直线 BD 上, 得证.
□

下一个练习是一个非常精妙的问题, 来自最近的北美数学竞赛.

变形 25.9. (2014 年北美数学奥林匹克竞赛) 设一个 粉碎的盒子 为空间上具有六个面八个顶点的凸多面体. 证明: 如果一个盒子中 7 个点位于一个球体上,

那么第八个顶点也位于球体上.

证明 用 Q 表示第八个顶点. 用 P 表示与 Q 相反的点, 并用 A_1, A_2, A_3 表示连接到 P 的顶点. 用 B_1 表示同一平面 P, A_2, A_3 内的点, 类似地, 用 B_2 和 B_3 依次表示. 考虑以 P 为圆心的圆的反演, 在它们的符号右上角加一撇表示它们的反演. 足以证明 $A'_1, A'_2, A'_3, B'_1, B'_2, B'_3, Q'$ 是共面的. 因为四边形 $PA_2B_1A_3$ 是共圆的, 我们有点 A'_2, A'_3, B'_1 是共线的. 类似地, 点 A'_3, A'_1, B'_2 是共线的, 然后 A'_1, A'_2, B'_3 也是共线的. 现在, Q 是旋转四面体 $PA'_1B'_2B'_3$, $PA'_2B'_3B'_1$, $PA'_3B'_1B'_2$ 的球体的交点. 但是根据密克尔定理, B'_1, B'_2, B'_3 在 $\triangle A'_1A'_2A'_3$ 的边上, 我们有 $\triangle A'_1B'_2B'_3$, $\triangle A'_2B'_3B'_1$ 和 $\triangle A'_3B'_1B'_2$ 的外切圆交于 X. 因此, 点 X 位于前面讨论的三个球体上, 所以 $Q' = X$. 因此点 $A'_1, A'_2, A'_3, B'_1, B'_2, B'_3, Q'$ 是共面的, 得证. □

最后但并非不重要的是, 我们在这一章 (和这本书) 结束时提出了两个非常好的问题, 要求类似的事情: 证明三个长度代表了三角形的边长.

变形 25.10. (列夫 · 埃梅利亚诺夫, 图伊马达 · 亚库特, 2005 年数学奥林匹克竞赛) 在 $\triangle ABC$ 中, 设点 A_1, B_1, C_1 分别是外接圆和边 BC, CA, AB 的交点. 证明: AA_1, BB_1 和 CC_1 是三角形的边长.

证明 简单的解决方案当然是计算. 人们可以用复数或斯图尔定理自信地计算 AA_1, BB_1, CC_1 的精确长度, 用复数或斯特沃特定理计算, 之后问题就变成了代数操作.

但是, 我们提出一个新证法, 其中涉及三维几何. 考虑通过点 A 的直线平行于 BC, 通过点 B 的直线平行于 CA, 通过点 C 的直线平行于 AB. 设 $\triangle A'B'C'$ 是由此获得的三角形, 这通常被称为 $\triangle ABC$ 的反互补三角形 (因为 $\triangle ABC$ 是 $\triangle A'B'C'$ 的中点三角形). 此外, 设 D, E, F 分别是 $\triangle ABC$ 与 BC, CA, AB 的切点. 由于外周与边的切点是 D, E, F 关于 BC, CA, AB 的中点的对称点, 我们得到 $A'D = AA_1$, $B'E = BB_1$ 与 $C'F = CC_1$. 现在, 将与 $\triangle ABC$ 全等的 $\triangle A'BC$, $\triangle B'CA$, $\triangle C'AB$ 折叠成底面为 $\triangle ABC$ 的四面体, 使 A', B', C', P 为相同的点, 前面的等式分别为 $PD = AA_1$, $PE = BB_1$ 和 $PF = CC_1$. 但从另一方面来说, $PD > EF$, 因为 EF 是内切圆的弦, 而 PD 是 $\triangle ABC$ 的一个高的最小长度. 因此

$$PD + PE > EF + PE > PF.$$

我们得到 $PE + PF > PD$ 且 $PF + PD > PE$, 这证明了 $PD = AA_1, PE = $

$BB_1, PF = CC_1$ 是三角形的边长.

以上的解决方案取自我们以前的工作, 即《110 个几何问题: 选自各国数学奥林匹克竞赛》; 如果读者喜欢这本书, 那么我们推荐读者也去看看那本书, 这本书快结束了, 我们还有最后一个问题要向读者展示.

变形 25.11. 在正四面体 $ABCD$ 上, 设 M 为平面 ABC 上的一点, N 为平面 ACD 上的一点. 证明: BN, DM 和 MN 表示三角形的边长.

证明 这个思路是考虑点 $E \in \mathbb{R}^4$ (四维欧氏空间), 使单形 $EABCD$ 是正的. 换句话说, 选择一个点 $E \in \mathbb{R}^4$, 使线段 EA, EB, EC, ED, AB (以及 AC, AD, BC, BD, CD) 的长度都是相等的. 我们把找出为什么 E 必须存在这样一点的问题作为一个练习 (提示: 想想 $\mathbb{R}^4$ 中的距离公式, 根据引理写一个方程组). 然后, 四面体 $EABC$ 和 $DABC$ 相似, 所以 $EM = DM$; 同样四面体 $EACD$ 和 $BACD$ 是相似的, $EN = BN$. 因此, BN, DM 和 MN 表示 $\triangle EMN$ 的边长. 这就完成了证明.

$\square$

有点意外吧? 下面是上述问题的原始版本, 从某种意义上说, 它应该为上述解决方案提供一些思路.

设 $\triangle ABC$ 是一个等边三角形, AB 边上有一点 M, AC 边上有一点 N. BN, CM 和 MN 是三角形的边长吗?

当然, 这里 E 为 $\mathbb{R}^3$ 中一点, 使得 $EABC$ 是一个正四面体 (为什么这又存在了? 这一点是唯一的吗? 上述证明中 $E \in \mathbb{R}^4$ 的观点是否必须是唯一的?) 同样, $\triangle ABC$ 和 $\triangle ABE$ 是相似的, $\triangle ACB$ 和 $\triangle ACE$ 也是相似的. 因此, $BN = EN$ 和 $CM = EM$, 因此边长为 BN, CM 和 MN 的三角形实际上是 $\triangle EMN$.

参考文献

[1] A. Bogomolny, Fagnano's Problem: What is it?
http://www.cut-the-knot.org/Curriculum/Geometry/Fagnano.shtml.

[2] A. Bogomolny, Fagnano's Problem: Morley's Miracle
http://www.cut-the-knot.org/triangle/Morley/index.shtml.

[3] A. Bogomolny, An Old Japanese Theorem:
http://www.cut-the-knot.org/proofs/jap.shtml.

[4] N. A. Court, *College Geometry*, Dover reprint, 2007.

[5] H. S. M. Coxeter, *Introduction to Geometry*, Wiley, 1969.

[6] R. Courant and H. Robbins, *What is Mathematics?: An Elementary approach to Ideas and Methods*, Oxford Univesity Press, 1941.

[7] H. Dorrie, *Mathematische Miniaturen*, Wiesbaden, 1969.

[8] E. Daneels, N. Dergiades, A theorem on orthology centers, *Forum Geom.*, **4** (2004), 135-141.

[9] J.-P. Ehrmann, Hyacinthos message 95, January 8, 2000.

[10] R. Gologan, M. Andronache, M. Balună, C. Popescu, D. Schwarz, D. Șerbanescu, Problem 1, the 5th Romanian IMO Team Selection Test, *Romanian Mathematical Competitions 2007*, Romanian Mathematical Society, 88-89.

[11] D. Grinberg, New Proof of the Symmedian Point to be the centroid of its pedal triangle, and the Converse.

[12] D. Grinberg, The Lamoen Circle.

[13] N. M. Ha, Another proof of van Lamoen's Theorem and its converse, *Forum Geom.*, **5** (2005), 127-132.

[14] M. Hajja, A short trigonometric proof of the Steiner-Lehmus theorem, *Forum Geom.*, **8** (2008), 39-42.

[15] A. Henderson, A classic problem in Euclidean geometry, *J. Elisha Mitchell Soc.*, (1937), 246-281.

[16] A. Henderson, The Lehmus-Steiner-Terquem problem in global survey, *Scripta Mathematica*, **21** (1955), 309-312.

[17] F. Holland, Another verification of Fagnano's theorem, *Forum Geom.*, **7** (2007), 207-210.

[18] R. Honsberger, *Episodes of 19th and 20th Century Euclidean Geometry*, Math. Assoc. America, 1995.

[19] R. A. Johnson, *Advanced Euclidean Geometry*, Dover reprint, 2007.

[20] N. D. Kazarinoff, *Geometric Inequalities*, Random House, New York, 1961.

[21] D. C. Kay, Nearly the last comment on the Steiner-Lehmus theorem, *Crux Math.*, **3** (1977), 148-149.

[22] C. Kimberling, Hyacinthos message 1, December 22, 1999.

[23] C. Kimberling, Triangle centers and central triangles, *Congressus Numeratium*, **129** (1998), 1-285.

[24] A. Letac, Solution to Problem 490, *Sphinx*, **9** (1939), 46.

[25] J. S. Mackay, History of a theorem in elementary geometry, *Edinb. Math. Soc. Proc.*, **20** (1902), 18-22.

[26] A. Myakishev and Peter Y. Woo, On the Circumcenters of Cevasix Configurations, *Forum Geom.*, **3** (2003) 57-63.

[27] M. H. Nguyen, Another proof of Fagnano's inequality, *Forum Geom.*, **4** (2004) 199-201.

[28] V. Nicula, C. Pohoaţă, On the Steiner-Lehmus theorem, *Journal for Geometry and Graphics*, 2008.

[29] C. Pohoaţă, A short proof of Lemoine's theorem, *Forum Geom.*, **8** (2008), 97-98.

[30] L. Panaitopol, M. E. Panaitopol, *Probleme de Geometrie Plană* (in Romanian), GIL reprint, 2007.

[31] H. Rademacher and O. Toeplitz, *The Enjoyment of Mathematics*, Princeton University Press, 1957.

[32] K. R. S. Sastry, A Gergonne analogue of the Steiner-Lehmus theorem, *Forum Geom.*, **5** (2005), 191-195.

[33] L. Sauve, The Steiner-Lehmus theorem, *Crux Math.*, **2** (1976), 19-24.

[34] D. O. Shklyarsky, N. N. Chentsov, Y.M.Yaglom, *Selected Problems and Theorems of Elementary Mathematics*, vol. 2, Moscow, 1952.

[35] C. W. Trigg, A bibliography of the Steiner-Lehmus theorem, *Crux Math.*, **2** (1976), 191-193.

[36] B. Work, Hyacinthos message 19, December 27, 1999.

[37] P. Yiu, *Introduction to the Geometry of the Triangle*, Florida Atlantic University Lecture Notes, 2001.

刘培杰数学工作室
已出版(即将出版)图书目录——初等数学

书 名	出版时间	定 价	编号
新编中学数学解题方法全书(高中版)上卷(第2版)	2018—08	58.00	951
新编中学数学解题方法全书(高中版)中卷(第2版)	2018—08	68.00	952
新编中学数学解题方法全书(高中版)下卷(一)(第2版)	2018—08	58.00	953
新编中学数学解题方法全书(高中版)下卷(二)(第2版)	2018—08	58.00	954
新编中学数学解题方法全书(高中版)下卷(三)(第2版)	2018—08	68.00	955
新编中学数学解题方法全书(初中版)上卷	2008—01	28.00	29
新编中学数学解题方法全书(初中版)中卷	2010—07	38.00	75
新编中学数学解题方法全书(高考复习卷)	2010—01	48.00	67
新编中学数学解题方法全书(高考真题卷)	2010—01	38.00	62
新编中学数学解题方法全书(高考精华卷)	2011—03	68.00	118
新编平面解析几何解题方法全书(专题讲座卷)	2010—01	18.00	61
新编中学数学解题方法全书(自主招生卷)	2013—08	88.00	261
数学奥林匹克与数学文化(第一辑)	2006—05	48.00	4
数学奥林匹克与数学文化(第二辑)(竞赛卷)	2008—01	48.00	19
数学奥林匹克与数学文化(第二辑)(文化卷)	2008—07	58.00	36′
数学奥林匹克与数学文化(第三辑)(竞赛卷)	2010—01	48.00	59
数学奥林匹克与数学文化(第四辑)(竞赛卷)	2011—08	58.00	87
数学奥林匹克与数学文化(第五辑)	2015—06	98.00	370
世界著名平面几何经典著作钩沉——几何作图专题卷(共3卷)	2022—01	198.00	1460
世界著名平面几何经典著作钩沉——民国平面几何老课本	2011—03	38.00	113
世界著名平面几何经典著作钩沉——建国初期平面三角老课本	2015—08	38.00	507
世界著名解析几何经典著作钩沉——平面解析几何卷	2014—01	38.00	264
世界著名数论经典著作钩沉——算术卷	2012—01	28.00	125
世界著名数学经典著作钩沉——立体几何卷	2011—02	28.00	88
世界著名三角学经典著作钩沉——平面三角卷Ⅰ	2010—06	28.00	69
世界著名三角学经典著作钩沉——平面三角卷Ⅱ	2011—01	38.00	78
世界著名初等数论经典著作钩沉——理论和实用算术卷	2011—07	38.00	126
世界著名几何经典著作钩沉——解析几何卷	2022—10	68.00	1564
发展你的空间想象力(第3版)	2021—01	98.00	1464
空间想象力进阶	2019—05	68.00	1062
走向国际数学奥林匹克的平面几何试题诠释.第1卷	2019—07	88.00	1043
走向国际数学奥林匹克的平面几何试题诠释.第2卷	2019—09	78.00	1044
走向国际数学奥林匹克的平面几何试题诠释.第3卷	2019—03	78.00	1045
走向国际数学奥林匹克的平面几何试题诠释.第4卷	2019—09	98.00	1046
平面几何证明方法全书	2007—08	48.00	1
平面几何证明方法全书习题解答(第2版)	2006—12	18.00	10
平面几何天天练上卷·基础篇(直线型)	2013—01	58.00	208
平面几何天天练中卷·基础篇(涉及圆)	2013—01	28.00	234
平面几何天天练下卷·提高篇	2013—01	58.00	237
平面几何专题研究	2013—07	98.00	258
平面几何解题之道.第1卷	2022—05	38.00	1494
几何学习题集	2020—10	48.00	1217
通过解题学习代数几何	2021—04	88.00	1301
最新世界各国数学奥林匹克中的平面几何试题	2007—09	38.00	14

刘培杰数学工作室
已出版(即将出版)图书目录——初等数学

书　名	出版时间	定　价	编号
数学竞赛平面几何典型题及新颖解	2010—07	48.00	74
初等数学复习及研究(平面几何)	2008—09	68.00	38
初等数学复习及研究(立体几何)	2010—06	38.00	71
初等数学复习及研究(平面几何)习题解答	2009—01	58.00	42
几何学教程(平面几何卷)	2011—03	68.00	90
几何学教程(立体几何卷)	2011—07	68.00	130
几何变换与几何证题	2010—06	88.00	70
计算方法与几何证题	2011—06	28.00	129
立体几何技巧与方法(第2版)	2022—10	168.00	1572
几何瑰宝——平面几何500名题暨1500条定理(上、下)	2021—07	168.00	1358
三角形的解法与应用	2012—07	18.00	183
近代的三角形几何学	2012—07	48.00	184
一般折线几何学	2015—08	48.00	503
三角形的五心	2009—06	28.00	51
三角形的六心及其应用	2015—10	68.00	542
三角形趣谈	2012—08	28.00	212
解三角形	2014—01	28.00	265
三角函数	2024—10	38.00	1744
探秘三角形:一次数学旅行	2021—10	68.00	1387
三角学专门教程	2014—09	28.00	387
图天下几何新题试卷.初中(第2版)	2017—11	58.00	855
圆锥曲线习题集(上册)	2013—06	68.00	255
圆锥曲线习题集(中册)	2015—01	78.00	434
圆锥曲线习题集(下册·第1卷)	2016—10	78.00	683
圆锥曲线习题集(下册·第2卷)	2018—01	98.00	853
圆锥曲线习题集(下册·第3卷)	2019—10	128.00	1113
圆锥曲线的思想方法	2021—08	48.00	1379
圆锥曲线的八个主要问题	2021—10	48.00	1415
圆锥曲线的奥秘	2022—06	88.00	1541
论九点圆	2015—05	88.00	645
论圆的几何学	2024—06	48.00	1736
近代欧氏几何学	2012—03	48.00	162
罗巴切夫斯基几何学及几何基础概要	2012—07	28.00	188
罗巴切夫斯基几何学初步	2015—06	28.00	474
用三角、解析几何、复数、向量计算解数学竞赛几何题	2015—03	48.00	455
用解析法研究圆锥曲线的几何理论	2022—05	48.00	1495
美国中学几何教程	2015—04	88.00	458
三线坐标与三角形特征点	2015—04	98.00	460
坐标几何学基础.第1卷,笛卡儿坐标	2021—08	48.00	1398
坐标几何学基础.第2卷,三线坐标	2021—09	28.00	1399
平面解析几何方法与研究(第1卷)	2015—05	28.00	471
平面解析几何方法与研究(第2卷)	2015—06	38.00	472
平面解析几何方法与研究(第3卷)	2015—07	28.00	473
解析几何研究	2015—01	38.00	425
解析几何学教程.上	2016—01	38.00	574
解析几何学教程.下	2016—01	38.00	575
几何学基础	2016—01	58.00	581
初等几何研究	2015—02	58.00	444
十九和二十世纪欧氏几何学中的片段	2017—01	58.00	696
平面几何中考.高考.奥数一本通	2017—07	28.00	820
几何学简史	2017—08	28.00	833
四面体	2018—01	48.00	880
平面几何证明方法思路	2018—12	68.00	913
折纸中的几何练习	2022—09	48.00	1559
中学新几何学(英文)	2022—10	98.00	1562
线性代数与几何	2023—04	68.00	1633
四面体几何学引论	2023—06	68.00	1648

刘培杰数学工作室
已出版(即将出版)图书目录——初等数学

书　名	出版时间	定　价	编号
平面几何图形特性新析.上篇	2019—01	68.00	911
平面几何图形特性新析.下篇	2018—06	88.00	912
平面几何范例多解探究.上篇	2018—04	48.00	910
平面几何范例多解探究.下篇	2018—12	68.00	914
从分析解题过程学解题：竞赛中的几何问题研究	2018—07	68.00	946
从分析解题过程学解题：竞赛中的向量几何与不等式研究(全2册)	2019—06	138.00	1090
从分析解题过程学解题：竞赛中的不等式问题	2021—01	48.00	1249
二维、三维欧氏几何的对偶原理	2018—12	38.00	990
星形大观及闭折线论	2019—03	68.00	1020
立体几何的问题和方法	2019—11	58.00	1127
三角代换论	2021—05	58.00	1313
俄罗斯平面几何问题集	2009—08	88.00	55
俄罗斯立体几何问题集	2014—03	58.00	283
俄罗斯几何大师——沙雷金论数学及其他	2014—01	48.00	271
来自俄罗斯的5000道几何习题及解答	2011—03	58.00	89
俄罗斯初等数学问题集	2012—05	38.00	177
俄罗斯函数问题集	2011—03	38.00	103
俄罗斯组合分析问题集	2011—01	48.00	79
俄罗斯初等数学万题选——三角卷	2012—11	38.00	222
俄罗斯初等数学万题选——代数卷	2013—08	68.00	225
俄罗斯初等数学万题选——几何卷	2014—01	68.00	226
俄罗斯《量子》杂志数学征解问题100题选	2018—08	48.00	969
俄罗斯《量子》杂志数学征解问题又100题选	2018—08	48.00	970
俄罗斯《量子》杂志数学征解问题	2020—05	48.00	1138
463个俄罗斯几何老问题	2012—01	28.00	152
《量子》数学短文精粹	2018—09	38.00	972
用三角、解析几何等计算解来自俄罗斯的几何题	2019—11	88.00	1119
基谢廖夫平面几何	2022—01	48.00	1461
基谢廖夫立体几何	2023—04	48.00	1599
数学：代数、数学分析和几何(10—11年级)	2021—01	48.00	1250
直观几何学：5—6年级	2022—04	58.00	1508
几何学：第2版，7—9年级	2023—08	68.00	1684
平面几何：9—11年级	2022—10	48.00	1571
立体几何.10—11年级	2022—01	58.00	1472
几何快递	2024—05	48.00	1697
谈谈素数	2011—03	18.00	91
平方和	2011—03	18.00	92
整数论	2011—05	38.00	120
从整数谈起	2015—10	28.00	538
数与多项式	2016—01	38.00	558
谈谈不定方程	2011—05	28.00	119
质数漫谈	2022—07	68.00	1529
解析不等式新论	2009—06	68.00	48
建立不等式的方法	2011—03	98.00	104
数学奥林匹克不等式研究(第2版)	2020—07	68.00	1181
不等式研究(第三辑)	2023—08	198.00	1673
不等式的秘密(第一卷)(第2版)	2014—02	38.00	286
不等式的秘密(第二卷)	2014—01	38.00	268
初等不等式的证明方法	2010—06	38.00	123
初等不等式的证明方法(第二版)	2014—11	38.00	407
不等式·理论·方法(基础卷)	2015—07	38.00	496
不等式·理论·方法(经典不等式卷)	2015—07	38.00	497
不等式·理论·方法(特殊类型不等式卷)	2015—07	48.00	498
不等式探究	2016—03	38.00	582
不等式探秘	2017—01	88.00	689

刘培杰数学工作室
已出版(即将出版)图书目录——初等数学

书　　名	出版时间	定　价	编号
四面体不等式	2017—01	68.00	715
数学奥林匹克中常见重要不等式	2017—09	38.00	845
三正弦不等式	2018—09	98.00	974
函数方程与不等式:解法与稳定性结果	2019—04	68.00	1058
数学不等式.第1卷,对称多项式不等式	2022—05	78.00	1455
数学不等式.第2卷,对称有理不等式与对称无理不等式	2022—05	88.00	1456
数学不等式.第3卷,循环不等式与非循环不等式	2022—05	88.00	1457
数学不等式.第4卷,Jensen不等式的扩展与加细	2022—05	88.00	1458
数学不等式.第5卷,创建不等式与解不等式的其他方法	2022—05	88.00	1459
不定方程及其应用.上	2018—12	58.00	992
不定方程及其应用.中	2019—01	78.00	993
不定方程及其应用.下	2019—02	98.00	994
Nesbitt不等式加强式的研究	2022—06	128.00	1527
最值定理与分析不等式	2023—02	78.00	1567
一类积分不等式	2023—02	88.00	1579
邦费罗尼不等式及概率应用	2023—05	58.00	1637
同余理论	2012—05	38.00	163
[x]与{x}	2015—04	48.00	476
极值与最值.上卷	2015—06	28.00	486
极值与最值.中卷	2015—06	38.00	487
极值与最值.下卷	2015—06	28.00	488
整数的性质	2012—11	38.00	192
完全平方数及其应用	2015—08	78.00	506
多项式理论	2015—10	88.00	541
奇数、偶数、奇偶分析法	2018—01	98.00	876
历届美国中学生数学竞赛试题及解答(第1卷)1950~1954	2014—07	18.00	277
历届美国中学生数学竞赛试题及解答(第2卷)1955~1959	2014—04	18.00	278
历届美国中学生数学竞赛试题及解答(第3卷)1960~1964	2014—06	18.00	279
历届美国中学生数学竞赛试题及解答(第4卷)1965~1969	2014—04	28.00	280
历届美国中学生数学竞赛试题及解答(第5卷)1970~1972	2014—06	18.00	281
历届美国中学生数学竞赛试题及解答(第6卷)1973~1980	2017—07	18.00	768
历届美国中学生数学竞赛试题及解答(第7卷)1981~1986	2015—01	18.00	424
历届美国中学生数学竞赛试题及解答(第8卷)1987~1990	2017—05	18.00	769
历届国际数学奥林匹克试题集	2023—09	158.00	1701
历届中国数学奥林匹克试题集(第3版)	2021—10	58.00	1440
历届加拿大数学奥林匹克试题集	2012—08	38.00	215
历届美国数学奥林匹克试题集	2023—08	98.00	1681
历届波兰数学竞赛试题集.第1卷,1949~1963	2015—03	18.00	453
历届波兰数学竞赛试题集.第2卷,1964~1976	2015—03	18.00	454
历届巴尔干数学奥林匹克试题集	2015—05	38.00	466
历届CGMO试题及解答	2024—03	48.00	1717
保加利亚数学奥林匹克	2014—10	38.00	393
圣彼得堡数学奥林匹克试题集	2015—01	38.00	429
匈牙利奥林匹克数学竞赛题解.第1卷	2016—05	28.00	593
匈牙利奥林匹克数学竞赛题解.第2卷	2016—05	28.00	594
历届美国数学邀请赛试题集(第2版)	2017—10	78.00	851
全美高中数学竞赛:纽约州数学竞赛(1989—1994)	2024—08	48.00	1740
普林斯顿大学数学竞赛	2016—06	38.00	669
亚太地区数学奥林匹克竞赛题	2015—07	18.00	492
日本历届(初级)广中杯数学竞赛试题及解答.第1卷(2000~2007)	2016—05	28.00	641
日本历届(初级)广中杯数学竞赛试题及解答.第2卷(2008~2015)	2016—05	38.00	642
越南数学奥林匹克题选:1962—2009	2021—07	48.00	1370
罗马尼亚大师杯数学竞赛试题及解答	2024—09	48.00	1746
欧洲女子数学奥林匹克	2024—04	48.00	1723
360个数学竞赛问题	2016—08	58.00	677

刘培杰数学工作室
已出版(即将出版)图书目录——初等数学

书 名	出版时间	定 价	编号
奥数最佳实战题.上卷	2017—06	38.00	760
奥数最佳实战题.下卷	2017—05	58.00	761
解决问题的策略	2024—08	48.00	1742
哈尔滨市早期中学数学竞赛试题汇编	2016—07	28.00	672
全国高中数学联赛试题及解答:1981—2019(第4版)	2020—07	138.00	1176
2024年全国高中数学联合竞赛模拟题集	2024—01	38.00	1702
20世纪50年代全国部分城市数学竞赛试题汇编	2017—07	28.00	797
国内外数学竞赛题及精解:2018—2019	2020—08	45.00	1192
国内外数学竞赛题及精解:2019—2020	2021—11	58.00	1439
许康华竞赛优学精选集.第一辑	2018—08	68.00	949
天问叶班数学问题征解100题.Ⅰ,2016—2018	2019—05	88.00	1075
天问叶班数学问题征解100题.Ⅱ,2017—2019	2020—07	98.00	1177
美国初中数学竞赛:AMC8准备(共6卷)	2019—08	138.00	1089
美国高中数学竞赛:AMC10准备(共6卷)	2019—08	158.00	1105
中国数学奥林匹克国家集训队选拔试题背景研究	2015—01	78.00	1781
高考数学核心题型解题方法与技巧	2010—01	28.00	86
高考数学压轴题解题诀窍(上)(第2版)	2018—01	58.00	874
高考数学压轴题解题诀窍(下)(第2版)	2018—01	48.00	875
突破高考数学新定义创新压轴题	2024—08	88.00	1741
应当这样解答高考题:十年高考真题创新解法集萃	2025—03	98.00	1814
向量法巧解数学高考题	2009—08	28.00	54
高中数学课堂教学的实践与反思	2021—11	48.00	791
数学高考参考	2016—01	78.00	589
新课程标准高考数学解答题各种题型解法指导	2020—08	78.00	1196
全国及各省市高考数学试题审题要津与解法研究	2015—02	48.00	450
高中数学章节起始课的教学研究与案例设计	2019—05	28.00	1064
新课标高考数学——五年试题分章详解(2007~2011)(上、下)	2011—10	78.00	140,141
全国中考数学压轴题审题要津与解法研究	2013—04	78.00	248
新编全国及各省市中考数学压轴题审题要津与解法研究	2014—05	58.00	342
全国及各省市5年中考数学压轴题审题要津与解法研究(2015版)	2015—04	58.00	462
中考数学专题总复习	2007—04	28.00	6
中考数学较难题常考题型解题方法与技巧	2016—09	48.00	681
中考数学难题常考题型解题方法与技巧	2016—09	48.00	682
中考数学中档题常考题型解题方法与技巧	2017—08	68.00	835
中考数学选择填空压轴好题妙解365	2024—01	80.00	1698
中考数学:三类重点考题的解法例析与习题	2020—04	48.00	1140
中小学数学的历史文化	2019—11	48.00	1124
小升初衔接数学	2024—06	68.00	1734
赢在小升初——数学	2024—08	78.00	1739
初中平面几何百题多思创新解	2020—01	58.00	1125
初中数学中考备考	2020—01	58.00	1126
高考数学之九章演义	2019—08	68.00	1044
高考数学之难题谈笑间	2022—06	68.00	1519
化学可以这样学:高中化学知识方法智慧感悟疑难辨析	2019—07	58.00	1103
如何成为学习高手	2019—09	58.00	1107
高考数学:经典真题分类解析	2020—04	78.00	1134
高考数学解答题破解策略	2020—11	58.00	1221
从分析解题过程学解题:高考压轴题与竞赛题之关系探究	2020—08	88.00	1179
从分析解题过程学解题:数学高考与竞赛的互联互通探究	2024—06	88.00	1735
教学新思考:单元整体视角下的初中数学教学设计	2021—03	58.00	1278
思维再拓展:2020年经典几何题的多解探究与思考	即将出版		1279
十年高考数学试题创新与经典研究:基于高中数学大概念的视角	2024—10	58.00	1777
高中数学题型全解(全5册)	2024—10	298.00	1778
中考数学小压轴汇编初讲	2017—07	48.00	788
中考数学大压轴专题微言	2017—09	48.00	846

刘培杰数学工作室
已出版(即将出版)图书目录——初等数学

书 名	出版时间	定 价	编号
怎么解中考平面几何探索题	2019—06	48.00	1093
北京中考数学压轴题解题方法突破(第10版)	2024—11	88.00	1780
高考数学奇思妙解	2016—04	38.00	610
高考数学解题策略	2016—05	48.00	670
数学解题泄天机(第2版)	2017—10	48.00	850
高中物理教学讲义	2018—01	48.00	871
高中物理教学讲义:全模块	2022—03	98.00	1492
高中物理答疑解惑65篇	2021—11	48.00	1462
中学物理基础问题解析	2020—08	48.00	1183
初中数学、高中数学脱节知识补缺教材	2017—06	48.00	766
高考数学客观题解题方法和技巧	2017—10	38.00	847
十年高考数学精品试题审题要津与解法研究	2021—10	98.00	1427
中国历届高考数学试题及解答.1949—1979	2018—01	38.00	877
历届中国高考数学试题及解答.第二卷,1980—1989	2018—10	28.00	975
历届中国高考数学试题及解答.第三卷,1990—1999	2018—10	48.00	976
跟我学解高中数学题	2018—07	58.00	926
中学数学研究的方法及案例	2018—05	58.00	869
高考数学抢分技能	2018—07	68.00	934
高一新生常用数学方法和重要数学思想提升教材	2018—06	38.00	921
高考数学全国卷六道解答题常考题型解题诀窍:理科(全2册)	2019—07	78.00	1101
高考数学全国卷16道选择、填空题常考题型解题诀窍.理科	2018—09	88.00	971
高考数学全国卷16道选择、填空题常考题型解题诀窍.文科	2020—01	88.00	1123
高中数学一题多解	2019—06	58.00	1087
历届中国高考数学试题及解答:1917—1999	2021—08	118.00	1371
2000~2003年全国及各省市高考数学试题及解答	2022—05	88.00	1499
2004年全国及各省市高考数学试题及解答	2023—08	78.00	1500
2005年全国及各省市高考数学试题及解答	2023—08	78.00	1501
2006年全国及各省市高考数学试题及解答	2023—08	88.00	1502
2007年全国及各省市高考数学试题及解答	2023—08	98.00	1503
2008年全国及各省市高考数学试题及解答	2023—08	88.00	1504
2009年全国及各省市高考数学试题及解答	2023—08	88.00	1505
2010年全国及各省市高考数学试题及解答	2023—08	98.00	1506
2011~2017年全国及各省市高考数学试题及解答	2024—01	78.00	1507
2018~2023年全国及各省市高考数学试题及解答	2024—03	78.00	1709
突破高原:高中数学解题思维探究	2021—08	48.00	1375
高考数学中的"取值范围"	2021—10	48.00	1429
新课程标准高中数学各种题型解法大全.必修一分册	2021—06	58.00	1315
新课程标准高中数学各种题型解法大全.必修二分册	2022—01	68.00	1471
高中数学各种题型解法大全.选择性必修一分册	2022—06	68.00	1525
高中数学各种题型解法大全.选择性必修二分册	2023—01	58.00	1600
高中数学各种题型解法大全.选择性必修三分册	2023—04	48.00	1643
高中数学专题研究	2024—05	88.00	1722
历届全国初中数学竞赛经典试题详解	2023—04	88.00	1624
孟祥礼高考数学精刷精解	2023—06	98.00	1663
新高考数学第二轮复习讲义	2025—01	88.00	1808
新编640个世界著名数学智力趣题	2014—01	88.00	242
500个最新世界著名数学智力趣题	2008—06	48.00	3
400个最新世界著名数学最值问题	2008—09	48.00	36
500个世界著名数学征解问题	2009—06	48.00	52
400个中国最佳初等数学征解老问题	2010—01	48.00	60
500个俄罗斯数学经典老题	2011—01	28.00	81
1000个国外中学物理好题	2012—04	48.00	174
300个日本高考数学题	2012—05	38.00	142
700个早期日本高考数学试题	2017—02	88.00	752

刘培杰数学工作室
已出版(即将出版)图书目录——初等数学

书 名	出版时间	定 价	编号
500个前苏联早期高考数学试题及解答	2012—05	28.00	185
546个早期俄罗斯大学生数学竞赛题	2014—03	38.00	285
548个来自美苏的数学好问题	2014—11	28.00	396
20所苏联著名大学早期入学试题	2015—02	18.00	452
161道德国工科大学生必做的微分方程习题	2015—05	28.00	469
500个德国工科大学生必做的高数习题	2015—06	28.00	478
360个数学竞赛问题	2016—08	58.00	677
200个趣味数学故事	2018—02	48.00	857
470个数学奥林匹克中的最值问题	2018—10	88.00	985
德国讲义日本考题. 微积分卷	2015—04	48.00	456
德国讲义日本考题. 微分方程卷	2015—04	38.00	457
二十世纪中叶中、英、美、日、法、俄高考数学试题精选	2017—06	38.00	783
中国初等数学研究 2009卷(第1辑)	2009—05	20.00	45
中国初等数学研究 2010卷(第2辑)	2010—05	30.00	68
中国初等数学研究 2011卷(第3辑)	2011—07	60.00	127
中国初等数学研究 2012卷(第4辑)	2012—07	48.00	190
中国初等数学研究 2014卷(第5辑)	2014—02	48.00	288
中国初等数学研究 2015卷(第6辑)	2015—06	68.00	493
中国初等数学研究 2016卷(第7辑)	2016—04	68.00	609
中国初等数学研究 2017卷(第8辑)	2017—01	98.00	712
初等数学研究在中国. 第1辑	2019—03	158.00	1024
初等数学研究在中国. 第2辑	2019—10	158.00	1116
初等数学研究在中国. 第3辑	2021—05	158.00	1306
初等数学研究在中国. 第4辑	2022—06	158.00	1520
初等数学研究在中国. 第5辑	2023—07	158.00	1635
几何变换(Ⅰ)	2014—07	28.00	353
几何变换(Ⅱ)	2015—06	28.00	354
几何变换(Ⅲ)	2015—01	38.00	355
几何变换(Ⅳ)	2015—12	38.00	356
初等数论难题集(第一卷)	2009—05	68.00	44
初等数论难题集(第二卷)(上、下)	2011—02	128.00	82,83
数论概貌	2011—03	18.00	93
代数数论(第二版)	2013—08	58.00	94
代数多项式	2014—06	38.00	289
初等数论的知识与问题	2011—02	28.00	95
超越数论基础	2011—03	28.00	96
数论初等教程	2011—03	28.00	97
数论基础	2011—03	18.00	98
数论基础与维诺格拉多夫	2014—03	18.00	292
解析数论基础	2012—08	28.00	216
解析数论基础(第二版)	2014—01	48.00	287
解析数论问题集(第二版)(原版引进)	2014—05	88.00	343
解析数论问题集(第二版)(中译本)	2016—04	88.00	607
解析数论基础(潘承洞,潘承彪著)	2016—07	98.00	673
解析数论导引	2016—07	58.00	674
数论入门	2011—03	38.00	99
代数数论入门	2015—03	38.00	448

刘培杰数学工作室
已出版（即将出版）图书目录——初等数学

书　名	出版时间	定　价	编号
数论开篇	2012—07	28.00	194
解析数论引论	2011—03	48.00	100
Barban Davenport Halberstam 均值和	2009—01	40.00	33
基础数论	2011—03	28.00	101
初等数论 100 例	2011—05	18.00	122
初等数论经典例题	2012—07	18.00	204
最新世界各国数学奥林匹克中的初等数论试题（上、下）	2012—01	138.00	144,145
初等数论（Ⅰ）	2012—01	18.00	156
初等数论（Ⅱ）	2012—01	18.00	157
初等数论（Ⅲ）	2012—01	28.00	158
平面几何与数论中未解决的新老问题	2013—01	68.00	229
代数数论简史	2014—11	28.00	408
代数数论	2015—09	88.00	532
代数、数论及分析习题集	2016—11	98.00	695
数论导引提要及习题解答	2016—01	48.00	559
素数定理的初等证明.第 2 版	2016—09	48.00	686
数论中的模函数与狄利克雷级数（第二版）	2017—11	78.00	837
数论：数学导引	2018—01	68.00	849
范氏大代数	2019—02	98.00	1016
解析数学讲义.第一卷,导来式及微分、积分、级数	2019—04	88.00	1021
解析数学讲义.第二卷,关于几何的应用	2019—04	68.00	1022
解析数学讲义.第三卷,解析函数论	2019—04	78.00	1023
分析·组合·数论纵横谈	2019—04	58.00	1039
Hall 代数：民国时期的中学数学课本：英文	2019—08	88.00	1106
基谢廖夫初等代数	2022—07	38.00	1531
基谢廖夫算术	2024—05	48.00	1725
数学精神巡礼	2019—01	58.00	731
数学眼光透视（第 2 版）	2017—06	78.00	732
数学思想领悟（第 2 版）	2018—01	68.00	733
数学方法溯源（第 2 版）	2018—08	68.00	734
数学解题引论	2017—05	58.00	735
数学史话览胜（第 2 版）	2017—01	48.00	736
数学应用展观（第 2 版）	2017—08	68.00	737
数学建模尝试	2018—04	48.00	738
数学竞赛采风	2018—01	68.00	739
数学测评探营	2019—05	58.00	740
数学技能操握	2018—03	48.00	741
数学欣赏拾趣	2018—02	48.00	742
从毕达哥拉斯到怀尔斯	2007—10	48.00	9
从迪利克雷到维斯卡尔迪	2008—01	48.00	21
从哥德巴赫到陈景润	2008—05	98.00	35
从庞加莱到佩雷尔曼	2011—08	138.00	136
博弈论精粹	2008—03	58.00	30
博弈论精粹.第二版（精装）	2015—01	88.00	461
数学 我爱你	2008—01	28.00	20
精神的圣徒　别样的人生——60 位中国数学家成长的历程	2008—09	48.00	39
数学史概论	2009—06	78.00	50

— 8 —

刘培杰数学工作室
已出版(即将出版)图书目录——初等数学

书 名	出版时间	定 价	编号
数学史概论(精装)	2013—03	158.00	272
数学史选讲	2016—01	48.00	544
斐波那契数列	2010—02	28.00	65
数学拼盘和斐波那契魔方	2010—07	38.00	72
斐波那契数列欣赏(第2版)	2018—08	58.00	948
Fibonacci数列中的明珠	2018—06	58.00	928
数学的创造	2011—02	48.00	85
数学美与创造力	2016—01	48.00	595
数海拾贝	2016—01	48.00	590
数学中的美(第2版)	2019—04	68.00	1057
数论中的美学	2014—12	38.00	351
数学王者 科学巨人——高斯	2015—01	28.00	428
振兴祖国数学的圆梦之旅:中国初等数学研究史话	2015—06	98.00	490
二十世纪中国数学史料研究	2015—10	48.00	536
《九章算法比类大全》校注	2024—06	198.00	1695
数字谜、数阵图与棋盘覆盖	2016—01	58.00	298
数学概念的进化:一个初步的研究	2023—07	68.00	1683
数学发现的艺术:数学探索中的合情推理	2016—07	58.00	671
活跃在数学中的参数	2016—07	48.00	675
数海趣史	2021—05	98.00	1314
玩转幻中之幻	2023—08	88.00	1682
数学艺术品	2023—09	98.00	1685
数学博弈与游戏	2023—10	68.00	1692
数学解题——靠数学思想给力(上)	2011—07	38.00	131
数学解题——靠数学思想给力(中)	2011—07	48.00	132
数学解题——靠数学思想给力(下)	2011—07	38.00	133
我怎样解题	2013—01	48.00	227
数学解题中的物理方法	2011—06	28.00	114
数学解题的特殊方法	2011—06	48.00	115
中学数学计算技巧(第2版)	2020—10	48.00	1220
中学数学证明方法	2012—01	58.00	117
数学趣题巧解	2012—03	28.00	128
高中数学教学通鉴	2015—05	58.00	479
和高中生漫谈:数学与哲学的故事	2014—08	28.00	369
算术问题集	2017—03	38.00	789
张教授讲数学	2018—07	38.00	933
陈永明实话实说数学教学	2020—04	68.00	1132
中学数学学科知识与教学能力	2020—06	58.00	1155
怎样把课讲好:大罕数学教学随笔	2022—03	58.00	1484
中国高考评价体系下高考数学探秘	2022—03	48.00	1487
数苑漫步	2024—01	58.00	1670
自主招生考试中的参数方程问题	2015—01	28.00	435
自主招生考试中的极坐标问题	2015—04	28.00	463
近年全国重点大学自主招生数学试题全解及研究.华约卷	2015—02	38.00	441
近年全国重点大学自主招生数学试题全解及研究.北约卷	2016—05	38.00	619
自主招生数学解证宝典	2015—09	48.00	535
中国科学技术大学创新班数学真题解析	2022—03	48.00	1488
中国科学技术大学创新班物理真题解析	2022—03	58.00	1489
格点和面积	2012—07	18.00	191
射影几何趣谈	2012—04	28.00	175
斯潘纳尔引理——从一道加拿大数学奥林匹克试题谈起	2014—01	28.00	228
李普希兹条件——从几道近年高考数学试题谈起	2012—10	18.00	221
拉格朗日中值定理——从一道北京高考试题的解法谈起	2015—10	18.00	197

刘培杰数学工作室
已出版(即将出版)图书目录——初等数学

书 名	出版时间	定 价	编号
闵科夫斯基定理——从一道清华大学自主招生试题谈起	2014—01	28.00	198
哈尔测度——从一道冬令营试题的背景谈起	2012—08	28.00	202
切比雪夫逼近问题——从一道中国台北数学奥林匹克试题谈起	2013—04	38.00	238
伯恩斯坦多项式与贝齐尔曲面——从一道全国高中数学联赛试题谈起	2013—03	38.00	236
卡塔兰猜想——从一道普特南竞赛试题谈起	2013—06	18.00	256
麦卡锡函数和阿克曼函数——从一道前南斯拉夫数学奥林匹克试题谈起	2012—08	18.00	201
贝蒂定理与拉姆贝克莫斯尔定理——从一个拣石子游戏谈起	2012—08	18.00	217
皮亚诺曲线和豪斯道夫分球定理——从无限集谈起	2012—08	18.00	211
平面凸图形与凸多面体	2012—10	28.00	218
斯坦因豪斯问题——从一道二十五省市自治区中学数学竞赛试题谈起	2012—07	18.00	196
纽结理论中的亚历山大多项式与琼斯多项式——从一道北京市高一数学竞赛试题谈起	2012—07	28.00	195
原则与策略——从波利亚"解题表"谈起	2013—04	38.00	244
转化与化归——从三大尺规作图不能问题谈起	2012—08	28.00	214
代数几何中的贝祖定理(第一版)——从一道IMO试题的解法谈起	2013—08	18.00	193
成功连贯理论与约当块理论——从一道比利时数学竞赛试题谈起	2012—04	18.00	180
素数判定与大数分解	2014—08	18.00	199
置换多项式及其应用	2012—10	18.00	220
椭圆函数与模函数——从一道美国加州大学洛杉矶分校(UCLA)博士资格考题谈起	2012—10	28.00	219
差分方程的拉格朗日方法——从一道2011年全国高考理科试题的解法谈起	2012—08	28.00	200
力学在几何中的一些应用	2013—01	38.00	240
从根式解到伽罗华理论	2020—01	48.00	1121
康托洛维奇不等式——从一道全国高中联赛试题谈起	2013—03	28.00	337
拉克斯定理和阿定定理——从一道IMO试题的解法谈起	2014—01	58.00	246
毕卡大定理——从一道美国大学数学竞赛试题谈起	2014—07	18.00	350
拉格朗日乘子定理——从一道2005年全国高中联赛试题的高等数学解法谈起	2015—05	28.00	480
雅可比定理——从一道日本数学奥林匹克试题谈起	2013—04	48.00	249
李天岩—约克定理——从一道波兰数学竞赛试题谈起	2014—06	28.00	349
受控理论与初等不等式:从一道IMO试题的解法谈起	2023—03	48.00	1601
布劳维不动点定理——从一道前苏联数学奥林匹克试题谈起	2014—01	38.00	273
莫德尔—韦伊定理——从一道日本数学奥林匹克试题谈起	2024—10	48.00	1602
斯蒂尔杰斯积分——从一道国际大学生数学竞赛试题的解法谈起	2024—10	68.00	1605
切博塔廖夫猜想——从一道1978年全国高中数学竞赛试题谈起	2024—10	38.00	1606
卡西尼卵形线:从一道高中数学期中考试试题谈起	2024—10	48.00	1607
格罗斯问题:亚纯函数的唯一性问题	2024—10	48.00	1608
布格尔问题——从一道第6届全国中学生物理竞赛预赛试题谈起	2024—09	68.00	1609
多项式逼近问题——从一道美国大学生数学竞赛试题谈起	2024—10	48.00	1748
中国剩余定理——总数法构建中国历史年表	2015—01	28.00	430
沙可夫斯基定理——从一道韩国数学奥林匹克竞赛试题的解法谈起	2025—01	68.00	1753
斯特林公式——从一道2023年高考数学(天津卷)试题的背景谈起	2025—01	28.00	1754
外索夫博弈:从一道瑞士国家队选拔考试试题谈起	2025—03	48.00	1755
分圆多项式——从一道美国国家队选拔考试试题的解法谈起	2025—01	48.00	1786
费马数与广义费马数——从一道USAMO试题的解法谈起	2025—01	48.00	1794

刘培杰数学工作室
已出版(即将出版)图书目录——初等数学

书　名	出版时间	定　价	编号
贝克码与编码理论——从一道全国高中数学联赛二试试题的解法谈起	2025—03	48.00	1751
拉比诺维奇定理	即将出版		
刘维尔定理——从一道《美国数学月刊》征解问题的解法谈起	即将出版		
卡塔兰恒等式与级数求和——从一道IMO试题的解法谈起	即将出版		
勒让德猜想与素数分布——从一道爱尔兰竞赛试题谈起	即将出版		
天平称重与信息论——从一道基辅市数学奥林匹克试题谈起	即将出版		
哈密尔顿—凯莱定理:从一道高中数学联赛试题的解法谈起	2014—09	18.00	376
艾思特曼定理——从一道CMO试题的解法谈起	即将出版		
阿贝尔恒等式与经典不等式及应用	2018—06	98.00	923
迪利克雷除数问题	2018—07	48.00	930
幻方、幻立方与拉丁方	2019—08	48.00	1092
帕斯卡三角形	2014—03	18.00	294
蒲丰投针问题——从2009年清华大学的一道自主招生试题谈起	2014—01	38.00	295
斯图姆定理——从一道"华约"自主招生试题的解法谈起	2014—01	18.00	296
许瓦兹引理——从一道加利福尼亚大学伯克利分校数学系博士生试题谈起	2014—08	18.00	297
拉姆塞定理——从王诗宬院士的一个问题谈起	2016—04	48.00	299
坐标法	2013—12	28.00	332
数论三角形	2014—04	38.00	341
毕克定理	2014—07	18.00	352
数林掠影	2014—09	48.00	389
我们周围的概率	2014—10	38.00	390
凸函数最值定理:从一道华约自主招生题的解法谈起	2014—10	28.00	391
易学与数学奥林匹克	2014—10	38.00	392
生物数学趣谈	2015—01	18.00	409
反演	2015—01	28.00	420
因式分解与圆锥曲线	2015—01	18.00	426
轨迹	2015—01	28.00	427
面积原理:从常庚哲命的一道CMO试题的积分解法谈起	2015—01	48.00	431
形形色色的不动点定理:从一道28届IMO试题谈起	2015—01	38.00	439
柯西函数方程:从一道上海交大自主招生的试题谈起	2015—02	28.00	440
三角恒等式	2015—02	28.00	442
无理性判定:从一道2014年"北约"自主招生试题谈起	2015—01	38.00	443
数学归纳法	2015—03	18.00	451
极端原理与解题	2015—04	28.00	464
法雷级数	2014—08	18.00	367
摆线族	2015—01	38.00	438
函数方程及其解法	2015—05	38.00	470
含参数的方程和不等式	2012—09	28.00	213
希尔伯特第十问题	2016—01	38.00	543
无穷小量的求和	2016—01	28.00	545
切比雪夫多项式:从一道清华大学金秋营试题谈起	2016—01	38.00	583
泽肯多夫定理	2016—03	38.00	599
代数等式证题法	2016—01	28.00	600
三角等式证题法	2016—01	28.00	601
吴大任教授藏书中的一个因式分解公式:从一道美国数学邀请赛试题的解法谈起	2016—06	28.00	656
易卦——类万物的数学模型	2017—08	68.00	838
"不可思议"的数与数系可持续发展	2018—01	38.00	878
最短线	2018—01	38.00	879
数学在天文、地理、光学、机械力学中的一些应用	2023—03	88.00	1576
从阿基米德三角形谈起	2023—01	28.00	1578

刘培杰数学工作室
已出版(即将出版)图书目录——初等数学

书　名	出版时间	定　价	编号
幻方和魔方(第一卷)	2012—05	68.00	173
尘封的经典——初等数学经典文献选读(第一卷)	2012—07	48.00	205
尘封的经典——初等数学经典文献选读(第二卷)	2012—07	38.00	206
初级方程式论	2011—03	28.00	106
初等数学研究(Ⅰ)	2008—09	68.00	37
初等数学研究(Ⅱ)(上、下)	2009—05	118.00	46,47
初等数学专题研究	2022—10	68.00	1568
趣味初等方程妙题集锦	2014—09	48.00	388
趣味初等数论选美与欣赏	2015—02	48.00	445
耕读笔记(上卷):一位农民数学爱好者的初数探索	2015—04	28.00	459
耕读笔记(中卷):一位农民数学爱好者的初数探索	2015—05	28.00	483
耕读笔记(下卷):一位农民数学爱好者的初数探索	2015—05	28.00	484
几何不等式研究与欣赏.上卷	2016—01	88.00	547
几何不等式研究与欣赏.下卷	2016—01	48.00	552
初等数列研究与欣赏·上	2016—01	48.00	570
初等数列研究与欣赏·下	2016—01	48.00	571
趣味初等函数研究与欣赏.上	2016—09	48.00	684
趣味初等函数研究与欣赏.下	2018—09	48.00	685
三角不等式研究与欣赏	2020—10	68.00	1197
新编平面解析几何解题方法研究与欣赏	2021—10	78.00	1426
火柴游戏(第2版)	2022—05	38.00	1493
智力解谜.第1卷	2017—07	38.00	613
智力解谜.第2卷	2017—07	38.00	614
故事智力	2016—07	48.00	615
名人们喜欢的智力问题	2020—01	48.00	616
数学大师的发现、创造与失误	2018—01	48.00	617
异曲同工	2018—09	48.00	618
数学的味道(第2版)	2023—10	68.00	1686
数学千字文	2018—10	68.00	977
数贝偶拾——高考数学题研究	2014—04	28.00	274
数贝偶拾——初等数学研究	2014—04	38.00	275
数贝偶拾——奥数题研究	2014—04	48.00	276
钱昌本教你快乐学数学(上)	2011—12	48.00	155
钱昌本教你快乐学数学(下)	2012—03	58.00	171
集合、函数与方程	2014—01	28.00	300
数列与不等式	2014—01	38.00	301
三角与平面向量	2014—01	28.00	302
平面解析几何	2014—01	38.00	303
立体几何与组合	2014—01	28.00	304
极限与导数、数学归纳法	2014—01	38.00	305
趣味数学	2014—03	28.00	306
教材教法	2014—04	68.00	307
自主招生	2014—05	58.00	308
高考压轴题(上)	2015—01	48.00	309
高考压轴题(下)	2014—10	68.00	310

刘培杰数学工作室
已出版(即将出版)图书目录——初等数学

书　　名	出版时间	定　价	编号
从费马到怀尔斯——费马大定理的历史	2013—10	198.00	I
从庞加莱到佩雷尔曼——庞加莱猜想的历史	2013—10	298.00	II
从切比雪夫到爱尔特希(上)——素数定理的初等证明	2013—07	48.00	III
从切比雪夫到爱尔特希(下)——素数定理100年	2012—12	98.00	III
从高斯到盖尔方特——二次域的高斯猜想	2013—10	198.00	IV
从库默尔到朗兰兹——朗兰兹猜想的历史	2014—01	98.00	V
从比勃巴赫到德布朗斯——比勃巴赫猜想的历史	2014—02	298.00	VI
从麦比乌斯到陈省身——麦比乌斯变换与麦比乌斯带	2014—02	298.00	VII
从布尔到豪斯道夫——布尔方程与格论漫谈	2013—10	198.00	VIII
从开普勒到阿诺德——三体问题的历史	2014—05	298.00	IX
从华林到华罗庚——华林问题的历史	2013—10	298.00	X
美国高中数学竞赛五十讲.第1卷(英文)	2014—08	28.00	357
美国高中数学竞赛五十讲.第2卷(英文)	2014—08	28.00	358
美国高中数学竞赛五十讲.第3卷(英文)	2014—09	28.00	359
美国高中数学竞赛五十讲.第4卷(英文)	2014—09	28.00	360
美国高中数学竞赛五十讲.第5卷(英文)	2014—10	28.00	361
美国高中数学竞赛五十讲.第6卷(英文)	2014—11	28.00	362
美国高中数学竞赛五十讲.第7卷(英文)	2014—12	28.00	363
美国高中数学竞赛五十讲.第8卷(英文)	2015—01	28.00	364
美国高中数学竞赛五十讲.第9卷(英文)	2015—01	28.00	365
美国高中数学竞赛五十讲.第10卷(英文)	2015—02	38.00	366
三角函数(第2版)	2017—04	38.00	626
不等式	2014—01	38.00	312
数列	2014—01	38.00	313
方程(第2版)	2017—04	38.00	624
排列和组合	2014—01	28.00	315
极限与导数(第2版)	2016—04	38.00	635
向量(第2版)	2018—08	58.00	627
复数及其应用	2014—08	28.00	318
函数	2014—01	38.00	319
集合	2020—01	48.00	320
直线与平面	2014—01	28.00	321
立体几何(第2版)	2016—04	38.00	629
解三角形	即将出版		323
直线与圆(第2版)	2016—11	38.00	631
圆锥曲线(第2版)	2016—09	48.00	632
解题通法(一)	2014—07	38.00	326
解题通法(二)	2014—07	38.00	327
解题通法(三)	2014—05	38.00	328
概率与统计	2014—01	28.00	329
信息迁移与算法	即将出版		330

刘培杰数学工作室
已出版(即将出版)图书目录——初等数学

书 名	出版时间	定价	编号
IMO 50 年.第 1 卷(1959—1963)	2014—11	28.00	377
IMO 50 年.第 2 卷(1964—1968)	2014—11	28.00	378
IMO 50 年.第 3 卷(1969—1973)	2014—09	28.00	379
IMO 50 年.第 4 卷(1974—1978)	2016—04	38.00	380
IMO 50 年.第 5 卷(1979—1984)	2015—04	38.00	381
IMO 50 年.第 6 卷(1985—1989)	2015—04	58.00	382
IMO 50 年.第 7 卷(1990—1994)	2016—01	48.00	383
IMO 50 年.第 8 卷(1995—1999)	2016—06	38.00	384
IMO 50 年.第 9 卷(2000—2004)	2015—04	58.00	385
IMO 50 年.第 10 卷(2005—2009)	2016—01	48.00	386
IMO 50 年.第 11 卷(2010—2015)	2017—03	48.00	646
数学反思(2006—2007)	2020—09	88.00	915
数学反思(2008—2009)	2019—01	68.00	917
数学反思(2010—2011)	2018—05	58.00	916
数学反思(2012—2013)	2019—01	58.00	918
数学反思(2014—2015)	2019—03	78.00	919
数学反思(2016—2017)	2021—03	58.00	1286
数学反思(2018—2019)	2023—01	88.00	1593
历届美国大学生数学竞赛试题集.第一卷(1938—1949)	2015—01	28.00	397
历届美国大学生数学竞赛试题集.第二卷(1950—1959)	2015—01	28.00	398
历届美国大学生数学竞赛试题集.第三卷(1960—1969)	2015—01	28.00	399
历届美国大学生数学竞赛试题集.第四卷(1970—1979)	2015—01	18.00	400
历届美国大学生数学竞赛试题集.第五卷(1980—1989)	2015—01	28.00	401
历届美国大学生数学竞赛试题集.第六卷(1990—1999)	2015—01	28.00	402
历届美国大学生数学竞赛试题集.第七卷(2000—2009)	2015—08	18.00	403
历届美国大学生数学竞赛试题集.第八卷(2010—2012)	2015—01	18.00	404
新课标高考数学创新题解题诀窍:总论	2014—09	28.00	372
新课标高考数学创新题解题诀窍:必修 1~5 分册	2014—08	38.00	373
新课标高考数学创新题解题诀窍:选修 2—1,2—2,1—1, 1—2 分册	2014—09	38.00	374
新课标高考数学创新题解题诀窍:选修 2—3,4—4,4—5 分册	2014—09	18.00	375
全国重点大学自主招生英文数学试题全攻略:词汇卷	2015—07	48.00	410
全国重点大学自主招生英文数学试题全攻略:概念卷	2015—01	28.00	411
全国重点大学自主招生英文数学试题全攻略:文章选读卷(上)	2016—09	38.00	412
全国重点大学自主招生英文数学试题全攻略:文章选读卷(下)	2017—01	58.00	413
全国重点大学自主招生英文数学试题全攻略:试题卷	2015—07	38.00	414
全国重点大学自主招生英文数学试题全攻略:名著欣赏卷	2017—03	48.00	415
劳埃德数学趣题大全.题目卷.1:英文	2016—01	18.00	516
劳埃德数学趣题大全.题目卷.2:英文	2016—01	18.00	517
劳埃德数学趣题大全.题目卷.3:英文	2016—01	18.00	518
劳埃德数学趣题大全.题目卷.4:英文	2016—01	18.00	519
劳埃德数学趣题大全.题目卷.5:英文	2016—01	18.00	520
劳埃德数学趣题大全.答案卷:英文	2016—01	18.00	521

刘培杰数学工作室
已出版(即将出版)图书目录——初等数学

书　名	出版时间	定　价	编号
李成章教练奥数笔记.第1卷	2016-01	48.00	522
李成章教练奥数笔记.第2卷	2016-01	48.00	523
李成章教练奥数笔记.第3卷	2016-01	38.00	524
李成章教练奥数笔记.第4卷	2016-01	38.00	525
李成章教练奥数笔记.第5卷	2016-01	38.00	526
李成章教练奥数笔记.第6卷	2016-01	38.00	527
李成章教练奥数笔记.第7卷	2016-01	38.00	528
李成章教练奥数笔记.第8卷	2016-01	48.00	529
李成章教练奥数笔记.第9卷	2016-01	28.00	530
第19～23届"希望杯"全国数学邀请赛试题审题要津详细评注(初一版)	2014-03	28.00	333
第19～23届"希望杯"全国数学邀请赛试题审题要津详细评注(初二、初三版)	2014-03	38.00	334
第19～23届"希望杯"全国数学邀请赛试题审题要津详细评注(高一版)	2014-03	28.00	335
第19～23届"希望杯"全国数学邀请赛试题审题要津详细评注(高二版)	2014-03	38.00	336
第19～25届"希望杯"全国数学邀请赛试题审题要津详细评注(初一版)	2015-01	38.00	416
第19～25届"希望杯"全国数学邀请赛试题审题要津详细评注(初二、初三版)	2015-01	58.00	417
第19～25届"希望杯"全国数学邀请赛试题审题要津详细评注(高一版)	2015-01	48.00	418
第19～25届"希望杯"全国数学邀请赛试题审题要津详细评注(高二版)	2015-01	48.00	419
物理奥林匹克竞赛大题典——力学卷	2014-11	48.00	405
物理奥林匹克竞赛大题典——热学卷	2014-04	28.00	339
物理奥林匹克竞赛大题典——电磁学卷	2015-07	48.00	406
物理奥林匹克竞赛大题典——光学与近代物理卷	2014-06	28.00	345
历届中国东南地区数学奥林匹克试题及解答	2024-06	68.00	1724
历届中国西部地区数学奥林匹克试题集(2001～2012)	2014-07	18.00	347
历届中国女子数学奥林匹克试题集(2002～2012)	2014-08	18.00	348
数学奥林匹克在中国	2014-06	98.00	344
数学奥林匹克问题集	2014-01	38.00	267
数学奥林匹克不等式散论	2010-06	38.00	124
数学奥林匹克不等式欣赏	2011-09	38.00	138
数学奥林匹克超级题库(初中卷上)	2010-01	58.00	66
数学奥林匹克不等式证明方法和技巧(上、下)	2011-08	158.00	134,135
他们学什么:原民主德国中学数学课本	2016-09	38.00	658
他们学什么:英国中学数学课本	2016-09	38.00	659
他们学什么:法国中学数学课本.1	2016-09	38.00	660
他们学什么:法国中学数学课本.2	2016-09	28.00	661
他们学什么:法国中学数学课本.3	2016-09	38.00	662
他们学什么:苏联中学数学课本	2016-09	28.00	679

刘培杰数学工作室
已出版(即将出版)图书目录——初等数学

书　　名	出版时间	定　价	编号
高中数学题典——集合与简易逻辑·函数	2016—07	48.00	647
高中数学题典——导数	2016—07	48.00	648
高中数学题典——三角函数·平面向量	2016—07	48.00	649
高中数学题典——数列	2016—07	58.00	650
高中数学题典——不等式·推理与证明	2016—07	38.00	651
高中数学题典——立体几何	2016—07	48.00	652
高中数学题典——平面解析几何	2016—07	78.00	653
高中数学题典——计数原理·统计·概率·复数	2016—07	48.00	654
高中数学题典——算法·平面几何·初等数论·组合数学·其他	2016—07	68.00	655
台湾地区奥林匹克数学竞赛试题.小学一年级	2017—03	38.00	722
台湾地区奥林匹克数学竞赛试题.小学二年级	2017—03	38.00	723
台湾地区奥林匹克数学竞赛试题.小学三年级	2017—03	38.00	724
台湾地区奥林匹克数学竞赛试题.小学四年级	2017—03	38.00	725
台湾地区奥林匹克数学竞赛试题.小学五年级	2017—03	38.00	726
台湾地区奥林匹克数学竞赛试题.小学六年级	2017—03	38.00	727
台湾地区奥林匹克数学竞赛试题.初中一年级	2017—03	38.00	728
台湾地区奥林匹克数学竞赛试题.初中二年级	2017—03	38.00	729
台湾地区奥林匹克数学竞赛试题.初中三年级	2017—03	28.00	730
不等式证题法	2017—04	28.00	747
平面几何培优教程	2019—08	88.00	748
奥数鼎级培优教程.高一分册	2018—09	88.00	749
奥数鼎级培优教程.高二分册.上	2018—04	68.00	750
奥数鼎级培优教程.高二分册.下	2018—04	68.00	751
高中数学竞赛冲刺宝典	2019—04	68.00	883
初中尖子生数学超级题典.实数	2017—07	58.00	792
初中尖子生数学超级题典.式、方程与不等式	2017—08	58.00	793
初中尖子生数学超级题典.圆、面积	2017—08	38.00	794
初中尖子生数学超级题典.函数、逻辑推理	2017—08	48.00	795
初中尖子生数学超级题典.角、线段、三角形与多边形	2017—07	58.00	796
数学王子——高斯	2018—01	48.00	858
坎坷奇星——阿贝尔	2018—01	48.00	859
闪烁奇星——伽罗瓦	2018—01	58.00	860
无穷统帅——康托尔	2018—01	48.00	861
科学公主——柯瓦列夫斯卡娅	2018—01	48.00	862
抽象代数之母——埃米·诺特	2018—01	48.00	863
电脑先驱——图灵	2018—01	58.00	864
昔日神童——维纳	2018—01	48.00	865
数坛怪侠——爱尔特希	2018—01	68.00	866
传奇数学家徐利治	2019—09	88.00	1110

刘培杰数学工作室
已出版(即将出版)图书目录——初等数学

书　　名	出版时间	定　价	编号
当代世界中的数学.数学思想与数学基础	2019—01	38.00	892
当代世界中的数学.数学问题	2019—01	38.00	893
当代世界中的数学.应用数学与数学应用	2019—01	38.00	894
当代世界中的数学.数学王国的新疆域(一)	2019—01	38.00	895
当代世界中的数学.数学王国的新疆域(二)	2019—01	38.00	896
当代世界中的数学.数林撷英(一)	2019—01	38.00	897
当代世界中的数学.数林撷英(二)	2019—01	48.00	898
当代世界中的数学.数学之路	2019—01	38.00	899

书　　名	出版时间	定　价	编号
105个代数问题:来自AwesomeMath夏季课程	2019—02	58.00	956
106个几何问题:来自AwesomeMath夏季课程	2020—07	58.00	957
107个几何问题:来自AwesomeMath全年课程	2020—07	58.00	958
108个代数问题:来自AwesomeMath全年课程	2019—01	68.00	959
109个不等式:来自AwesomeMath夏季课程	2019—04	58.00	960
110个几何问题:选自各国数学奥林匹克竞赛	2024—04	58.00	961
111个代数和数论问题	2019—05	58.00	962
112个组合问题:来自AwesomeMath夏季课程	2019—05	58.00	963
113个几何不等式:来自AwesomeMath夏季课程	2020—08	58.00	964
114个指数和对数问题:来自AwesomeMath夏季课程	2019—09	48.00	965
115个三角问题:来自AwesomeMath夏季课程	2019—09	58.00	966
116个代数不等式:来自AwesomeMath全年课程	2019—04	58.00	967
117个多项式问题:来自AwesomeMath夏季课程	2021—09	58.00	1409
118个数学竞赛不等式	2022—08	78.00	1526
119个三角问题	2024—05	58.00	1726
119个三角问题	2024—05	58.00	1726

书　　名	出版时间	定　价	编号
紫色彗星国际数学竞赛试题	2019—02	58.00	999
数学竞赛中的数学:为数学爱好者、父母、教师和教练准备的丰富资源.第一部	2020—04	58.00	1141
数学竞赛中的数学:为数学爱好者、父母、教师和教练准备的丰富资源.第二部	2020—07	48.00	1142
和与积	2020—10	38.00	1219
数论:概念和问题	2020—12	68.00	1257
初等数学问题研究	2021—03	48.00	1270
数学奥林匹克中的欧几里得几何	2021—10	68.00	1413
数学奥林匹克题解新编	2022—01	58.00	1430
图论入门	2022—09	58.00	1554
新的、更新的、最新的不等式	2023—07	58.00	1650
几何不等式相关问题	2024—04	58.00	1721
数学归纳法——一种高效而简捷的证明方法	2024—06	48.00	1738
数学竞赛中奇妙的多项式	2024—01	78.00	1646
120个奇妙的代数问题及20个奖励问题	2024—04	38.00	1647
几何不等式相关问题	2024—04	58.00	1721
数学竞赛中的十个代数主题	2024—10	58.00	1745
AwesomeMath入学测试题:前九年:2006—2014	2024—11	38.00	1644
AwesomeMath入学测试题:接下来的七年:2015—2021	2024—12	48.00	1782
奥林匹克几何入门	2025—01	48.00	1796
数学太空漫游:21世纪的立体几何	2025—01	68.00	1810
数学奥林匹克竞赛中的几何引理	2025—04	48.00	1815

— 17 —

刘培杰数学工作室
已出版(即将出版)图书目录——初等数学

书　名	出版时间	定　价	编号
澳大利亚中学数学竞赛试题及解答(初级卷)1978～1984	2019—02	28.00	1002
澳大利亚中学数学竞赛试题及解答(初级卷)1985～1991	2019—02	28.00	1003
澳大利亚中学数学竞赛试题及解答(初级卷)1992～1998	2019—02	28.00	1004
澳大利亚中学数学竞赛试题及解答(初级卷)1999～2005	2019—02	28.00	1005
澳大利亚中学数学竞赛试题及解答(中级卷)1978～1984	2019—03	28.00	1006
澳大利亚中学数学竞赛试题及解答(中级卷)1985～1991	2019—03	28.00	1007
澳大利亚中学数学竞赛试题及解答(中级卷)1992～1998	2019—03	28.00	1008
澳大利亚中学数学竞赛试题及解答(中级卷)1999～2005	2019—03	28.00	1009
澳大利亚中学数学竞赛试题及解答(高级卷)1978～1984	2019—05	28.00	1010
澳大利亚中学数学竞赛试题及解答(高级卷)1985～1991	2019—05	28.00	1011
澳大利亚中学数学竞赛试题及解答(高级卷)1992～1998	2019—05	28.00	1012
澳大利亚中学数学竞赛试题及解答(高级卷)1999～2005	2019—05	28.00	1013
天才中小学生智力测验题.第一卷	2019—03	38.00	1026
天才中小学生智力测验题.第二卷	2019—03	38.00	1027
天才中小学生智力测验题.第三卷	2019—03	38.00	1028
天才中小学生智力测验题.第四卷	2019—03	38.00	1029
天才中小学生智力测验题.第五卷	2019—03	38.00	1030
天才中小学生智力测验题.第六卷	2019—03	38.00	1031
天才中小学生智力测验题.第七卷	2019—03	38.00	1032
天才中小学生智力测验题.第八卷	2019—03	38.00	1033
天才中小学生智力测验题.第九卷	2019—03	38.00	1034
天才中小学生智力测验题.第十卷	2019—03	38.00	1035
天才中小学生智力测验题.第十一卷	2019—03	38.00	1036
天才中小学生智力测验题.第十二卷	2019—03	38.00	1037
天才中小学生智力测验题.第十三卷	2019—03	38.00	1038
重点大学自主招生数学备考全书:函数	2020—05	48.00	1047
重点大学自主招生数学备考全书:导数	2020—08	48.00	1048
重点大学自主招生数学备考全书:数列与不等式	2019—10	78.00	1049
重点大学自主招生数学备考全书:三角函数与平面向量	2020—08	68.00	1050
重点大学自主招生数学备考全书:平面解析几何	2020—07	58.00	1051
重点大学自主招生数学备考全书:立体几何与平面几何	2019—08	48.00	1052
重点大学自主招生数学备考全书:排列组合•概率统计•复数	2019—09	48.00	1053
重点大学自主招生数学备考全书:初等数论与组合数学	2019—08	48.00	1054
重点大学自主招生数学备考全书:重点大学自主招生真题.上	2019—04	68.00	1055
重点大学自主招生数学备考全书:重点大学自主招生真题.下	2019—04	58.00	1056
高中数学竞赛培训教程:平面几何问题的求解方法与策略.上	2018—05	68.00	906
高中数学竞赛培训教程:平面几何问题的求解方法与策略.下	2018—06	78.00	907
高中数学竞赛培训教程:整除与同余以及不定方程	2018—01	88.00	908
高中数学竞赛培训教程:组合计数与组合极值	2018—04	48.00	909
高中数学竞赛培训教程:初等代数	2019—04	78.00	1042
高中数学讲座:数学竞赛基础教程(第一册)	2019—06	48.00	1094
高中数学讲座:数学竞赛基础教程(第二册)	即将出版		1095
高中数学讲座:数学竞赛基础教程(第三册)	即将出版		1096
高中数学讲座:数学竞赛基础教程(第四册)	即将出版		1097

刘培杰数学工作室
已出版(即将出版)图书目录——初等数学

书　名	出版时间	定　价	编号
新编中学数学解题方法1000招丛书.实数(初中版)	2022—05	58.00	1291
新编中学数学解题方法1000招丛书.式(初中版)	2022—05	48.00	1292
新编中学数学解题方法1000招丛书.方程与不等式(初中版)	2021—04	58.00	1293
新编中学数学解题方法1000招丛书.函数(初中版)	2022—05	38.00	1294
新编中学数学解题方法1000招丛书.角(初中版)	2022—05	48.00	1295
新编中学数学解题方法1000招丛书.线段(初中版)	2022—05	48.00	1296
新编中学数学解题方法1000招丛书.三角形与多边形(初中版)	2021—04	48.00	1297
新编中学数学解题方法1000招丛书.圆(初中版)	2022—05	48.00	1298
新编中学数学解题方法1000招丛书.面积(初中版)	2021—07	28.00	1299
新编中学数学解题方法1000招丛书.逻辑推理(初中版)	2022—06	48.00	1300
高中数学题典精编.第一辑.函数	2022—01	58.00	1444
高中数学题典精编.第一辑.导数	2022—01	68.00	1445
高中数学题典精编.第一辑.三角函数·平面向量	2022—01	68.00	1446
高中数学题典精编.第一辑.数列	2022—01	58.00	1447
高中数学题典精编.第一辑.不等式·推理与证明	2022—01	58.00	1448
高中数学题典精编.第一辑.立体几何	2022—01	58.00	1449
高中数学题典精编.第一辑.平面解析几何	2022—01	68.00	1450
高中数学题典精编.第一辑.统计·概率·平面几何	2022—01	58.00	1451
高中数学题典精编.第一辑.初等数论·组合数学·数学文化·解题方法	2022—01	58.00	1452
历届全国初中数学竞赛试题分类解析.初等代数	2022—09	98.00	1555
历届全国初中数学竞赛试题分类解析.初等数论	2022—09	48.00	1556
历届全国初中数学竞赛试题分类解析.平面几何	2022—09	38.00	1557
历届全国初中数学竞赛试题分类解析.组合	2022—09	38.00	1558
从三道高三数学模拟题的背景谈起:兼谈傅里叶三角级数	2023—03	48.00	1651
从一道日本东京大学的入学试题谈起:兼谈π的方方面面	2025—01	68.00	1652
从两道2021年福建高三数学测试题谈起:兼谈球面几何学与球面三角学	2025—01	58.00	1653
从一道湖南高考数学试题谈起:兼谈有界变差数列	2024—01	48.00	1654
从一道高校自主招生试题谈起:兼谈詹森函数方程	即将出版		1655
从一道上海高考数学试题谈起:兼谈有界变差函数	即将出版		1656
从一道北京大学金秋营数学试题的解法谈起:兼谈伽罗瓦理论	2024—10	38.00	1657
从一道北京高考数学试题的解法谈起:兼谈毕克定理	即将出版		1658
从一道北京大学金秋营数学试题的解法谈起:兼谈帕塞瓦尔恒等式	2024—10	68.00	1659
从一道高三数学模拟测试题的背景谈起:兼谈等周问题与等周不等式	即将出版		1660
从一道2020年全国高考数学试题的解法谈起:兼谈斐波那契数列和纳卡穆拉定理及奥斯图达定理	即将出版		1661
从一道高考数学附加题谈起:兼谈广义斐波那契数列	2025—01	68.00	1662

刘培杰数学工作室
已出版(即将出版)图书目录——初等数学

书 名	出版时间	定 价	编号
从一道普通高中学业水平考试中数学卷的压轴题谈起——兼谈最佳逼近理论	2024—10	58.00	1759
从一道高考数学试题谈起——兼谈李普希兹条件	即将出版		1760
从一道北京市朝阳区高二期末数学考试题的解法谈起——兼谈希尔宾斯基垫片和分形几何	即将出版		1761
从一道高考数学试题谈起——兼谈巴拿赫压缩不动点定理	即将出版		1762
从一道中国台湾地区高考数学试题谈起——兼谈费马数与计算数论	即将出版		1763
从2022年全国高考数学压轴题的解法谈起——兼谈数值计算中的帕德逼近	2024—10	48.00	1764
从一道清华大学2022年强基计划数学测试题的解法谈起——兼谈拉马努金恒等式	即将出版		1765
从一篇有关数学建模的讲义谈起——兼谈信息熵与信息论	即将出版		1766
从一道清华大学自主招生的数学试题谈起——兼谈格点与闵可夫斯基定理	即将出版		1767
从一道1979年高考数学试题谈起——兼谈勾股定理和毕达哥拉斯定理	即将出版		1768
从一道2020年北京大学"强基计划"数学试题谈起——兼谈微分几何中的包络问题	即将出版		1769
从一道高考数学试题谈起——兼谈香农的信息理论	即将出版		1770
代数学教程.第一卷,集合论	2023—08	58.00	1664
代数学教程.第二卷,抽象代数基础	2023—08	68.00	1665
代数学教程.第三卷,数论原理	2023—08	58.00	1666
代数学教程.第四卷,代数方程式论	2023—08	48.00	1667
代数学教程.第五卷,多项式理论	2023—08	58.00	1668
代数学教程.第六卷,线性代数原理	2024—06	98.00	1669
中考数学培优教程——二次函数卷	2024—05	78.00	1718
中考数学培优教程——平面几何最值卷	2024—05	58.00	1719
中考数学培优教程——专题讲座卷	2024—05	58.00	1720

联系地址:哈尔滨市南岗区复华四道街10号　哈尔滨工业大学出版社刘培杰数学工作室
邮　　编:150006
联系电话:0451—86281378　　　13904613167
E-mail:lpj1378@163.com